本研究受教育部人文社会科学研究青年基金项目《儿童网络伤害及其保护研究》（10YJC880009）资助；

本研究系江西省高校高水平学科"教育学"建设成果。

信息伦理教育研究：
一种"理想型"构建的尝试

■ 蔡连玉　著

中国社会科学出版社

图书在版编目（CIP）数据

信息伦理教育研究：一种"理想型"构建的尝试／蔡连玉著.
北京：中国社会科学出版社，2011.5
ISBN 978 - 7 - 5004 - 9725 - 7

Ⅰ.①信…　Ⅱ.①蔡…　Ⅲ.①信息技术 - 伦理学 - 研究
Ⅳ.①B82 - 057

中国版本图书馆 CIP 数据核字（2011）第 066948 号

责任编辑　官京蕾
责任校对　刘晓红
封面设计　弓禾碧
技术编辑　李　建

出版发行　中国社会科学出版社

社　　址　北京鼓楼西大街甲 158 号　　邮　编　100720
电　　话　010 - 84029450（邮购）
网　　址　http：//www. csspw. cn
经　　销　新华书店
印　　刷　北京奥隆印刷厂　　　　　　装　订　广增装订厂
版　　次　2011 年 5 月第 1 版　　　　　印　次　2011 年 5 月第 1 次印刷
开　　本　710×1000　1/16
印　　张　16.5　　　　　　　　　　　插　页　2
字　　数　267 千字
定　　价　36.00 元

目　　录

内容摘要 ……………………………………………………（1）

导　论　问题与方法 ………………………………………（1）

　第一节　问题提出及其论证 ……………………………（2）

　　一、研究缘起 …………………………………………（2）

　　二、相关文献综述 ……………………………………（5）

　　三、研究意义 …………………………………………（17）

　　四、问题明确与论域限定 ……………………………（19）

　第二节　马克斯·韦伯"理想型"方法及其改造运用 ………（20）

　　一、韦伯社会科学研究方法论及"理想型"方法的解读 ………（20）

　　二、韦伯"理想型"方法的改造与运用 ……………………（34）

　第三节　思路框架 ………………………………………（43）

第一章　信息伦理教育：概念与理论 ……………………（46）

　第一节　伦理与信息伦理 ………………………………（46）

　　一、信息、伦理与道德：词源学分析 ………………（46）

　　二、信息伦理：概念与品性 …………………………（52）

　第二节　信息伦理问题 …………………………………（60）

　　一、信息伦理问题的分类 ……………………………（60）

　　二、信息伦理问题产生的根源 ………………………（64）

　第三节　信息伦理教育内涵及其与德育的关系 ………（75）

　　一、信息伦理教育：概念界定 ………………………（75）

　　二、信息伦理教育：德育新课题 ……………………（79）

　第四节　信息伦理教育的价值：社会信息化管理的视角 ………（84）

　　一、信息化：概念与发展"三段论" …………………（84）

二、社会信息化管理的概念内涵 ……………………………………（94）

三、信息伦理教育是社会信息化管理的重要途径 ……………（97）

第二章 信息伦理教育：调查与比较 ………………………………（100）

第一节 我国信息伦理教育现状的调查研究 ………………（100）

一、问卷的内容 …………………………………………（101）

二、信度与效度的分析与处理 …………………………（101）

三、问卷的分析 …………………………………………（107）

第二节 中外信息伦理教育比较研究 ………………………（114）

一、比较之说明 …………………………………………（115）

二、信息伦理教育的地位与目标的比较 ………………（115）

三、信息伦理教育的内容比较 …………………………（122）

四、信息伦理教育的实施比较 …………………………（126）

第三章 信息伦理教育"理想型"构建（上） ………………………（130）

第一节 命题一：信息伦理教育的旨归在于培养学生基于公民

生活的信息伦理智慧 ……………………………（130）

一、信息伦理教育需要目的吗 …………………………（130）

二、信息伦理教育的目的在于培养学生的信息伦理智慧 ……（133）

三、信息伦理教育是一种公民教育 ……………………（148）

第二节 命题二：信息伦理教育不只要传授信息伦理规范，而且

要引入媒介教育提高学生对媒介的认识 ………（152）

一、信息伦理规范及其必要与不充分性 ………………（152）

二、引入媒介教育：一种信息技术知识传授的途径 …（157）

三、个案研究：黑客与黑客伦理 ………………………（165）

第三节 命题三：信息伦理教育应从"目的论"视角强化"道德

灌输"，从"方法论"视角批判"道德灌输" ………（173）

一、"灌输"与"道德灌输"的概念内涵 ………………（174）

二、信息伦理教育"道德灌输"的必要性："目的论"

的视角 …………………………………………（177）

三、信息伦理教育"道德灌输"的批判："方法论"

的视角 …………………………………………（181）

第四章　信息伦理教育"理想型"构建（下） ……………（186）

　第一节　命题四：信息伦理教育需要克服"信息代沟"所造成
　　　　　的教育困境 ………………………………………（186）

　　一、权威的丧失与沟通的困难 ………………………………（187）

　　二、教育者的权威与"信息伦理相对主义" ………………（189）

　　三、信息伦理教育中的"信息代沟"及其克服 ……………（195）

　第二节　命题五：信息伦理既是道德义务又是道德权利，所以信息
　　　　　伦理教育中的性别针对性是实现信息正义的必需 ……（202）

　　一、信息伦理既是一种道德义务，又是一种道德权利 ………（202）

　　二、有效的信息伦理教育是一种实现信息正义的公器 ………（207）

　　三、信息正义原则的理论基础：罗尔斯、诺齐克与女性
　　　　主义 ……………………………………………………（212）

　　四、信息伦理教育中的性别针对性 …………………………（216）

　第三节　命题六：网络匿名性凸显了信息伦理自律的重要性，
　　　　　信息伦理自律需要儒家伦理的"慎独"精神 …………（221）

　　一、信息伦理评价与网络匿名性 ……………………………（221）

　　二、道德自律与信息伦理自律 ………………………………（227）

　　三、作为境界和方法的儒家伦理"慎独" …………………（230）

附录1："信息伦理（道德）教育研究"调查问卷（教师版） ……（234）

**附录2："信息伦理（道德）教育研究"调查问卷（高中
　　　　生版）** ………………………………………………（234）

**附录3："信息伦理（道德）教育研究"调查问卷（大学
　　　　生版）** ………………………………………………（234）

主要参考文献 ………………………………………………（235）

后记 …………………………………………………………（253）

内容摘要

　　信息技术的社会应用滋生了诸多信息伦理问题，传统道德教育在这样的背景下受到了挑战。信息伦理教育是道德教育一个新的组成部分，"如何有效开展信息伦理教育"是本书研究的核心问题。这一核心问题又可以结构化细分为两种学术努力：对信息伦理教育与普通道德教育相比特殊性的探寻；以及对道德教育某些共性问题基于信息伦理教育语境的反思。研究缘起、相关文献综述以及对研究意义的探讨都论证了以上所提出的问题是"真"问题。

　　在马克斯·韦伯"理想型"方法体系中，研究者在选题阶段应采取"价值关联"的态度，在具体研究过程中应坚守"价值中立"的学术伦理；韦伯还认为，研究者在人文社会科学研究中只能探讨事物"是什么"和"为什么"两个主题，而不能回答事物"怎么样"的问题。人文社会科学研究者应对韦伯"理想型"方法进行超越，对事物"怎么样"问题进行深度关注，只有这样才能尽其职责。合理的价值推理是回答"怎么样"的必须，回答事物"怎么样"是对韦伯"理想型"方法的改造之一。改造后的"理想型"方法汲取了韦伯"理想型"方法的"合理内核"，并注入了新元素。改造后"理想型"方法对于本书研究的适恰性体现在多个方面：经过改造后的"理想型"方法为研究者提供了一个反省自己价值立场的通道；信息伦理教育"理想型"可以用来反思现实存在的信息伦理教育体系；"理想型"方法使本书研究避免了教科书式的面面俱到；最后，本书是一种"中层理论"范式的研究，"理想型"方法与这一定位是相符的。

　　在社会信息化大背景下，信息伦理问题的产生有主客观两个方面原因；信息伦理教育作为一种社会信息化管理手段具有重要意义。信息伦理调整的关系有四种：信息活动主体与他人之间的信息关系；信息活动主体与社会之间的信息关系；信息活动主体与自然之间的信息关系；信息活动主体与自身之间的信息关系。这里前三种关系属于"他我伦理"的范畴，最后一种关系则属于有论者所提出的"自我伦理"的范畴。信息伦理教育是一种，为培养作为信息活动主体的青少年能够在信息活动中以"善"为标准而行为的道德素养，而施加影响的个体社会化过程。现状调查和比较研究，能够为构建合理的信息伦理教育"理想型"提供"质料"。

在前面研究的基础上，构建信息伦理教育"理想型"就是对"如何有效开展信息伦理教育"的回答。信息伦理教育"理想型"由如下六个命题组成：命题一：信息伦理教育的旨归在于培养学生基于公民生活的信息伦理智慧；命题二：信息伦理教育不只要传授信息伦理规范，而且要引入媒介教育提高学生对媒介的认识；命题三：信息伦理教育应从"目的论"视角强化"道德灌输"，从"方法论"视角批判"道德灌输"；命题四：信息伦理教育需要克服"信息代沟"所造成的教育困境；命题五：信息伦理既是道德义务又是道德权利，所以信息伦理教育中的性别针对性是实现信息正义的必须；命题六：网络匿名性凸显了信息伦理自律的重要性，信息伦理自律需要儒家伦理的"慎独"精神。这六个命题分别关涉的是信息伦理教育的目的、内容、方法、师生关系、性别针对性和评价。在以上六个命题中，命题二、四、五、六是对信息伦理教育与传统道德教育相比特殊性的探寻；命题一、三是对道德教育的共性问题进行基于信息伦理教育语境的反思。

构建信息伦理教育"理想型"是一种基于实践的"形而上"探索；其实现并体现出应有价值，对我国当前的教育实践来说是任重道远的！

关键词：信息伦理、信息伦理教育；"理想型"；信息伦理教育"理想型"；构建

导　论

问题与方法

　　信息伦理问题的泛滥使研究者质疑现有学校道德教育的有效性，在这样的情形下，笔者不禁要追问，作为道德教育的一个组成部分，"信息伦理教育应该怎样有效开展？"对这一问题进行结构化细分，一方面就是在探寻信息伦理教育与传统道德教育相比的特殊性；另一方面，要对道德教育中的一些共性问题，进行基于信息伦理教育语境的反思。以上提出的"问题"是不是"真"问题，需要从多方面进行论证，研究缘起、相关文献综述和研究意义的探讨都是在进行这方面的努力。在研究方法上，本书对马克斯·韦伯的"理想型"方法进行了改造，这种改造体现之一是认为，教育研究必须研究事物"怎么样"，而且在研究"怎么样"时需要有合理的"价值涉入"；改造后"理想型"方法对本书研究的适恰性体现在四个方面：经过改造后的"理想型"方法为研究者提供了一个反省自己价值立场的通道；信息伦理教育"理想型"可以用来反思现实存在的信息伦理教育体系；"理想型"方法使本书研究避免了教科书式的面面俱到；最后，本书是一种"中层理论"范式的研究，"理想型"方法与这一定位是相符的。本书研究的框架就是围绕上面提出的问题，利用"理想型"方法自然展开的。

　　……中国伦理是内在的管理，中国管理是外在的伦理。伦理是一种内在要求和自觉行为，管理则是外在组织和决策方法。

　　　　　　　　　　　　　——［美］成中英（CHUNG-YINGCHEN）①

----

　　① ［美］成中英：《文化、伦理与管理：中国现代化的哲学省思》，贵州人民出版社1991年版，自序。

第一节　问题提出及其论证

科学研究"问题提出"提出的必须是"真"问题，问题之"真"一般包括三层含义：其一，无论是理论问题，还是实践问题，此问题必须是客观存在的；其二，此问题是国内外学界没有研究，或者研究不够成熟的；其三，研究此问题具有实践和（或）理论意义。本书研究问题提出及其论证，正是从以上三个方面展开的。

一、研究缘起

研究者在阅读中，"偶然"注意到了一个新近发生的案例：

今年，读大四的丽丽申请了美国明尼苏达大学，而她的一位同班同学恰好也申请了这所学校，并且被接收。前不久，丽丽窃取、私拆了明尼苏达大学寄给这位同学的入学邀请信，并且假冒同学的名义用 E-mail 拒绝了邀请，之后还向这所学校推荐了自己。迟迟等不到邀请通知的同学情急之下发信询问明尼苏达大学，事情才得以暴露。

3 月下旬，此事在学校 BBS 上被发布后，引起了众多师生的关注，跟帖数千条。一些学生联名要求严惩丽丽，也有一些学生认为从教育和挽救年轻人的角度考虑，应当对丽丽从轻处理。3 月 27 日，中科大少年班得知此事，28 日上午由系领导和班主任组成调查小组调查此事，并分别找来相关同学详细了解情况，结果发现丽丽共窃取私拆了 4 封来自海外大学的他人信件。丽丽在调查过程中承认了自己冒充他人名义注册电子信箱并以他人名义发送损毁他人利益的电子邮件、私拿隐藏和私拆国外大学寄给其他同学信函等事实。①

---

① 周剑虹、范玲：《女大学生窃信事件引起反思：学校教育德育不可轻》，《参考消息·北京参考》2005 年 4 月 6 日第 5 版。

这是一个发生在一所知名大学的真实事件。① 大学生是信息活动活跃的学生群体之一，这一案例至少能够证明他们中有信息伦理问题存在。高中生是另一信息活动活跃的学生群体，他们中也存在信息伦理问题吗？笔者在对北京市密云二中学生家长的一次访谈②中发现了如下真实案例：

马女士是密云二中高二年级一学生的家长。当笔者提问的主题涉及"网络"时，马女士有一种十分想表达的欲望。马女士与丈夫以在街上做小买卖为生，按马女士的说法"经济上还行"。由于密云二中是北京市"重点中学"（其实是北京市"示范中学"，马女士使用的依然是以前的、较为通俗的表达），在密云是最好的中学，所以当马女士小孩前年（2003 年）考进密云二中后，家里人很是高兴，都期盼着孩子将来能够考上重点大学。

然而，整个高一年级，孩子"成绩忽高忽低、不稳定"，而且"不与家长交流"。这让马女士心理有了很大落差，因为孩子从小以来一向"成绩优秀"，但是按照现在这种情形发展下去，考重点大学就没有多大希望了。马女士夫妇经过一段观察后，发现孩子迷恋上了"网络"，他只要不是上课时间就跑到外面网吧去。使马女士困惑的是，自己夫妇两个都"不懂电脑"，不明白自己孩子为什么会对一个冷冰冰的"铁东西"如此着迷。

到了高中二年级，马女士与丈夫商量，无论怎样，只有一个孩子，他的学业是最为重要的，所以两人决定，在密云二中校门

---

① 但是这一事件的发生在我国高校校园里并不是第一起，1996 年发生在北京大学的"张男事件"（李秀平：《中国首例电子函件案追记》，《法律与生活》1997 年第 9 期，第 8—9 页）就与此事件极为相似，只是"张男事件"是损人不利己的。

② 此访谈是"北京师范大学与密云县校共建项目"的一部分，访谈得到了该项目的资助。发现下文案例的访谈使用的提纲（《密云县中小学教育现状调查访谈提纲》（家长版））是由北京师范大学心理学院博士生张王景编写，但是在访谈过程之中笔者并没有完全遵循此访谈提纲提问，且访谈提纲中与此案例相关内容很少。访谈实施过程中由笔者提问，北京师范大学哲社学院博士生陈多旭记录。但遗憾的是，访谈的记录并不甚详细，下文案例的呈现主要依靠笔者 2005 年 3 月 25 日返回北京师范大学后第一时间的回忆。访谈日期：2005 年 3 月 23 日晚；访谈地点：密云二中校内。特此向有关方面和个人致谢。

的斜对面租一间房子，夫妇两人轮流地监视孩子，只要他不上课就让他"回家看书"。但是如此半年多过去了，学校反映孩子成绩并没有长进，而且孩子情绪一直很差，不同父母讲话。因为要花许多的时间精力在孩子身上，马女士说生意也没做好。

访谈的最后，马女士用一种期盼的目光看着我们，问我们"到底有没有办法"。

这一访谈过去了半年多。作为人文社会科学研究者，我们自知，许多时候面对现实时我们是无助的，学术与现实也是存在一定距离的。但是访谈中马女士还是对我们投来一种"期盼的目光"，这就使笔者的心灵产生了一种震颤。于是，笔者本能地进一步追问：信息伦理问题在社会上是一个普遍存在的问题吗？网络搜索引擎"Baidu"和"Google"帮助研究者回答了这一问题。当在这两个搜索引擎中输入与"信息伦理问题"相关的词汇①进行搜索时，笔者发现搜索到的信息是"海量"的。这种"海量"反映了信息伦理问题受到了人们高度的关注，更为重要的是，它更反映出，信息伦理问题已经成为一种普遍存在的社会问题。再具体阅读这些搜索到的网页，笔者发现，信息伦理问题，从网上语言滥用到网络犯罪，从个人信息隐私到国家信息安全，从数字鸿沟到信息文化霸权，等等，不胜枚举。

社会上普遍存在着信息伦理问题，这就使笔者自然地质疑学校道德教育的有效性。自苏格拉底以降至康德，再到21世纪初的今天，伦理学在思想碰撞中已经形成了较为成熟的学科体系。伦理问题是一个古老的问题，它自人类诞生的那天起就一直存在着。然而，当历史的车轮行进到20世纪中叶以后，随着信息技术的产生，以及社会信息化程度的日益加深，人类社会"遭遇"到了与"信息"相关的种种伦理问题，这些信息伦理困境也日益成为我们社会走向和谐的障碍。古老的伦理学受到了新的挑战，"教人为善"的道德教育也不能置身度外。

社会上存在着严重的信息伦理问题，意味着道德教育与信息伦理相关

①　这些词汇分别是："信息伦理"、"信息道德"、"信息犯罪"、"网络伦理"、"网络道德"、"网络犯罪"、"计算机伦理"、"计算机道德"和"计算机犯罪"。

涉的部分——明确地说就是信息伦理教育——没有发挥应有的功用。那么，如何有效开展信息伦理教育？我们认为，传统道德教育在社会信息化过程中受到了挑战，也就是说，面对信息伦理问题，传统道德教育需要有所改变；或者更为明确地，信息伦理教育与传统道德教育存在不同之处，则信息伦理教育与传统道德教育相比，其特殊性是什么？另外，信息伦理教育与传统道德教育之间具有共性，对这些共性进行怎样的基于信息伦理教育语境的反思，才能够提高信息伦理教育的有效性？

这些问题是不是"真"问题，还需要进一步深入的论证。

二、相关文献综述

本书研究相关文献综述是根据"信息伦理教育"和"信息伦理学"两个主题进行的。对"信息伦理教育"这一主题进行相关文献综述的必要性毋庸赘言；再来看另一主题"信息伦理学"。一方面，"信息伦理学"领域对"信息伦理建设"有关注，而信息伦理建设中重要一环是"信息伦理教育"，也就是说，"信息伦理教育"是作为一种应用伦理学的信息伦理学所关注的一个领域；另一方面，由于本书研究与"信息伦理"有密切的相关性，所以对"信息伦理学"进行相关文献综述也具有必要性。当然，在对以上两个主题进行相关文献综述时，我们主要是围绕着前面所提出的一个大的研究问题和两个细分问题进行的。而且，在文献综述过程中，本书研究是就以上两个主题分别从国内学界和国外学界两个维度展开的。

（一）"信息伦理教育"

笔者通过对国内学术界信息伦理教育研究资料的搜集和分析，发现这些学术成果主要来自三个方面：一是有关学术期刊。自20世纪90年代末期以来，信息伦理教育方面的学术论文数量不少（主要讨论的是网络道德教育问题），但是高质量的深入的学术研究并不多。许多文章都是泛论性的、感想式的，对信息伦理教育的许多迫切需要解决的理论问题都没有进行深入的探讨。二是与信息伦理学相关的著作。在这些著作中，往往是把信息伦理教育作为信息伦理建设的一个重要环节进行研究的。这些研究，可能是由于研究者研究的重点有限或者其他的原因，许多都没有充分展开和深入进行。而且在传统的道德教育著作中，鲜有对信息伦理教育问题的探讨。信息社会的到来或者说社会的信息化使人类"遭遇"到了新的伦理问题，而道德教育的学术研究总体上对此却反应缓慢。三是研究生学位论文。笔者在"中国优秀博硕士学位论文全文数据库"① 对与信息伦理教育有关的学位论文进行了不完全的检索、搜集与统计，发现从数量上看，与这一主题相关的学位论文并不少，但是鲜有检索到相关的博士学位论文，绝大部分都是硕士学位论文；从内容上看，这些研究的内容主要涉及：网络道德问题产生的原因、背景和表现；进行网络道德教育的必要性；网络道德教育的内容；网络道德教育的对策，等等。这些研究的主题主要是集中在信息伦理教育的一个重要组成部分——网络道德教育上，少有研究把主题和视野拓展到整个信息伦理教育上来；另外这些研究的内容大多都是简单地列举现象，少有从文化、社会转型的视角来透视信息伦理教育问题。信息伦理与信息伦理教育都是一个深层次的文化和社会问题，我们有必要对其进行"形而上的透视"②。这并不是认为形而下的研究没有必要，笔者认为深入严谨的形而下的研究固然是必需的，但是对信息伦理教育进行哲学、社会学、伦理学、文化学、教育学和管理学等多方面的反思却是更为迫切的，我们在对怎样提高信息伦理教育有效性问题进行形而下的研究之前，更有必要更深入地整体性反思如下问题：为什么要进行信息伦理教育？信息伦理教育是什么？信息伦理教育怎样可能？信息伦理教育与传统道德教育相比的特殊性是什么？道德教育的共性问题在信息伦理教育语境下应作怎样的反思？笔者认为，如果没有这些反思，许多形而下的探讨就会是肤浅的，例如如果没有从伦理学和社会学等角度来深入研究，应该教给学生什么样的信息伦理原则，而简单轻率地列举一些信息伦理原则作为信息伦理教育的内容，这样我们从何而得到这种信息伦理教育内容的合理性？

以上是对我国信息伦理教育研究进展的总体上的评价，下面笔者将对这些主要研究进展进行重点阐述。

信息（网络）伦理（道德）教育的意义。在这一主题上，有不少论者进行了探讨。刘云章等认为，"第一，网络道德教育使网络技术研制者

---

① "中国优秀博硕士学位论文全文数据库"，网址为：http：//www.cnki.net。

② "形而上的透视"这一概念借用自吴风《网络传播学：一种形而上的透视》，中国广播电视出版社2004年版。

明确了方向，从根本上保证了网络与社会发展的一致性"，"第二，通过网络道德教育，使外在的道德规范和要求转化为网络应用者的内在道德品质，从而保证了网络社会的有序和正常运行"。① 这里可能存在一个问题，就是对网络道德教育的功效的过分估计，"教育不是万能的"，同样网络道德教育也不是无所不能的，它能"从根本上保证了网络与社会发展的一致性"吗？提出这一问题并不是在否认网络道德教育的必要性和意义，而是在认识到网络道德教育意义的同时，清醒地意识到了网络道德教育和信息伦理教育的阈限。朱银端的观点是，"网络伦理的建构基础的基础是教育"，"网络伦理的教育关联着人才规格和国家未来。"② 他的观点充分强调了网络伦理教育在网络伦理构建中的重要作用，并且从国家发展的视角来看网络伦理教育的重要性，这是十分恰当的。与以上两个角度不同，张震则是从网络中所存在的道德失范的严重性来论证网络道德教育的重要性的，他的逻辑是存在着许多网络道德失范现象，所以需要网络道德教育，而"美德是可以教的"是他的逻辑前提。③ 沙勇忠认为，"首先，通过信息伦理教育，可以提高人的信息道德认识，为良知的发展提供认识基础"，"其次，通过信息伦理教育，可以培育人对信息现象和信息行为的善'善'恶'恶'的道德情感，为良知的形成奠定情感基础。"④ 在这里值得强调的是，沙勇忠使用了"信息伦理教育"的概念，突破了以往人们对信息伦理教育的研究往往局限于"网络"的局面。

　　如何有效开展信息伦理教育？这一问题也是国内信息伦理教育研究讨论得最为广泛的问题之一。大多数论者一般都是列举了许多策略，但是我们需要的是更深层次的研究，即为什么要采用这些策略？这些策略的内在逻辑是什么？为什么不采用其他的策略？对应该教给学生什么样的信息伦理也存在这样的问题，为什么要教这些信息伦理，而不是其他的信息伦理？所教的这些信息伦理从伦理学上能够得到论证吗？这些问题都是值得我们研究者深思的。尽管存在上述这些问题，但是信息伦理教育相对而言都是一个新鲜的事物，国内学界在这一方面的努力与成果是值得我们继承

① 刘云章等：《网络伦理学》，中国物价出版社 2001 年版，第 270—271 页。

② 朱银端：《网络伦理文化》，社会科学文献出版社 2004 年版，第 266—267 页。

③ 张震：《网络时代伦理》，四川人民出版社 2002 年版，第 320—336 页。

④ 沙勇忠：《信息伦理学》，北京图书馆出版社 2004 年版，第 305—306 页。

和发扬的。学者严耕等在《网络伦理》这本开创性的著作中以"网络道德的教育与管理"为题对网络道德教育问题进行了一定程度上的探讨。[①]（从某种意义上说，"网络道德管理"其实也是广义上的"网络道德教育"，因为我们可以把"管理"看做"教育"的一种形式或者手段，所以，我们可以认为严耕等对"网络道德的教育与管理"的研究，其实主要就是对网络道德教育的探讨）他们认为，首先，网络社会的到来对传统的道德教育形成了挑战，为了迎接这一挑战，就有必要对网络道德教育队伍进行建设，这些网络道德教育人员需要具备一定的职业道德；接着，他们列举了一些网络道德教育和管理的主要方式；他们还特别探讨了儿童网络行为的教育问题。李伦博士认为，要加强青少年的网络道德方面的教育，要做到以下七个方面："第一，政府、社会各界应当高度重视青少年网络道德的教育，把握网上育人主动权"；"第二，加强青少年网络道德规范的制定和实施"；"第三，积极探索开展青少年网络道德教育的模式和活动方案"；"第四，网络道德教育必须与学校经常性教育工作紧密结合"；"第五，将加强网络道德教育和网络安全教育结合起来"；"第六，要加强法制建设，加强对青少年上网有密切联系的场所的管理"；"第七，加强舆论导向的管理，加强企业的行为管理"。[②]

有学者认为，"近几年，北京、上海等地学者们就此（网络伦理教育）相关问题进行了大量细致的调研，但目前国内研究网络伦理与德育教育创新尚处于起步阶段，许多研究居于零散的或者实证性的调查报告阶段，面面俱到的宏大叙述的多，行政管理的模式多，教育指导理论研究更少。"[③] 我们认为，以上的判断是正确的，我们需要从教育的角度来对信息伦理教育问题进行多方位的、学理的和关照现实的研究。可喜的是，沙勇忠也提出了信息伦理教育要基于民主和理性的观点。[④]

需要指出的是，"信息伦理教育"与"网络环境中的道德教育"是两个不同的范畴，后者的外延要大于前者，关键是，两者所关注的重点是不同的。国内有许多研究都是围绕"网络环境中的道德教育"这一主题的，

---

① 严耕、陆俊、孙伟平：《网络伦理》，北京出版社 1998 年版，第 247—268 页。

② 李伦：《鼠标下的德性》，江西人民出版社 2002 年版，第 171—173 页。

③ 朱银端：《网络伦理文化》，社会科学文献出版社 2004 年版，第 267 页。

④ 沙勇忠：《信息伦理学》，北京图书馆出版社 2004 年版，第 307—308 页。

其中代表性的成果有：刘守旗的《网络社会的儿童道德教育》；① 檀传宝教授的《网络环境与青少年德育》，它探讨了"网络环境对青少年品德发展的影响"、"网络环境中的学校道德教育"、"网络环境中的家庭道德教育"、"网络环境中的社会道德教育"等问题；② 以及檀传宝教授的《大众传媒的价值影响与青少年德育》。③ 但是，本书研究的视角、重点及使用的方法都与这些研究有所不同。

笔者所搜集到的国外资料表明，国外对信息伦理教育的研究有待深入。但是，这并不代表国外没有学者对此问题进行思索，例如，米奇欧（Michio C.）就认为，对信息伦理教育而言，在理念上要强调民主和理性，在内容上要加强对信息活动中存在的悖论式道德问题进行分析，在教学方式上要重视民主讨论，要构建学校、家庭和社会（媒介）连成一体的教育支持系统。④ 同样的，根据研究者目力所及，国外学者并没有对信息伦理教育与传统道德教育相比的特殊性进行探讨，也没有就道德教育的一些共性问题，进行基于信息伦理教育语境的反思；而这两种学术努力，是在道德教育在社会信息化进程中受到挑战的情形下，回答"如何提高信息伦理教育有效性"问题的必须。

（二）"信息伦理学"

1. 国外研究进展。

对国外信息伦理与信息伦理学研究的综述，国内有不少研究成果，按时间的先后顺序排列，主要有如下这些：陆俊、严耕的《国外网络伦理问题研究综述》⑤；梁俊兰的《国外信息伦理学研究》⑥；王正平的《西方计算机伦理学研究概述》⑦；张久珍的《国外信息伦理学研究现状》⑧；梁

---

① 刘守旗：《网络社会的儿童道德教育》，江苏教育出版社 2003 年版。

② 檀传宝主编：《网络环境与青少年德育》，福建教育出版社 2005 年版。

③ 檀传宝编著：《大众传媒的价值影响与青少年德育》，福建教育出版社 2005 年版。

④ Michio C. *Information Ethics Education in North America*（http：// www. ipsj. or. jp/members/ SIGNotes/Eng/15/1998/050/article013. html）.

⑤ 陆俊、严耕：《国外网络伦理问题研究综述》，《国外社会科学》1997 年第 2 期，第 14—18 页。

⑥ 梁俊兰：《国外信息伦理学研究》，《国外社会科学》2000 年第 3 期，第 19—23 页。

⑦ 王正平：《西方计算机伦理学研究概述》，《自然辩证法研究》2000 年第 10 期，第 39—43 页。

⑧ 张久珍：《国外信息伦理学研究现状》，《情报科学》2001 年第 9 期，第 992—996 页。

俊兰的《信息伦理学：新兴的交叉科学》①；沙勇忠的《国外信息伦理学研究述评》②；杨绍兰的《信息伦理学研究综述》③。国外对这一问题研究有代表性的有托马斯·弗罗里奇（Thomas Froehlich）的《信息伦理学简史》（*A Brief History of Information Ethics*）④。由于在这一方面已有较为成熟的研究成果，下面对国外研究进展的综述就主要是综合整理和参考引用以上文献并结合笔者自己的研究进行的。

国外信息伦理学的发展。一般地，人们把信息伦理学的发展分为两个阶段。第一个阶段是从 20 世纪 70 年代中期开始至 90 年代中期，这一阶段称之为“计算机伦理学阶段”。1976 年，美国教授 W. 曼纳（Walter Maner）第一次使用了“计算机伦理学”这个概念。他的观点是，应该将伦理学应用于“因计算机技术而产生、改变或突出了的伦理问题”，他所提出的计算机伦理指的是在生产、传递以及使用计算机技术过程中所出现的伦理问题。但是，这一事件并不是计算机伦理学诞生的标志，或者说它并没有成为“西方信息伦理学研究的学术起点”。1985 年，美国著名杂志《元哲学》（*Metaphilosophy*）10 月号上同时刊载了摩尔（James Moor）的《什么是计算机伦理学》（*What is Computer Ethics?*）和贝奈姆（Terrell W. Bynum）的《计算机与伦理学》（*Computer and Ethics*）两篇论文，这一事件被西方学界作为计算机伦理学产生的重要理论标志。同一年，德国信息科学家拉斐尔·卡普罗（Rafael Capurro）发表了名为《信息科学的道德问题》（*Moral Issues Information Science*）的文章，该文专门研究了在电子形式下信息生产、存储和传播的使用问题，从宏观和微观两个方面研究了信息伦理问题，包括了信息科学教育、信息研究和信息工作领域中存在的伦理问题，是一篇最早把信息科学作为伦理学研究对象的论文。接着，美国管理信息科学专家里奇·梅森（Richard O. Mason）在 1986 年发

---

① 梁俊兰：《信息伦理学：新兴的交叉科学》，《国外社会科学》2002 年第 1 期，第 46—50 页。

② 沙勇忠：《国外信息伦理学研究述评》，《大学图书馆学报》2003 年第 5 期，第 8—13 页。

③ 杨绍兰：《信息伦理学研究综述》，《情报科学》2004 年第 4 期，第 390—394 页。

④ Thomas Froehlich, *A Brief History of Information Ethics*（http://www.ub.es/bid/13froe12.html）.

表的《信息时代的四个伦理问题》（*Four Ethical Issues of the Information Age*）中，提出了其著名的"PAPA"理论，也就是：信息隐私权（Privacy）、信息正确权（Accuracy）、信息产权（Property）、信息资源存取权（Accessibility）。进入 20 世纪 90 年代，信息伦理学研究产生了巨大变化。它开始冲破了传统的计算机伦理学束缚，将研究对象明确定位为信息领域的伦理问题，并且直接使用了"信息伦理学"的概念。1991 年，D. 福勒（D. Fowler）等出版了《信息系统中的伦理学》（*Ethical Issues in Information System*），1995 年，斯皮内洛（Richard A. Spinello）出版了其名著《世纪道德：信息技术的伦理方面》（*Ethical Aspects of Information Technology*）。这些著作都是这一时期信息伦理学的代表性成果，它们论述的中心问题依然是"伦理学与信息技术之间的紧密联系"，是将视点放在"信息技术的伦理方面"。

信息伦理学发展的第二个阶段是从 20 世纪 90 年代中期至今。1996 年，英国学者罗格森（Simon Rogerson）与美国学者拜恩（Terrell Ward Bynum）在他们合作所写的一篇名为《信息伦理学：第二代》（*Information Ethics：The Second Generation*）的论文中提出，"计算机伦理学"应是第一代，第一代计算机伦理学所研究的范围是有限的，深度也是不够的，通常只是对计算机中涉及伦理问题的现象进行一番解释，而没有更加全面的伦理理论，也没有深入地识别和研究与信息技术有关的伦理问题，以及解决这些问题的策略。第一代计算机伦理学关注的主要只是单个技术，计算机应用领域也局限于商业活动等十分有限的范围之内。这也是第二代信息伦理学（或者说是狭义的信息伦理学）产生的原因所在。《信息伦理学：第二代》是第二代信息伦理学阶段到来的标志。1996 年，葛尼卡（Krystyna Gorniak）发表观点认为信息伦理学是 200 年来伦理学领域在理论上的重大发展，现代互联网、远程医疗和虚拟现实等的出现要求创立一个有力的伦理理论来为信息社会提供行动指南和决策工具。随着信息伦理学在研究范围上的拓展，研究深度上的进步，研究者们逐渐得到了共识：信息伦理学是计算机伦理学的进一步发展，它并不是计算机伦理学。可以说计算机伦理学发展到第二代就是信息伦理学，但是并不能把信息伦理学简单地等同于计算机伦理学。因为信息伦理学具有国际性，关注的是多种技术和技术应用的各个领域，具有更加宽广和充实的概念平台。信息技术对社会的影响正在日益加剧，以指数级增大，信息技术不仅改变了我们的学习地点和方式，我们工作的地点及其方式，而且也改变了我们休闲、购物、交友、医疗和饮食的传统方式，所以信息技术革命不只是经济上和技术上的，从更根本上说，它是社会的和伦理的。这样所有的与信息有关的活动都应在信息伦理学的研究范围之内。计算机伦理学在过去的 20 年内对信息技术的伦理层面的分析是成功的，但是随着信息网络的迅猛发展，计算机技术的全方位渗透，整个世界已经被互联了起来，麦克卢汉所谓的"地球村"已形成，全球化时代已经到来。在这种背景下，第一代计算机伦理学演变成为第二代计算机伦理学并且逐渐以信息伦理学的面貌出现是势在必然的。

在过去 20 多年里，国外信息伦理学得到了快速的发展，这主要体现在以下几个方面：（1）大量的信息伦理学领域内的专著和论文出版和发表。有代表性的专著有：斯皮内洛（Richard A. Spinello）的《世纪道德：信息技术的伦理方面》（1995）；欧茨（Effy Oz）的《信息时代的伦理》（1994）；史密斯（Martha M. Smith）的《信息伦理学：一个应用伦理学领域分析》（1996）；斯文森（Richard James Severson）的《信息伦理学原理》（1997）；帕蒂恩（Bart Pattyn）的《媒体伦理学》（2000），等等。信息伦理学领域的学术论文也是多得难以统计。这些都表明了国外信息伦理学的繁荣程度。（2）许多信息伦理学的学术机构成立，它们建立了自己的网站，并且组织召开国际性的学术会议。有代表性的学术机构有：国际信息伦理学中心①；美国计算机伦理协会；联合国教科文组织，它建立了 INFOethics 网站②，并于 1997 年在摩纳哥召开了联合国教科文组织 IN-FOethics 第一届国际大会，此次大会的主题为"电子信息的伦理、法律与社会问题"；澳大利亚所成立的计算机伦理研究所（Australian Institute of Computer Ethics），等等。（3）信息伦理学走进学校课堂。以美国为例，杜克大学开设了"因特网与伦理学"；普林斯顿大学开设了"计算机、伦理与社会责任"；匹兹堡大学开设了"信息伦理学"。

国外信息伦理学产生的原因，一方面是因为"信息技术对传统伦理

---

① 国际信息伦理学中心的网址为：http：//icie. zkm. de。

② 联合国教科文组织的 INFOethics 网站网址为：http：//www. unesco. org/webworld/public_domain/legal. html。

学研究的挑战"，另一方面是由于"社会信息伦理问题的挑战"。后一种挑战是源自信息技术的特性。由于信息技术的一些特有性质，在信息社会中就"遭遇"了一系列的社会信息伦理道德问题，例如侵犯知识产权、非法存取信息、信息技术的非法使用、信息的授权、信息责任的归属、侵犯个人隐私权等。这些社会信息伦理问题如果应用传统的社会伦理法则往往是难以定义、解释和调解的，另外，为此而制定的法律又具有相对滞后性。这种现实情况就需要有学术界不同方面的人士共同对此进行研讨，于是就产生了信息伦理学。

国外信息伦理学的主要研究内容。国外信息伦理学经过近 30 多年的发展，研究内容大为丰富。

第一，基本理论问题。包括对信息伦理问题是否存在独特性、信息伦理学的方法论、分析工具，以及具体信息技术有关问题进行哲学层面的思考。

第二，信息伦理原则。国外对信息伦理研究中，一个重要研究对象是信息伦理原则。伦理原则是伦理学研究中的一个传统问题，不同的伦理理论流派，如"义务论"和"目的论"，就会有不同的伦理原则理论。所以，面对与信息相关的伦理问题，不同的学者和机构就可能提出侧重点不同的信息伦理原则。国外比较著名的信息伦理原则主要有如下几种:[①] 美国计算机伦理协会制定的《计算机伦理十戒》；美国南加利福尼亚大学制定的《网络伦理声明》；美国学者斯皮内洛在《世纪道德：信息技术的伦理方面》一书中制定的《计算机伦理道德是非判断一般规范性原则》；美国学者罗伯特·N. 巴格（Robert N. Barger）制定的《计算机伦理三条普遍的基本原理》。另外，国外在对信息伦理原则的元研究上也有进展。如约翰逊就提出了应该从四个不同视角来评价信息伦理原则：对社会的义务；对雇主的义务；对顾客的义务；对同事及专业组织的义务。信息伦理原则来源于伦理理论，它是一种"道德命令"，它影响和决定着人们信息行为的伦理决策。所以它是联系信息伦理理论与信息伦理行为的纽带，从这个角度可以看出它在整个信息伦理研究中的重要地位。

---

① 以下所列举的四种信息伦理原则，除《计算机伦理道德是非判断一般规范性原则》外，资料均来源：http：//computerethics. 51. net。具体这四种信息伦理原则的内容，请见第二章第三节。

　　第三，信息活动中所存在的现实性伦理问题。包括与人的信息权利相关的道德问题，人的信息权利有信息自由权、信息获取权、信息安全权、知识产权和隐私权等；还包括信息社会中所存在的道德问题，如"信息社会中的人与社会价值"、"去权力与自我权力提升"、"信息社会中民主的风险与弱点"和"信息社会的文化冲突"等问题。

　　对国外信息伦理学研究现状的评价。国内有学者认为，国外对信息（网络）伦理问题或者说对信息伦理学的研究呈现三个特征：第一，"研究速度快，几乎和飞速发展的网络设施建设同步"；第二，"具体规范与理论研究并进"；第三，"问题广，涉及面宽，参与者众多"。

　　值得提出的是，国外信息伦理学研究包括"信息伦理建设"的研究，而对信息伦理建设而言，信息伦理教育又是重要的一环。然而，在国外信息伦理教育这一领域的研究又是较为薄弱的，具体表现在，研究问题的范围不广，深度也不够。这当然与信息伦理教育它本身的交叉性有关，它是信息伦理学与教育学相交叉的领域，或者在一定程度上可以说它在信息伦理学这一学科中具有边缘性。

　　2. 国内研究进展。①

　　国内信息伦理学的发展。在我国，对信息伦理学的研究肇始于 20 世纪 90 年代中期，主要的研究成果是集中在网络伦理这一方面，目前正处在迅猛发展中，其中学者沙勇忠的博士论文《信息伦理学》是较为成熟的研究成果之一。1994 年互联网在中国着陆，这是一个标志性的事件。此后，在国内对网络文化的研究兴起起来，一批有价值的著作和丛书经过学者们的努力相继翻译出版，例如《网络文化丛书》（中国人民大学出版社）、《三思文库·赛博文化系列（译丛)》（江西教育出版社），以及《计算机文化译丛》（河北大学出版社）等。这样，乘着网络文化研究的热潮，信息伦理研究拉开了帷幕。其中有代表性的著作和事件主要如下：1998 年，学者严耕、陆俊和孙伟平合著的《网络伦理》一书由北京出版社出版，此书成为我国信息伦理学研究领域内的开先河的著作。1999 年，

---

　　① 这一部分的文献综述是综合整理和参考引用以下文献并结合笔者自己的研究开展的：沙勇忠：《信息伦理学》，北京图书馆出版社 2004 年版，第 26—28 页；王金山：《当前我国网络伦理研究与建设现状评析》，《高校理论战线》2004 年第 2 期，第 58—60 页；李伦：《鼠标下的德性》，江西人民出版社 2002 年版，第 47—49 页。

由刘钢翻译的，世界著名信息伦理学家理查德·A. 斯皮内洛（Richard
A. S Pinello）的在西方有较大影响的《世纪道德：信息技术的伦理方面》
由中央编译出版社出版，该书是国内信息伦理学领域的首本译著。1999
年，在我国信息伦理学研究领域另一件大事是，国内第一家信息伦理学
（计算机伦理学、网络伦理学）专业网站创建，它就是"赛博风中华伦理
学网"①。2000 年，由湖南师范大学伦理学研究所李伦博士所申请的"计
算机网络化进程中的伦理问题研究"（2000—2002）课题得到了国家社会
科学基金的资助，这是我国第一个信息伦理学研究项目。此后，湖南师范
大学伦理学研究所的信息伦理学研究得到了快速发展，现在该所已经能够
进行信息伦理学方向的博士招生。2002 年，我国出版了不少信息伦理学
领域的著作，它们代表了国内信息伦理学研究的最新水平。它们是：李伦
的《鼠标下的德性》（江西人民出版社）、段伟文的《网络空间的伦理反
思》（江苏人民出版社）、曾国屏等的《赛博空间的哲学探索》（清华大
学出版社）。2003 年，赵阳陵、吴贺新、张德翻译出版了斯皮内洛的《信
息和计算机伦理案例研究》（科学技术文献出版社）一书。2004 年，北京
图书馆出版社出版了沙勇忠的博士论文《信息伦理学》。

　　近些年，在信息伦理学领域，也发表了不少颇具价值的学术论文，光
是对国外信息伦理学研究的综述这一个主题就至少有如上文所列举的研究
文章发表，这表明了信息伦理学研究已经逐渐成为国内学术研究领域内的
一种独立的声音。

　　目前，国内专门的信息伦理学研究的学术会议还没有，但是几乎所有
的伦理学方面的会议都在不同程度上探讨了信息伦理方面的问题。这些与
信息伦理密切相关的伦理学会议主要有如下几个：2000 年 8 月，在由上
海浦东华夏社会发展研究院和浦东新区宗恒咨询有限公司共同主办的题为
"全球化、网络化与当代中国社会发展"的高级研讨会上，到会的一些专
家学者讨论了网络伦理的问题。2000 年 10 月，在北京召开了"亚太地区
信息伦理研讨会"，这次大会是由联合国教科文组织主办的。参与大会的
有来自中国、泰国、韩国、巴基斯坦、新西兰、蒙古人民共和国等国家的
代表，他们讨论的问题主要有：信息社会人类道德将发生哪些变化，人类

---

　　① 赛博风中华伦理学网网址是：http://www.chinaethics.com。

社会的法律、伦理以及整个社会所要面临哪些挑战，在信息时代如何保护人的尊严，信息的公平使用问题，以及公众组织与信息获取问题等。2001年4月10日，网络文明工程组织委员会在文化部组织召开了一次重要会议——"网吧管理与网络文明建设研讨会"。来自政府主管部门的官员，网吧、网站和网民代表，以及新闻传媒，共同探讨了加强网吧管理和网络文明建设的有效途径与方法问题。

国内信息伦理学的主要研究内容。综合近十年国内信息伦理学领域的研究成果，在该领域我国学术研究的内容主要集中在以下一些方面：（1）首先是对国外信息伦理学研究的追踪，这一方面主要体现在对国外此领域的文献综述上。这些文献综述内容全面、详细具体。这是国内信息伦理学与国际研究接轨的重要一环。（2）信息（网络）伦理问题产生的原因。（3）信息（网络）伦理问题的具体体现。（4）信息（网络）伦理的基本特征。（5）信息（网络）伦理和现实伦理之间的关系。（6）信息（网络）伦理主体的建设。（7）信息（网络）伦理自律与他律之间的关系。（8）信息（网络）伦理方面的基本原则。（9）解决信息（网络）伦理问题的基本构想。值得一提的是有人提出要大力进行信息伦理教育。

对国内信息伦理学研究现状的评价。我国信息伦理学研究总体来看方兴未艾，正处在迅猛发展的进程之中。目前的状况是信息学界和哲学伦理学界是信息伦理学研究的主力军，但是在信息伦理建设方面，信息伦理教育是最为重要的一环，这方面研究迫切需要教育学领域学术力量大力和高水平的参与。具体来看，我国信息伦理学研究，一方面学科建设已经正式起步，学术研究也已经取得了初步的进展，另一方面，尚存以下一些问题，仍然需要学术界的努力：（1）应有规模的科研队伍还没有真正建立，科研实力也显不够。（2）研究内容主要是集中在对信息伦理的一个重要组成部分——网络伦理的探讨，还没有充分拓展到对整个社会的信息活动和信息社会伦理问题作全面的探究；而且基于我国传统的伦理道德思想背景下的信息伦理规范的研究还十分不充分。（3）介绍性、泛论性的研究占多数（尤其体现在信息伦理教育方面），针对重大现实性主题和结合我国国情的学理性探索不多。（4）学术界与实践部门之间联系不够，与信息技术（IT）界的联系和合作，以及开放式学术交流和对话需要加强。

通过对国内外信息伦理教育研究文献的综述，我们发现，从总体上看，学界对"如何有效开展信息伦理教育"这一问题的研究，是有待深入的。信息伦理教育与传统的道德教育相比，有特殊性，也有共性；其中特殊性是应该关注的重点，但是对道德教育的一些共性问题进行基于信息伦理教育语境的反思也是必需的。所以回答"如何有效开展信息伦理教育"问题需要对这种"特殊性"和"共性"问题分别进行探讨。但是，文献综述表明，学界并没有对"如何有效开展信息伦理教育"这一问题进行如上结构化细分后的深入研究。

三、研究意义

研究"如何有效开展信息伦理教育"这一问题的实践和理论意义存在于以下逻辑和推理之中。

（一）信息伦理问题的泛滥

自从计算机引入国内，特别是 1994 年我国联入国际互联网以来，信息伦理问题就越来越成为一个不可忽视的问题。根据学者沙勇忠的研究，信息伦理问题主要体现在以下三个方面:[1] 首先，在信息化过程中道德观念发生了紊乱。道德观念发生紊乱主要体现在无政府主义、个人主义和道德相对主义的盛行上。是网络环境为这些道德观念的滋生和发展提供了适宜的土壤。其次，信息道德行为失范。与道德观念领域的紊乱相应的是，现代信息活动中产生了许多的不道德（immoral）行为，这就导致了信息活动系统的熵值不断地增加，也使信息活动系统中充满了混乱、无序和冲突。这些信息道德失范行为主要有："侵犯隐私权"；"侵犯知识产权"；"信息污染"；"信息安全的威胁"；"信息欺诈与信用危机"。再次，在信息社会中产生的道德问题。由信息网络所构建的社会基础结构有其明显的"民主性"和"进步性"特征，但是这种社会基础结构也存在不容忽视的"不可控制性"和"脆弱性"，这就使得对信息社会环境里的根本社会冲突及其道德后果的探讨成为必要。信息社会中的伦理问题主要有："去权力"（disempowerment），指的是人类在确立自身、建构自身方面能力的下降；"人的异化"；"民主的风险与弱点"；"数字鸿沟"；"文化冲突"。

我们社会在信息化过程中存在如此之多的信息伦理问题，这不仅对伦

---

[1]　沙勇忠:《信息伦理学》，北京图书馆出版社 2004 年版，第 45—59 页。

理学，而且对教育学也是重要的不可回避的课题。本书研究就是站在回应来自实践层面的挑战的角度来开展的，这也是本书研究的实践意义的体现。

（二）作为社会信息化管理途径的信息伦理教育

实践层面广泛地存在着信息伦理问题，这就使研究者自然地要质疑现实存在的信息伦理教育的有效性；要回答"如何有效地开展信息伦理教育"，就要探寻信息伦理教育与普通道德教育相比的特殊性，以及对道德教育的一些共性问题进行基于信息伦理教育语境的反思。如果说以上学术努力具有实践意义，就必须要论证信息伦理教育在社会信息伦理建设中的功用。在这一问题上，笔者最为基本的观点是，信息伦理教育是社会信息化管理的一种工具和途径。

信息化是一个发展过程，它是由于信息技术的使用而导致的。信息技术代表的是一种文化，这种文化与传统的工业文化是迥然不同的。当传统的工业文化，甚至是农业文化"遭遇"信息文化时，就会产生文化冲突。在一定程度上，我们可以说社会信息化的过程就是这种文化冲突的过程。产生了文化冲突就需要有管理。何谓社会信息化管理，简单地讲就是对社会信息化过程进行的管理，它管理的对象是社会信息化的整个过程。[①]

对社会信息化过程进行管理有许多途径和方法，举其要者有法律和伦理两大类。但是，无论是利用法律还是伦理来对社会信息化过程进行规范，都需要有信息法律和信息伦理的存在。合理的信息伦理素养何以存在？这需要有效的信息伦理建设，而信息伦理教育就是信息伦理建设的一个不可或缺的途径。当然，这里还存在着一个逻辑预设："美德是可教的"，更为具体地说，就是"信息伦理教育是可能的"。信息伦理教育的重要性还可以从国外一些学者那里得到论证，他们从技术对社会负面影响的角度出发，认为"教育是完成社会—技术革命的最为重要的因素"。[②]这里的"教育"无疑包含了信息伦理教育。

从上文的分析和推理可以看出，信息伦理教育本身，以及信息伦理教育研究，对我国当前社会的和谐发展有着重要的实践意义。

---

① 关于"社会信息化管理"这一概念，在第一章中将有详细的论述。

② Seamus Dunn & Valerie Morgan, *The Impact of the Computer on Education*, London: Prentice-Hall International (UK) Ltd., 1987, pp. 27—33.

（三）深层次的信息伦理教育研究的"缺位"

上文的文献综述展示了国内外信息伦理教育研究的现实图景，用一句话概括就是：深层次的信息伦理教育研究"缺位"，特别是没有对"如何有效开展信息伦理教育"这一问题进行结构化细分后的深入探讨。"缺位"表达了这样的意思：信息伦理教育研究在社会快速信息化的过程中，理应得到应有的重视，以产生有深度的研究成果，以提高信息伦理教育的有效性，最终为社会发展提供可能的服务。这是一种应然的推理，实然的状况是这方面深层研究成果匮乏。

"如何有效开展信息伦理教育"这一问题的深层研究成果之缺乏，一方面进一步论证了上文两点意义，因为如果这一领域研究非常成熟，也就损害了信息伦理教育研究的意义，因为重复的科学研究其意义总是受到质疑的；另一方面，成熟研究成果的缺乏也使得我们的信息伦理教育研究具有理论意义。当然，本书研究到底在多大程度上具有理论和实践意义，还要看我们研究的理论进步状况，这也是本书研究努力的方向。

四、问题明确与论域限定

本书研究的问题总的来说就是："如何有效开展信息伦理教育？"对这一问题又可以结构化细分为两个小问题：其一，信息伦理教育与传统道德教育相比有什么特殊性？其二，为了提高信息伦理教育的有效性，对信息伦理教育与传统道德教育之间的共性问题，在信息伦理教育语境中，应怎样反思？以上研究问题及其关系可以用图导 1 表示。

```
                              ┌─────────────────────────────┐
                              │ 细分问题一（RQ Ⅰ）：         │
                              │ 信息伦理教育与传统德育相比特殊性的探寻 │
┌──────────────────┐         └─────────────────────────────┘
│ 总问题（PROBLEM）： │  ┤
│ 如何有效开展信息伦理教育？│         ┌─────────────────────────────┐
└──────────────────┘         │ 细分问题二（RQ Ⅱ）：         │
                              │ 德育共性问题基于信息伦理教育语境的反思 │
                              └─────────────────────────────┘
```

图导 1　本书研究"问题"示意图

在下文中将会对"信息伦理教育"这一核心概念的内涵进行探讨，但是在这里需要对本书中信息伦理教育的范围进行适当的限定。首先，在本书研究中，我们探讨“信息伦理教育”的“教育”指的是“学校教育”，但是也不可避免地在一定程度上涉及家庭教育和社会教育，因为学校教育与家庭教育、社会教育是不可以完全割裂开来的。最后，“学校教育”还是一个跨度很大的概念，至少包括了基础教育和高等教育，而基础教育和高等教育又可以分为不同的层次。在本书研究中，“学校教育”跨越了基础教育和高等教育，但是囿于笔者有限的研究精力和资源，我们的研究对象主要是高中教育和以本科为主的大学教育。之所以这样选择还有一个原因是，这两个阶段的学生的信息活动相比较而言是最为活跃的，他们也是信息伦理问题出现最多的两个学生群体。

对“信息伦理”的概念内涵在第一章将会进行界定，但是在这里需要明确的是，本书研究的“信息伦理”指的只是与“现代信息技术”相关的“信息伦理”。

第二节　马克斯·韦伯“理想型”方法及其改造运用

本书研究所使用的一个核心的、贯穿全文的研究方法是“理想型”方法，但是笔者并不是对韦伯“理想型”方法的直接使用，而是在对其进行批判和改造的基础之上，再进行运用。另外，本书研究过程中还使用了其他一些方法，对这些具体方法，在后面章节中我们再进行阐述。

一、韦伯社会科学研究方法论及“理想型”方法的解读

关于马克斯·韦伯（Max Weber, 1864—1920）的“理想型”[①] 方法，学界有许多研究和阐释。

> ……根据韦伯的说法，所谓的理念型（ideal type）是根据价值关联建立起来的思维图像，我们注意到他是从李克特（即李凯尔特——引者注）那边谈到概念跟现实间不可跨越的鸿沟，

———————————

① 关于韦伯的这一研究方法的名称，有一些不同翻译法，如“理念型”、“理想类型”、“理想形态”，等等，本书中笔者统一使用“理想型”。但是笔者在直接引用其他学者的话时，为了引用的准确性，可能会出现其他表达法；这些表达法表达的都是“理想型”同一概念，这种情况出现时笔者将不再另作注释。

所以，理念型是一个概念的工具，它造成的是思维的图像，这种思维图像带来了某种思想秩序，也就是说它帮助我们把现实的非理性现象安顿成一个理性的秩序，它是一套存在在思想里面的秩序。它的特色是有一套内在的统一性，然后是特别强调现实里面的某些成分，然后，最重要的，它是从一个特定的观点出发。我们可以这样子简单地说：ideal type 是借着片面地强调很具体的现象里面的某些成分，然后把它提升成一种纯粹的概念。既然是这么纯粹的概念，对韦伯来讲，他就用一个名词来比喻，他说就像个乌托邦一样，它是我们建构出来的乌托邦，因为我们在思想上面夸大了现实世界里面的某些因素，又省略了其他的因素，就使得这个东西在现实里面是找不到的。它只是我们建构出来的思维图像，然后它产生的效果是一种思想秩序。它最主要的功能是让我们用这一个理念型去跟我们研究所寻得的资料，或是我们在现实里面对经验的整理加以对照，看看现实与理念型之间的距离是多远或多近，然后它的理由又何在。这是他在理论上对理念型所做的定义。①

以上是韦伯专家顾忠华博士对"理想型"所做的经典解读，它为我们提供了一个"理想型"的图景。考虑到韦伯自身语言的晦涩难懂，这里笔者并没有急于直接引用韦伯的言说。但是要真正理解韦伯的"理想型"研究方法，这段文字还远远不够。一方面，"理想型"只是韦伯开展社会研究的一个工具，在其方法论体系之中除了"理想型"本身之外，还有许多其他支撑"理想型"方法的范畴与理论；另一方面，"理想类型概念是不清楚的含混的"②，所以我们也只有把握了韦伯社会学研究方法论体系的整个大厦，才能对"理想型"方法有更为精确的解读。

（一）韦伯社会学研究方法论的理论渊源

"理想型"概念和方法是树立韦伯崇高学术声誉的一个重要因素，但是最先使用这一概念的并不是韦伯本人，而是杰林克（Jellinek），他是韦

① 顾忠华：《韦伯学说》，广西师范大学出版社 2004 年版，第 155 页。

② ［德］迪尔克·克斯勒：《马克斯·韦伯的生平、著述及影响》，郭锋译，法律出版社 2000 年版，第 216 页。

伯在海德堡大学时的一位研究法学的同事兼朋友。① 回答为什么韦伯会创立所谓的"理想型"的社会科学研究方法，需要探讨其理论渊源。

只要对韦伯的社会科学研究方法论有一定的了解，我们就可以知道，韦伯从学术发展史上著名的社会科学方法论两大流派的论争中汲取了营养，他一直试图调和科学（实证）主义与人文主义之间的矛盾，并进行"超越"；可以说"理想型"研究方法的创立就是这种调和与"超越"的结果。

国内学者毛亚庆教授认为，科学主义应该包括如下含义：

第一，强调自然科学知识是人类知识的典范，用它可以解决人类面临的所有问题，是一种强调科学知识的终极正确性、普遍性的独断主义。

第二，自然科学的方法应该用于包括哲学、人文学科和社会科学在内的一切研究领域，并规范这些学科的内容，是一种强调科学方法的独特性、恒定性的科学方法万能论。②

显然，上面引文中的"科学方法"指的是自然科学方法，所以科学主义彰显了自然科学的霸权。

近代以来，以霍布斯和笛卡尔为代表的学者们构建了"自然主义"的社会科学形态。所谓"自然主义"，指的是"社会科学家盲目模仿自然科学方法和语言，用自然实体、自然因素和自然规律来解释人类社会"。可以说，16、17 世纪以来，自然主义一直掌控着人类整个的思想领域，自然主义思潮成为近代社会科学研究中的一股核心潮流，或者更为准确地说，自然主义的方法论取代和支配了社会科学的方法论。到韦伯之前的19 世纪，各门自然科学得到了迅猛发展，这就使自然主义思潮更是如日中天。此时在哲学界产生了所谓的科学主义。科学主义也即实证主义，同古典形而上自然主义的社会科学不一样的是，"实证主义追求的不是自身本体，而是经验的客观证实"。实证主义的创始人是法国社会学家孔德和英国哲学家穆勒。实证主义坚持的是客观主义立场，认为感觉与经验是科

① 于海：《西方社会思想史》，复旦大学出版社 1993 年版，第 309—310 页。
② 毛亚庆：《从两极到中介：科学主义教育和人本主义教育方法论研究》，北京师范大学出版社 1999 年版，第 4 页。

学和知识的最终基础。"感觉、经验和语言是哲学分析的最后基本单位。要使社会学摆脱神学和形而上学的影响，使社会学成为像自然科学那样真正的科学，就必须坚持实证原则，也就是'现实的'、'有用的'、'确实的'、'精确的'、'相对的'。"而从方法论上来讲，最为重要的是"精确的"与"确实的"。①

再来看社会科学方法论的另一维"人文主义"：② 实证主义的"科学化"做法是近代哲学和科学摆脱神学和唯心主义哲学的一种手段与途径，但是科学主义和实证主义思潮却又造成了对社会科学的新的奴役。"人文社会知识的被遮蔽或'自然科学化'造成了对人的扭曲，导致科学与现实人生的疏离，产生了所谓'现代科学的危机'或'文明危机'。在自然主义和实证主义的社会科学中，社会历史区别于自然的特殊性被忽视了。"18 世纪意大利哲学家维科提出了反理性主义的思想体系，他认为理性主义的知识论只是指向物理学与数学，从而忽视了人类活动其他的广泛领域，例如法律、艺术、哲学及历史，等等；他还认为历史学的合理的研究方法应该是"想像"。到了 19 世纪末期 20 世纪初叶，反实证主义思潮终于汇流成了一种新哲学——人文主义，其中主要代表人物为新黑格尔主义者狄尔泰，以及新康德主义者文德尔班与李凯尔特。狄尔泰的精神科学方法论是建立在他所创立的生命哲学的基础之上的，它"强调人的生命的价值性、理解性和整体性"；狄尔泰对科学主义及实证主义的"无情"批判为社会历史研究的独立性奠定了基础。他的生命哲学与实证主义是相对立的，它"强调人的经验或生命世界的多样性和丰富性"，认为"实证主义社会科学观的根本错误就在于把历史和文化事实即精神科学的对象类比于科学事实"。而在新康德主义者观点中，历史（文化）同自然相比较，有"价值性"和"个别性"两大特征。

人文主义思潮对韦伯社会科学研究方法论的影响，具体可以从以下三个方面进行阐述：③ 第一，狄尔泰吸收了维科"想像科学"中的"理解"

---

① 本段引自黄新平《马克斯·韦伯社会科学方法论反思："价值关联与价值中立"社会科学方法论的核心原则》，硕士学位论文，陕西师范大学，2004 年，第 3—5 页。

② 朱红文：《社会科学方法》，科学出版社 2002 年版，第 70—74 页。

③ 黄新平：《马克斯·韦伯社会科学方法论反思："价值关联与价值中立"社会科学方法论的核心原则》，硕士学位论文，陕西师范大学，2004 年，第 10—11 页。

方法的原则，从而也就构成了其历史主义与“理解”方法的主要组成部分；韦伯在他的“理解社会学”中把理解的方法置于重要地位，他的理解方法论的源头就是狄尔泰的理解释义学。第二，文德尔班把科学划分为规范科学（自然科学）和描述科学（文化科学）两类，“认为前者的方法论原则是抽象，后者的方法论原则是直观，并指出文化科学的研究对象是独特的、无可重复的；描述性特征的科学每走一步都要向规范科学借用一般命题作出论证”。文德尔班的以上思想对韦伯产生了直接和重大的影响，使其坚持把构建“理想型”作为社会学的普遍命题。第三，李凯尔特在社会科学研究方法论上对韦伯产生的影响最为深刻。韦伯方法论中的核心原则“价值关联”思想来自于李凯尔特，而其“理想型”因果分析法的哲学和逻辑基础也是直接受惠于李凯尔特。

（二）“价值中立”与“价值关联”

“价值中立”一直是韦伯所信仰的科学信条，明显地，这一点他是受到了自然主义（实证主义）的影响。而且，韦伯并不是对“价值中立”一般的信奉，他是把它作为一种“学术伦理”放在心中，“价值中立”是韦伯从事科学研究时心中的康德式“道德律”。韦伯认为，社会科学研究者在开展科学活动时，不但要时时保持高度的警觉性，而且还要承受很大的压力，因为他认为作为一个真正的学者，必须把主观的感情从自己所从事的学术活动中清除出去，这实际上就可以称之为科学的“禁欲主义”。[1]

实证主义者是坚决主张在社会研究之中要仿效自然科学中的“价值中立”原则的，他们认为“研究的目的不在于判断好坏与善恶，而只在于判断真假或是否，因此研究者必须采取客观的态度，排除个人的价值观和主观偏好”。[2] 简单地说，信守“价值中立”原则就是要做到在科学研究过程之中只做事实判断，不做价值判断。

至于为什么在社会研究之中要信奉“价值中立”的“道德律”，韦伯有如下的认识：

> 一门经验科学并不能教给某人他应当做什么，而是只能教给他

---

① 王威海编著：《韦伯：摆脱现代社会两难困境》，辽海出版社 1999 年版，第 266—267 页。

② 袁方主编：《社会研究方法教程》，北京大学出版社 1997 年版，第 70 页。

能够做什么，以及——在具体条件下——他想要做什么。的确，在我们的科学的领域里，个人的世界观通常不断地影响到科学的论证，一再造成论证的混乱，甚至在确定事实之间简单的因果联系的领域，也会使人根据结果是减少还是加大实现个人理想的机会，即希求某种东西的可能性，而对科学论据的重要性作出判断。①

韦伯是信守"价值中立"的科研伦理的，但是我们并不能把韦伯的这一信仰简单地等同于实证主义者的"价值中立"。实证主义者没有认识到社会科学的研究对象与自然科学的研究对象之间的不同，而韦伯对此是有认识的，他认为：社会科学和自然科学是有所不同的，自然科学的研究对象不存在价值方面的问题，而社会科学的对象是"人"，人有自己的价值观；所以社会科学应该对人的价值观展开研究，但是在研究的过程之中，研究者需要保持"客观性"，"把自己的价值判断排除在外，这样才能使研究成果真正成为事实判断"。②

一般地，自然主义者或者实证主义者都认为，在科学研究过程之中，无论在哪一个环节都应该恪守"价值中立"，但是他们却没有认识到，在研究真正展开之前，科研工作者在选择研究什么问题，而不研究什么问题时，是不可避免地要进行价值判断的。当然这一点对于自然主义者和实证主义者而言，也可能是视而不见的；然而，韦伯对其却是有所认识的，并且提出了自己的解决办法。他把研究者的价值立场二分为："科学内的价值立场"和"科学外的价值立场"。前者指的是在科学研究进程之中的价值立场，也就是"价值中立"；而后者指的则是在选取科研问题时所应遵守的"价值关联"。

韦伯认为："经验实在只有当我们把它与价值观念联系起来时，在我们看来才成为'文化'，它包含着关于实在的那些部分，并且只有包含那些部分它才由于这种价值关联而变成在我们看来是有意义的。"③ 对于什

---

①　[德] 马克斯·韦伯：《社会科学方法论》，李秋零、田薇译，中国人民大学出版社1999年版，第4页。

②　姬金铎：《韦伯传》，河北人民出版社1998年版，第59页。

③　[德] 马克斯·韦伯：《社会科学方法论》，杨富斌译，华夏出版社1999年版，第172页。

么是"价值关联"，顾忠华博士作了如下清晰的解读：

> 价值关联是当我们想要从事一个研究的时候，当已经是在科学的范围中，你要决定一个题目作为你研究的问题的时候，价值关联是你最后最后的根据，你为什么选这个题目，你总有个理由吧！你的理由都是我们的文化所提供给你的，这都是你在文化中选择的，这中间事实上已经就有了价值，这些关联让你去选择一些东西来研究。①

就韦伯自身而言，他对科层制感兴趣，他对统治权力的来源感兴趣，他研究社会行动的类型，等等，这些研究选题上的选择是与韦伯自身的价值观念有关的，如果他所拥有的价值观念得到了改变，他所做的研究选题也就可能会不一样。这一点并不是难以理解的。

韦伯将"价值关联"作为科研工作者选择题材和组织材料的方法，这一思想是从新康德主义者李凯尔特那里继承来的，但是两者之间存在着不同：李凯尔特认为，并不是研究者认为某一人物有价值就使其成为历史人物，而是此人物与普遍公认的文化价值有关联；韦伯的看法是，研究者本人所拥有的价值观念影响了研究者的选择，然而这种价值观念也并不是李凯尔特的那种超历史的客观化的东西，它是某一历史时代的目标与其固有的兴趣。② 韦伯把一定历史时代的占主导地位的价值原则看作为价值关联的前提，是由于韦伯本人在实践中体会到这种价值原则是一种客观的历史事实。③

韦伯一方面恪守"价值中立"，另一方面他又提倡"价值关联"，这两者乍看起来是矛盾的。其实不然，韦伯是"巧妙"地把社会科学研究分为选题阶段和正式研究两个阶段。在第一阶段选题阶段，作为社会科学研究者需要信守"价值关联"原则。在这一阶段为什么不可以做到"价值中立"呢？韦伯认为在此阶段研究者做到"价值中立"是不可能的，

---

① 顾忠华：《韦伯学说》，广西师范大学出版社 2004 年版，第 150—151 页。
② 于海：《西方社会思想史》，复旦大学出版社 1993 年版，第 315 页。
③ 黄新平：《马克斯·韦伯社会科学方法论反思："价值关联与价值中立"社会科学方法论的核心原则》，硕士学位论文，陕西师范大学，2004 年，第 29 页。

因为作为一个有价值观念的人在选取研究课题的过程之中不可能不让"选择行为"与自己的（也是时代的）价值观念相关联，否则就不可能做出"选择行为"。韦伯的"价值关联"的观点是与自然主义（实证主义）的观点相左的，后者认为价值是不能与真正的科学有任何的关联的，也就是说真正的科学理应是"价值无涉"的。在此一阶段韦伯吸收了人文主义的观点，但是韦伯称这一阶段的"价值关联"为"科学外的价值立场"。在第二阶段具体的研究过程之中，韦伯信守的是严格的"价值无涉"原则，他认为在这一阶段作为一个社会科学研究者，不可以做价值判断，只能做事实判断。对事情的发展而言，研究者只能作出"可能会怎样"的判断，不可以作出"应该怎么做"这样的价值判断。韦伯认为科学不可能从"实然"状况推理出"应然"。此阶段韦伯恪守了"价值中立"的"禁欲主义"。显然在这一阶段韦伯是秉承了实证主义的传统。韦伯在具体的研究阶段信奉的"价值中立"被他本人称之为"科学内的价值立场"。可以看出，韦伯是通过把科学选题阶段与具体的科学研究阶段分离开来，从而使科研工作者能够同时遵循"价值关联"和"价值中立"的原则；并且他把这两个原则作为自己社会科学研究需要严格遵守的核心价值观念。

（三）"理解"与"因果关系"

韦伯信守科学研究之中的"价值中立"，他追求在社会科学研究之中知识的"客观性"。那么在社会科学研究过程之中，他是怎样来做到使知识具有"客观性"的呢？

韦伯认为，社会（科）学研究的对象是"社会行动"。对"社会行动"这一概念韦伯作了如下的解释：

> 所谓"行动"（Handeln）意指行动个体对其行为赋予主观的意义——不论外显或内隐，不作为或容忍默认。"社会的"行动（"Soziales" Handeln）则指行动者的主观意义关涉到他人的行为，而且指向其过程的这种行动。[①]

[①] ［德］马克斯·韦伯：《社会学的基本概念》，顾忠华译，广西师范大学出版社2005年版，第3页。

从韦伯的解释可以看出，他所谓的"社会行动"，包括两大条件：一是"主观意义"，另一是"关涉他人"。也就是说，"主观意义"与"关涉他人"是作为社会科学研究对象的"社会行动"的充分必要条件。

作为韦伯社会（科）学研究对象的社会行动必须具有意义，意义是可以被理解的，所以韦伯把对社会行动的理解看做是社会（科）学的两大使命之一。① 韦伯把理解分为两种类型：

> 第一种是对既有的行动（包括其所表达出）的主观意义作直接观察的理解。……然而，理解也有可能是另一种方式，称之为解释性理解。当我们根据"动机"来理解一个行动者陈述或写下 $2 \times 2 = 4$ 这个命题的意义时，通常可以理解到他为什么在这个时候及这些情境下如此做。②

对韦伯这段话可以作如下的解读和补充说明：③ 理解指的是试图探索考察行动者主观社会行动的意义关联，并在此基础之上构建起行动者社会行动之间的意义脉络。理解有两种不同的类型，第一种是对已经存在的行动的主观意义作出直接观察式的理解，"这种理解从观察者的角度来猜测行动者的主观意义，而不涉及对行动者动机的理解"；第二种理解是解释性理解，"这种理解通过移情方式直探行动者自己对行动赋予的主观意义"，这样就能够对行动者的实际行动过程进行解释，使用这种理解方式至少可以证明一个行动过程从主观意义上讲的适当性。

但是对社会行动的研究，不但需要"理解"这一种研究方式，而且还需要对社会行动进行"因果分析"。这是因为，主观动机与目的之间并不总是一一对应的，动机是没有办法进行验证的，这样一来，作为经验科学的社会（科）学知识就不能只是建立在行动者自身的动机之上，社会（科）学的解释还需要具有因果关系上的恰当性，也就是还要证明这一有意义的过程"会以可给定的频率或近似的方式发生"；换种说法就是，通

---

① 侯钧生主编：《西方社会学理论教程》，南开大学出版社 2001 年版，第 110 页。

② ［德］马克斯·韦伯：《社会学的基本概念》，顾忠华译，广西师范大学出版社 2005 年版，第 9 页。

③ 谢立中主编：《西方社会学名著提要》，江西人民出版社 1998 年版，第 29 页。

过社会（科）学理解解释构建起来的社会（科）学规则并不只是"一种对主观意义关联的建构"，而且还应包括使用统计方法对这种意义关联进行验证从而得出的因果关联的构建。①

然而与传统的因果观念不同的是，韦伯使用的是"可能性"、"或然性"和"机遇概念"来表述因果关系：首先，韦伯认为因果关系是部分与部分之间的关系；其次，构成历史总体与社会总体的因素众多，找到其全部确定的因果关系是做不到的；最后，因果关系并不是线性的，而应该是多重的、双向的、反馈的关系。②

韦伯将对人类社会行动的意义（动机）的理解称之为"主观适当性"，而将"因果分析"称之为"因果适当性"。他认为社会科学研究的对象蕴涵着文化价值，具有独立性和特殊性的特点，所以在社会科学领域不存在规律，只是有所谓的因果关系。规律是不具有必然性的，具体的因果关系则有"客观可能性"。"客观可能性"指的是在对社会现象展开因果分析时，要充分地考虑到各种可能存在的具体原因。任何社会现象的产生都是由大量可能的原因一起作用导致的结果，每一单个原因对这一结果而言都应是必需的。所以社会科学研究者要想掌握事件的真实面貌，就必须要充分地考虑各种可能性，且把这些可能性纳入到研究范围之内，否则的话社会科学的研究就会变得没有目的。韦伯认为把"客观可能性"引入进因果分析并不是承认向主观随意性敞开大门，并不会有损因果分析的确定性，也不会威胁到社会科学作为一门科学的科学地位。实际上社会现象具有的多因性和独特性特征恰恰要求因果分析必须考虑到"客观可能性"，如果不这样，社会科学研究中的因果分析就成了线性的因果链条，它就与自然科学分析没有区别。"主观适当性"、"因果适当性"与"客观可能性"是社会科学研究中的三个重要因素，它们体现的是社会科学研究过程中的客观统一性，但需要指出的是，这种统一性并不是建立在普遍性规律基础之上的，它的基础是统计规律。"主观适当性"同"因果适当性"在社会科学中是统一的，如果社会科学要真正成为一门科学，两者之间就必须要相互补充和相互依赖。只有因果适当性而没有意义的恰当

---

① 谢立中主编：《西方社会学名著提要》，江西人民出版社 1998 年版，第 29 页。

② 于海：《西方社会思想史》，复旦大学出版社 1993 年版，第 318—319 页。

（主观适当性），无论因果关系中统计规律是多么的确定和准确，这种因果关系也只是具有纯粹的统计学意义；相反的，如果只有意义适当性（主观适当性）没有因果适当性，那么对社会行动主观意义的理解就会失去因果效力，如此则导致社会科学没有归宿。韦伯认为，与此同时，"因果适当性"应该为"客观可能性中"的"因果适当性"，如果没有客观上的可能性，因果分析就会成为线性因果决定关系；如果没有了因果适当性，客观可能性分析也就没有了着落，社会科学研究就会失去其应有的意义。①

综上所述，"主观适当性"、"因果适当性"和"客观可能性"三者的统一使社会科学研究能够做到客观，使社会科学的知识具有了"客观性"。

（四）作为社会科学研究概念工具的"理想型"

在韦伯的社会科学方法论思想中，社会科学研究的一个关键就是要建立"理想型"，"理想型"是社会科学分析研究的概念工具，通过"理想型"的主观性构建能够理解人类社会行动的客观意义。② 所以，在一定程度上可以理解为，韦伯把社会科学的任务看做是通过理解和因果分析来建立"理想型"，进而利用"理想型"这样一个概念工具来科学地认识社会行动。从这里我们可以看出在韦伯的社会科学研究中，"理想型"构建所占有的重要地位。

为什么韦伯如此重视"理想型"这样一个概念工具呢？这是因为，韦伯本人是新康德主义者，是一位康德哲学信徒，所以韦伯认为人类对客观事物的认识必须通过人类自己发明的认识工具才行，而对社会事物的认识亦是如此；而人类的认识工具就是人类创造的各种概念与范畴的体系，如果没有这些概念与范畴，人类的认识活动就无法开展，因此人类在认识客观世界时，首先要做的是准备认识工具，使自己所运用的概念明晰、有条理、严谨精确。③

前文呈现了顾忠华博士对韦伯"理想型"概念的解读，行文至此，

---

① 本段引自黄新平《马克斯·韦伯社会科学方法论反思："价值关联与价值中立"社会科学方法论的核心原则》，硕士学位论文，陕西师范大学，2004年，第25—26页。

② 王威海编著：《韦伯：摆脱现代社会两难困境》，辽海出版社1999年版，第271页。

③ 姬金铎：《韦伯传》，河北人民出版社1998年版，第55页。

我们可以看看韦伯本人对"理想型"的规定：

> 一种理想类型是通过片面突出一个或更多的观点，通过综合许多弥漫的、无联系的、或多或少存在和偶尔又不存在的个别具体现象而形成的，这些现象，根据那些被片面强调的观点而被整理到统一的分析结构中。①

需要指出的是，在"理想型"这一概念之中，"理想"一词并不是在其本意上使用的。在《辞海》中，"理想"指的是"同奋斗目标相联系的有实现可能性的想象；符合希望的；使人满意的"。② 在《大辞典》中，"理想"被界定为："一种合理的希望。指根据事实，加以构想，以推定其究竟，并达到某种目标。"③ 然而在"理想型"这一概念之中，"理想"并没有"符合希望的"、"使人满意的"这类的意思，"它只是表示某种现象是接近于典型的，如同'理想真空'、'经济人'、'道德人'等典型化概念一样，在任何时候都不会以纯粹形态存在于现实中"。④ 另外，也可以简单地把这里的"理想"界定为"事物在逻辑上的一种可能性"。⑤

"理想型"在韦伯社会学研究中得到了广泛的运用，但是"理想型"本身是复杂不清楚的。实际上，韦伯的"理想型"方法至今好像还没有能够发展出一套很普遍的为大家所运用的规则。⑥ 虽然很难就"理想型"方法提炼出一套公认的操作规则，但是这并不妨碍我们对其特征作一些探讨。

第一，由于社会科学研究对象的"价值关联"性，"理想型"必须以单方面强调突出某一观点为其重要的特征，即只有通过单方面强调突出某种观点的方法来综合有关的个别现象，才有可能形成对研究对象的精确明晰的概念，也只有使用这种以"理想型"方式精确明晰地规定了概念，

---

① ［德］马克斯·韦伯：《社会科学方法论》，杨富斌译，华夏出版社 1999 年版，第186 页。

② 辞海编辑委员会编：《辞海·1979 年版缩印本》，上海辞书出版社 1980 年版，第1213 页。

③ 大辞典编纂委员会编：《大辞典》（中），三民书局 1985 年版，第 3054 页。

④ 于海：《西方社会思想史》，复旦大学出版社 1993 年版，第 320 页。

⑤ 王威海编著：《韦伯：摆脱现代社会两难困境》，辽海出版社 1999 年版，第 274 页。

⑥ 顾忠华：《韦伯学说》，广西师范大学出版社 2004 年版，第 155 页。

我们才有可能就现实之中与此一概念相关的那"一部分"进行说明。①

第二，"理想型"是以"价值关联"作为其后盾的；另一方面，"理想型"又为"价值关联"找到了一个很正当的表达通道，它提供了一个工具，使研究者可以充分地讨论其价值关联与价值关心，而又不至于陷进价值判断的泥沼，这是因为虽然在"理想型"中，研究者表达了其一大堆的价值关联，以及研究者为什么要这么做，为什么建立这样的"理想型"而不是其他的，为什么能够用这个"理想型"作为出发点来检验现实，但是研究者在做这些事情的时候说得十分明白，"理想型"只是一个乌托邦，它有待于被用于在历史上或周围的现实世界中去衡量到底现实世界同"理想型"有什么样的差距，研究者只是把它作为一个研究工具，并没有在这里作价值判断。②

第三，由于韦伯是恪守"价值中立"的，所以在建构"理想型"的过程之中，韦伯所做的研究只是探讨了研究对象"是什么"和"为什么"这两个问题，他并没有去研究"应该怎么做"（"怎么样"）。因为要回答"怎么样"这一个问题就是要作出价值判断，而在韦伯的方法论思想里，作价值判断并不是科学家的职责所在，社会科学要成其为一门科学也是不能够作出价值判断的。在韦伯的观点之中，文化（社会）科学与文化（社会）科学家的职责和任务是认识了研究对象"是什么"和"为什么"到此为止的，文化（社会）科学及其研究者并没有义务也不可以作出价值判断，否则文化（社会）科学就会丧失其科学性，文化（社会）科学家就会失去其学术伦理操守。构建"理想型"只是根据时代的兴趣和价值关联提供了一种事物发展客观的可能性。在现实生活中人们的社会行动到底要如何作为，这不是文化（社会）科学需要考虑的问题，文化（社会）科学也没有如此的功用。

第四，虽然"理想型"是理性的模式建构，但是它并不是一种随心所欲的不顾事实的主观虚构，它是拥有现实依据的，是在对社会行动的无数因素分析与综合的基础上形成的。③ 但是，"理想型"又一定是超越客

① 冯钢：《马克斯·韦伯：文明与精神》，杭州大学出版社 1999 年版，第 67 页。

② 顾忠华：《韦伯学说》，广西师范大学出版社 2004 年版，第 157—158 页。

③ 黄新平：《马克斯·韦伯社会科学方法论反思："价值关联与价值中立"社会科学方法论的核心原则》，硕士学位论文，陕西师范大学，2004 年，第 17 页。

观实在的。韦伯认为，社会科学研究者通过对社会行动的研究，其手段方式是"理解"与"因果分析"。在"理解"与"因果分析"的过程之中，当研究者做到"主观适当性"、"因果适当性"和"客观可能性"这三者的真正统一时，所构建的"理想型"也就达到一种知识"客观性"的目标。也就是说，通过作为概念工具的"理想型"，社会科学研究者所做研究的结果（如"科层制"等"理想型"）既超越了客观实在，又做到了"客观性"，符合"价值中立"的要求。

第五，韦伯本人信奉康德哲学，所以他认为，人类要想认识客观实在的本质是不可能的，人类根本做不到通过事物的现象去认识其本质，通过现象去探索事物本质的研究方法会使人的认识误入歧途，这一点对社会现象的认识更是如此，基于此，"理想型"不可能是认识的目的，也不会是对事物客观规律的表述，而是人们使用它来增进对客观实在理解的认识工具；"理想型"是对社会行动的共同性的综合与概括，它所要表达的不是事物的规律和本质，而只是某一社会事件的特殊的性质和结构或诸多社会事件之间的因果关系。[1] 韦伯的社会学研究方法论属于一种方法论上的个体主义，他并不认为社会发展有规律可循。在一生的学术研究之中，韦伯构建了许多的概念"理想型"，他指出可以分为两类：一类是与历史形态相关的"理想型"；另一类是与历史实在中的抽象组成部分相关的"理想型"。[2] 韦伯所建构的所有的"理想型"都不是一种规律或本质的表达，也不是个体的社会行动本身，它超越了个体社会实在，是介于个体社会实在与一般性规律本质之间的东西。所以，韦伯所建构的"理想型"，一方面它们是其研究的结果；另一方面它们又不是韦伯研究的终极目的，韦伯研究的终极目的是通过所构建的"理想型"来对社会实在进行认识。因此，韦伯的"理想型"只是一种中介性的研究结果。

第六，一般的"类"概念是通过选择所有有关自然现象或者社会现象的某一特征而形成的，并且以此特征来作为同类现象的"共性"进行把握；然而"理想型"却是精神方面的产物，它是通过强调突出有关经验事实的某一特定方面而形成的，并以这一特定方面来突出与强调这些文

---

① 姬金铎：《韦伯传》，河北人民出版社1998年版，第56—57页。

② 于海：《西方社会思想史》，复旦大学出版社1993年版，第320—321页。

化现象的独特性和个性，所以，"理想型"并不是通常所言的一般意义上的"类"概念，而是一种"准类"概念。①

　　通过上面对韦伯社会科学方法论及其"理想型"方法的阐述，我们已经能够对之形成一个清晰的轮廓。对于这一轮廓，可以用下面图导 2 进行形象化说明。

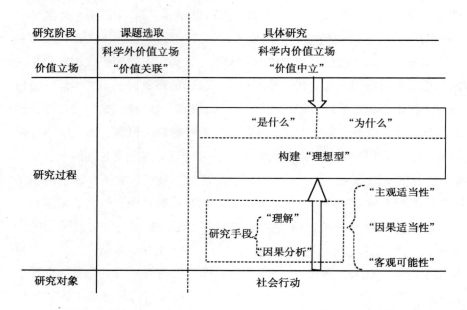

图导 2　马克斯·韦伯社会科学研究方法论及"理想型"方法示意图

二、韦伯"理想型"方法的改造与运用

　　本书研究的问题是"如何有效开展信息伦理教育"，到底使用何种方法进行研究，是提出研究问题后所面临的一个重要问题。笔者试图想做的是建构一个信息伦理教育"理想型"。"信息伦理教育研究"是一个宏大的范围，当笔者把研究旨趣限定在信息伦理教育"理想型"建构上时，我们研究范围就会自然地缩小，笔者所做的研究也就更具"实际操作性"和"客观可能性"。但是需要指出的是，笔者不可以对韦伯的"理想型"方法全盘地接受，因为韦伯方法论中（当然包括"理想型"方法）有一

---

①　冯钢：《马克斯·韦伯：文明与精神》，杭州大学出版社 1999 年版，第 69—70 页。

些思想与具体操作笔者不能苟同，笔者对其需要进行康德意义上的"批判"与改造，吸收韦伯方法论思想的"合理内核"，并注入合理的内容。

（一）本书"信息伦理教育研究"的旨归与人文社会科学研究的职责

为什么笔者要研究"如何有效开展信息伦理教育"，这并不是一个难以回答的问题。教育研究必须是面向实践的，教育研究的问题来自于社会实践，而教育研究的一个重要目的也是为了更好的教育实践，以实现教育的价值。要研究"如何有效开展信息伦理教育"，我们就要回答"怎么样"，也就是要回答在信息伦理教育实践中，应该展开怎样的行动才能使其具有效率。

以上这一点并不难理解，它只是一个一般的、普通的对本书研究"如何有效开展信息伦理教育"的目的的说明。但是，这一"常识"在韦伯那里却遇到了问题，因为韦伯认为社会科学研究不能涉及"应该怎么样"这样的价值问题，如果这么做，就不能算作是真正的科学了，因为这样就违背了其"价值中立"的学术伦理。这是韦伯所不能忍受的。

韦伯一生的学术研究所涉猎的学科可谓广泛，有政治学、管理学和社会学，等等，但是一般而言，主流的看法是把他视作社会学家，而且是与马克思、迪尔凯姆并列的三大社会学家之一。也就是说，其所言说的语境是一般意义的社会学。但是，狄尔泰面对自然主义的强势霸权，提出了"精神科学"的概念，把科学分为"自然科学"和"精神科学"两大类；新康德主义的弗莱堡学派的文德尔班也把科学两分为"规范科学"（自然科学）和"描述科学"（文化科学），李凯尔特把科学分为"自然科学"和"文化科学"，这些思想韦伯都是接受的。所以，韦伯所使用的"社会科学"、"文化科学"和"社会学"概念都可以被认为是与自然科学相对的、作为科学类型两分之一的、包括现代意义"人文科学"（Arts Science）和"社会科学"（Social Science）[1]的精神科学，而不只是现代我

----

① "人文科学是以人的内在世界、精神世界和作为人的内在世界之客体表达的文化传统及其辩证关系为研究内容或对象的学科体系。人与文化的辩证关系，是人对文化的意义解读、表达和重构的过程"；"社会科学作为一个独立的学科体系产生于19世纪，是近代社会结构化的产物，是适应大工业生产、城市等大规模社会结构的管理需要而产生的。它把近代以来产生的结构化的或大规模的社会组织、社会群体、社会关系作为研究对象。"（朱红文：《社会科学方法》，科学出版社2002年版，第84、32页）

们所一般使用的狭义的"社会学"。或者更为直接地认为，韦伯所言的"社会科学"、"文化科学"和"社会学"就是"人文科学"加上"社会科学"。

　　本书所做的"信息伦理教育研究"，是既具有"人文性"又具有"社会性"的。所以笔者在这里的探讨与韦伯的社会科学方法论是站在同一个"场域"的，两者之间是可以对话的。

　　根据韦伯的理论，本书所做的"信息伦理教育"研究只要回答了"是什么"和"为什么"两个问题就可以万事大吉，并且笔者的研究不能继续往前走，否则就"不科学"了。这一观点笔者不能接受。我们认为，除了要回答"是什么"和"为什么"这两个问题之外，作为一个人文社会科学研究者，我们可以也完全必要探讨"应该怎么样"这一问题。因为人文社会科学研究的出发点和落脚点都是"实践"，"应该怎么样"是面向实践的应答，它具有不可或缺性，对现实的意义也是不言自明的。我们需要在这一点上改造韦伯的"理想型"方法，也就是说"理想型"体系中可以有也必须有"怎么样"的内容。韦伯所建构的"理想型"只是提供了"事物在逻辑上的一种可能性"，但是事物的发展是可能有多种路径的，每一种路径都可能有不同的"收益"或者说后果，在韦伯的方法论中并没有说要去穷尽这些可能，在这种情况下建构的"理想型"体系中又没有和一定不能含有"怎么样"的内容，如此，我们可以认为这是科学研究的一种不足——面向实践精神的不足。作为一名科学研究者其实可以也必须做更多，也就是说必须打破自然主义的樊篱，探索"怎么样"问题。这是人文社会科学研究的职责。

　　（二）"价值关联"、"价值中立"与"价值涉入"

　　韦伯在构建"理想型"的具体研究过程中是信守"价值中立"，而且他的"理想型"体系之中只有"是什么"和"为什么"两个内容。在研究"是什么"和"为什么"时，遵循"价值中立"的原则这一点笔者是认同的，在本书"信息伦理教育"具体研究过程之中，笔者也严格按照"价值无涉"的要求行事。因为在研究"是什么"和"为什么"这两个问题时，研究者必须"戴着无色的眼镜"，任何"有色眼镜"都会导致研究者的研究不能清晰正确地反映客观实在：研究对象到底有什么质的规定性？到底存在什么样的因果关系？如果不能正确地认识这两个问题，科学就不能做到"求真"和"求实"。这是研究者不应该容忍的。

虽然笔者在以上一点上认同了韦伯的方法论思想，但是笔者认为在具体研究过程之中的特定阶段可以而且也必须"价值涉入"，这一点与韦伯的方法论思想是相左的。上文论证了在具体研究过程中研究者可以而且有责任探讨"应该怎样做"这一主题，当研究一进入这个主题，就必然会"价值涉入"，否则就没法回答"怎么样"这一问题。所以，韦伯在具体科学研究阶段无条件地拒斥"价值"的态度是笔者不能苟同的。

在人文社会科学研究之中强调"价值中立"，是具有逻辑合理性的，但是我们并不能把它无穷放大和绝对化。韦伯之所以在科学研究具体过程中无条件地拒斥"价值"，其中有一个理由是从"事实判断"（to be）与"实然"无法科学地推导出"模态判断"（ought to be）与"应然"。其实借用伦理学里的论证方法这一问题是可以得到解决的：

　　……譬如以快乐主义的证明为例，运用上述方法（即通过辩证逻辑从"to be"推导出"ought to be"的方法，本引文是以举例的方式展示此方法的——引者注）可以获得与传统快乐主义不同的证明效果：①人是趋乐避苦的。②快乐对人性可能有利可能有害。③痛苦对人性可能有害可能有利。④健全的快乐比片面的快乐更符合人性。⑤整体的快乐比局部的快乐更符合人性。⑥健全的、整体的快乐必然符合人性。⑦人应当有人性。⑧人应当追求健全的、整体的快乐。

　　在上述推理中，命题①是事实判断，是整个推理的大前提；命题②和命题③是根据命题①所内蕴的辩证矛盾作出的展开分析，用可能模态判断的方式表述了乐与苦的对立统一关系及其对人性的影响作用；从命题①到命题②和命题③的推论的正确性只能依靠辩证逻辑给予保障。命题④和命题⑤则是对命题②和命题③所做的进一步推论，这一推论之所以成立在于它进一步揭示了乐与苦所内蕴的矛盾，其正确性同样只能依靠辩证逻辑给予保障。命题⑥是对前两步推论的小结，以必然模态判断的形式表达，并成为进一步推论的中介；借助命题⑦的公理性，便可以向命题⑧转换，从而获得作为结论的规范判断，实现从"to be"

　　到"ought to be"的推导过程。[①]

　　上文冗长的引用只是为了证明从"to be"到"ought to be"之间有路可通，但是这已经动摇了韦伯在具体研究阶段拒斥"价值"的理论基础。既然从"to be"到"ought to be"之间并不是无路可通的，所以作为人文社会科学研究者不应该不承担更多的超出韦伯所限定的责任，也就是要进一步探索"应该怎么样"这一问题。而一旦要探索"应该怎么样"问题，就需要有"价值涉入"。我们认为，只要在回答"怎么样"这一问题时，我们所站的立场符合正确的价值观念，我们对这一问题的回答就是合理的。其实，这也一直是马克思主义研究所使用的范式，这里笔者所做的只是一种继承。

　　需要补充的是，笔者认同韦伯在选取研究题目时所持的"价值关联"的原则。所以综上所述，研究者所应遵循的"价值"方面的立场是：在选取研究题目阶段应该是"价值关联"；在构建"理想型"过程中回答"是什么"和"为什么"时，应该做到"价值中立"；在构建"理想型"过程中回答"怎么样"时，价值需要合理涉入。

　　（三）"价值推理"与"价值合理性"

　　通过上文对韦伯"理想型"方法的合理改造，我们在构建信息伦理教育的"理想型"时，会多出一种责任，也就是要回答"怎么样"这样一个问题。这里需要特别指出的是，我们在信息伦理教育"理想型"的体系里，分出"是什么"、"为什么"和"怎么样"，只是一种出于研究和说明的方便考虑，并不是说要把这三者绝对地区分开来，其实这三者经常是交织在一起的。

　　在"价值涉入"的情形之下，在构建信息伦理教育"理想型"的过程中，需要回答"怎么样"的问题，而在回答此问题时，作"价值推理"是必须，如果没有"价值推理"，对"怎么样"的回答是不可能进行的。当然这里的"价值推理"必须是合理的，也就是说需要追求"价值的合理性"。总而言之，对"理想型"体系中的"怎么样"这一问题的回答，需要在原有的"理解"与"因果分析"两种研究手段基础之上，增加同样作为一种

---

　　① 窦炎国：《社会转型与现代伦理》，中国政法大学出版社 2004 年版，第37—38 页。

研究手段的"价值推理"；于是在回答"怎么样"这一问题时，不仅需要追求"主观合理性"、"因果合理性"和"客观可能性"，而且还要求做到"价值合理性"。但是，需要强调的是，具体构建信息伦理教育"理想型"的过程之中，"价值涉入"只是并且只能对回答"怎么样"这一个问题作用，而不能与回答"是什么"和"为什么"这两个问题有关联。否则我们在回答"是什么"和"为什么"时就做不到"求真"的科学标准。因此，在回答这两个问题时也不能使用"价值推理"的研究手段。

（四）本书研究中"理想型"方法与韦伯"理想型"方法的其他相异之处

在本书信息伦理教育研究中所使用的"理想型"方法，与韦伯的"理想型"方法相比还存在其他一些差异，换言之，笔者对其还进行了其他的一些改造。具体如下文所阐述。

首先，因为在构建信息伦理教育"理想型"过程之中回答"怎么样"问题时，我们有着"价值涉入"。也就是说，在回答这一问题时，我们有基于我们的价值立场的价值偏好，我们研究和行文过程中有"ought to be"或"should be"式的表达。如此，则本书所使用的"理想型"方法的"理想"一词的规定性不仅有韦伯所使用时的"事物在逻辑上的一种可能性"、"接近于典型的"等，而且还有"理想"一词的本来之意："向往的"、"美好的"、"所愿望的"。所以本书研究中所构建的信息伦理教育"理想型"，不仅是一种理论上的抽象、"事物在逻辑上的一种可能性"，而且是基于我们的价值立场所"向往的"、"所愿望的"，它也是根据我们的研究，有效的和起作用的。

其次，本书研究所使用的"理想型"方法论体系中抛弃了韦伯的所有唯心主义内容，而信守唯物主义。例如本书所使用的"理想型"方法论认为社会发展是有规律可循的，这就否定了韦伯的社会发展无规律的论调。基于这一点，本书所构建的"理想型"将会更具有"前瞻性"和"实践性"。韦伯一般都是依据对已经发生的社会行动（"历史实在"）的"理解"和"因果分析"，而构建出具有"历史性质"的"理想型"。本书所构建的信息伦理教育"理想型"则不是这样，它的根据一方面也是现已发生的或者是正在发生的"道德教育"（包括信息伦理教育）实践，另外它还加上了合理的"价值推理"在内，它是面向未来实践的。它比韦伯的"理想型"

更具有"实践性"，因为它直接指出了"向往的"实践路径。

本书所使用的改造后的"理想型"方法体系可以用图导 3 形象地表示出来。

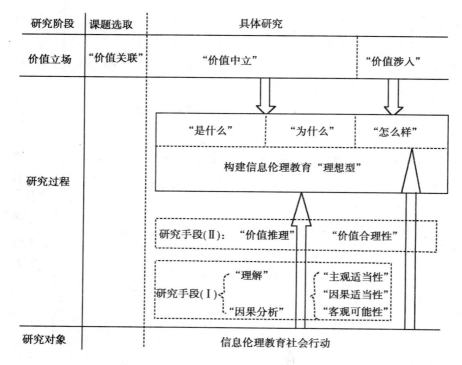

图导 3　改造后"理想型"方法体系及其在本书研究中的应用

（五）"理想型"、"模式"与"类型学"

"理想型"方法与作为一种社会科学研究方法的"模式法"有一定的相关性。《辞海》中对"模式"的界定为：

> 亦译"范型"。一般指可以作为范本、模本、变本的式样。作为术语时，在不同学科有不同的涵义。……在社会学中，是研究自然现象或社会现象的理论图式和解释方案，同时也是一种思想体系和思维方式。①

---

① 辞海编辑委员会编：《辞海》（1999 年版普及本·中），上海辞书出版社 1999 年版，第 3748 页。

　　另外，美国著名学者比尔和哈德格雷夫认为："模式是再现现实的一种理论性的简化的形式。"① 这一对"模式"的界定更为明确，它是"再现现实"的，而且是"简化的"，这两点应该是"模式"这一概念的质的规定性。

　　在我国人文社会科学研究领域，使用"模式"的方法来开展研究的有著名社会学家费孝通，他提出了著名的城乡发展的"苏南模式"。② 这是用"模式"的方法对社会进行研究的典范。

　　"模式"方法与本书研究所使用的"理想型"方法的区别在于：首先，"模式法"只是一种对现实的再现，它是对现实经验的提炼，然后所进行的一种介绍。而本书研究所使用的"理想型"方法则不是这样的，构建"理想型"时一部分的"质料"也是来源于现实的，但是"理想型"构建过程之中有"价值涉入"，"理想型"与现实的距离是更远一些，它也更为抽象。本书研究中所构建的信息伦理教育的"理想型"有对现实中所存在的，或者是所应该存在的某些因素的片面强化。总而言之，"理想型"并不是对现实的简单的再现。其次，"模式"是一种简化了的形式。但是，对本书研究所使用的"理想型"方法，我们并不能简单地说它是"简化的形式"，因为对所构建的信息伦理教育的"理想型"的整体而言，它的确有所简化，因为现实层面的因素往往太多、太复杂，一个合理的"理想型"并不可能囊括现实中的所有组成因素；但是就局部而言，我们所构建的信息伦理教育"理想型"对某些因素进行了强化，它可能比现实更加饱满、丰富与充实。所以，从这个角度看，"理想型"又不只是一种"简化的形式"。

　　再者，在人文社会科学研究中有一种使用较为广泛的名叫"类型学"的方法。对"类型学"，《简明不列颠百科全书》作了如下的界定：

　　　　一种分组归类方法（例如"地方缙绅"或"雨林"）的体系，通常称为类型。类型的各成分是用假设的各个特别属性来识别的，这些属性彼此之间互相排斥而集合起来却又包罗无遗——

――――――――――

　　① ［美］沃纳丁·赛弗林、小詹姆斯·W. 坦卡特：《传播学的起源、研究与应用》，陈韵昭译，福建人民出版社1985年版，第14页。

　　② 费孝通：《社会学初探》，鹭江出版社2003年版，第234—235页。

这种分组归类方法因在各种现象之间建立有限的关系而有助于论证和探索。一个类型可以表示一种或几种属性，而且包括只是对于手头的问题具有重大意义的那些特性。①

从以上定义我们可以看出，本书研究所使用的"理想型"方法与"类型学"，虽然两者都是构建某种形式的"范型"，但还是有差异的，最为主要的还是，在我们所构建的信息伦理教育"理想型"之中，含有"价值涉入"的成分，并不是对现实根据其不同的属性简单地归类。"类型学"是对现实中确实存在的事物根据其不同属性进行归纳分类，而本书所构建的"理想型"则可能是现实之中尚不存在的，而只是笔者根据"主观合理性"、"因果合理性"、"客观可能性"和"价值合理性"构造出来的。所以，从这一点上看，严格地说本书所使用的"理想型"方法并不能属于"类型学"的范畴。但是，笔者认为，可以从"类型学"泛化的意义上讲，本书信息伦理教育"理想型"构建也可以被纳入"类型学"的范畴。

（六）为什么本书研究使用"理想型"方法？

本书在研究信息伦理教育时使用"理想型"方法，其主要原因有如下几点：

第一，经过改造后的"理想型"方法为研究者提供了一个反省自己价值立场的通道。苏格拉底认为，人如果不对生活进行反省，这种生活是不值得过的。同样的，我们认为，作为一个教育研究者，也必须反省自己在开展研究时所持的价值观念，因为价值观念对研究者正在开展的教育研究影响甚大，如果不对自己所持的价值观念进行"澄清"，则研究所得到的结论至少是不慎重的。改造后的"理想型"方法提倡"合理价值涉入"，这就为教育研究者"澄清"和反省自己价值立场提供了渠道。

第二，构建信息伦理教育"理想型"的一个益处是，可以使用这个"纯粹"的模型来衡量，现实存在的信息伦理教育体系距离这一"理想型"到底有"多远"？在现实信息伦理教育中哪些措施是"可以为"和

---

① 《简明不列颠百科全书》（中文版·第五卷），中国大百科全书出版社 1986 年版，第184 页。

"应当为"的？所以"理想型"的研究方法具有一定的实践价值。另外，由于"理想型"方法的抽象程度更高，我们所构建的信息伦理教育"理想型"经过了更为严密和理论化的论证，所以它也就更具理论价值。

第三，"理想型"方法并不要求研究者对研究主题的研究做到面面俱到，它允许研究者根据研究的需要，在某些方面可以强化，使之丰满；而在另外一些方面，可以弱化，使之简约。对本书所研究的主题"信息伦理教育"而言，因为它本来就是传统道德教育的一个组成部分，所以它与传统道德教育有诸多共性；但是，我们更应该关注的是，信息伦理教育与传统道德教育相比的特殊性。所以，在进行本研究时，我们不可以片面地追求研究的全面性，因为一些道德教育共性的东西已有较多成熟的研究成果，这些共性方面就不应是本书研究的重点；而本书研究的重点应是，信息伦理教育与传统道德教育相比的特殊性。但是，在"信息伦理教育研究"这一标题之下，如果以这种思路进行研究，研究结论就会显得不系统、不全面。然而"理想型"方法却给了我们研究这种不系统、不全面的合法性，因为"理想型"方法从来就不强调系统性。

第四，回答"应该怎样开展某某教育"这类问题，一种最为常见方法是提出一些"政策性建议"，这是一种可能的回答方式；但本书研究的定位是"基于实践的'形而上'反思"，"政策性建议"式回答方式与我们这种研究定位是不相符的。本书研究定位于一种"中层理论"范式，即它既不是宏大叙述，也不是具体的"政策性建议"，而"理想型"方法正属于这种"中层理论"范式的研究方法。

第三节　思路框架

正如前文所提出的，本书研究的问题是："如何有效开展信息伦理教育？"对这一问题进行结构化细分，一方面，就是要追问"信息伦理教育与传统道德教育相比有什么特殊性？"对这种特殊性的探索是本书研究的重点，因为在社会信息化过程中，传统的道德教育受到了挑战，需要根据信息伦理的特性进行针对性变革；另一方面，又由于信息伦理教育毕竟是道德教育的一种，所以它们之间又是存在着共性的。那么，对某些共性问题进行基于信息伦理教育语境的反思，也是回答"如何有效开展信息伦理教育"的必需。

基于以上所需要研究的问题，本书具体框架如图导4所示。

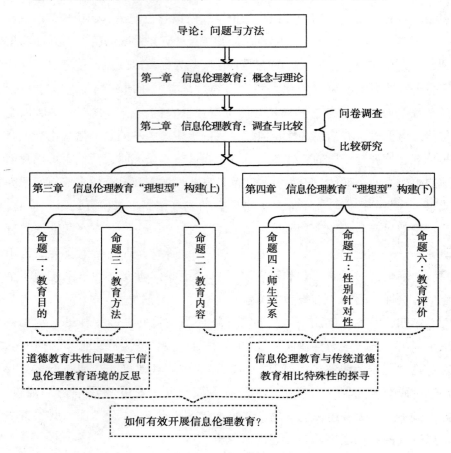

图导4　本书研究框架示意图

对上图需要作简单的说明。导论：提出和论证了本书研究的问题，即"如何有效开展信息伦理教育？"对这一问题的论证思路是，首先笔者在阅读和现实生活中"遭遇"到了信息伦理问题，于是笔者就本能地提问：出现这些信息伦理问题，学校道德教育肯定存在问题，那么，作为道德教育组成部分的信息伦理教育应该怎样有效开展呢？文献综述对国内外相关研究进展情况进行梳理和分析，进一步论证了对所提出问题进行研究的必要性；而对这一问题研究意义的探讨则把这种论证进一步引向深入；最后我们明确了本书研究的问题，并对论域进行了限定。另外，导论部分还对本书研究最为重要的研究方法"理想型"方法进行了详细的阐释。第一章：探讨了"信息伦理教育"相关的概念和理论，其中包括对"信息伦理教育"的界定、对信息伦理问题的分类和其产生原因的探寻，以及对信息伦理教育在社会信息化背景下价值的研究等。第二章：这一部分使用了"问卷调查"和"比较分析"的方法对我国信息伦理教育现状进行了研究。第一、第二章的研究都是为后面构建信息伦理教育"理想型"做准备的。第三、四章：在这两章，提出了组成信息伦理教育"理想型"的六个命题，这六个命题分别关涉的是：信息伦理教育的目的、内容、方法、师生关系、性别针对性和评价。其中命题二（信息伦理教育内容）、命题四（信息伦理教育中师生关系）、命题五（信息伦理教育中性别针对性）和命题六（信息伦理教育评价），这四个命题是针对信息伦理教育与普通道德教育相比的特殊性所做的研究；命题一（信息伦理教育目的）和命题三（信息伦理教育方法）是针对道德教育中的一些共性问题，在信息伦理教育语境中的探讨。但是，无论是对"特殊性"的关注，还是对"共性"的追寻，回答的都是"如何有效开展信息伦理教育"这样一个中心问题。

第一章

信息伦理教育：概念与理论

在词源学分析"信息"、"伦理"和"道德"三个范畴的基础上，本章对"信息伦理"进行了界定，并探讨了信息伦理的品性特征。社会信息化过程中产生了许多信息伦理问题，我们对这些芜杂的信息伦理问题进行了分类，并且从主客观两个角度探讨了信息伦理问题产生的根源。作为本书研究的一个核心概念，"信息伦理教育"内涵的合理界定十分关键；另外，我们还阐述了信息伦理教育是当前道德教育一个新课题的观点，并从社会信息化管理的角度论证了信息伦理教育的价值。

第一节　伦理与信息伦理

"信息"与"伦理"都是"信息伦理教育"这一概念中的核心词汇，要探讨什么是"信息伦理教育"就有必要对这两个名词进行词源学分析。又由于"道德"与"伦理"是一对十分相近的概念，有时在内涵的侧重上有所不同，所以，我们对"道德"进行概念上的分析也是必需的。

一、信息、伦理与道德：词源学分析

在汉语中，"信息"一词出现得较早，例如古代诗句中就含有"信息"一词："塞外音书无信息，道傍车马起尘埃"（唐·杜牧）；"梦断美人沉信息，目穿长路倚楼台"（南唐·李中）；"辰州更在武陵西，每望长

安信息稀"（宋·王庭珪），在这些诗句中，信息指的是"音讯"和"消息"。[①]《现代汉语词典》对信息的定义是"音信"和"消息"，它还指出信息论中的信息"指用符号传送的报道，报道的内容是接收符号者预先不知道的"。[②]《辞海》对信息的解释有两个，一是指"音讯；消息"，另一是指"通信系统传输和处理的对象，泛指消息和信号的具体内容和意义"。[③] 另外，在我国港澳台地区一般不使用"信息"一词，使用的是"资讯"，其意思与"信息"的意思完全相同。

在英语中，信息对应的单词是"information"。英语世界的权威词典《韦氏词典》对其定义是："知识或才智的交流或接收"和"从调查、学习或指导中得到的知识：事实和数据"。[④]

"信息"作为一个科学概念，首先是在信息论中开始对之进行专门探讨的，而信息论的研究工作可以追溯到 20 世纪 20 年代的通信工程研究；哈特莱（R. V. L. Hartley）于 1928 年在《贝尔系统技术杂志》上发表了一篇名为《信息传输》的文章，在该论文中，他把信息理解为"选择通信符号的方式"。[⑤] 这种对信息的理解与一般情况下人们对信息的界定有很大的差异。

1948 年信息论的创始人之一仙农[⑥]（Shannon）历史上第一次以信息公式的方式把信息（这里实际上应是"信息量"——引者注）定义为"熵的减少"，这里"熵"指的是"不确定性的度量"，所以仙农对信息的定义实际上就是"用来消除不确定的东西"；在同一年，控制论的奠基人维纳（Wiener）提出，"信息就是信息，不是物质，也不是能量"，在这一定义中他专门指出了信息是不同于能量和物质的第三种资源。[⑦] 仙农

---

①　崔保国编著：《信息社会的理论与模式》，高等教育出版社 1999 年版，第 11—12 页。

②　中国社会科学院语言研究所词典编辑室编：《现代汉语词典》，商务印书馆 1983 年第 2版，第 1286 页。

③　辞海编辑委员会编：《辞海》（1999 年版普及本·上），上海辞书出版社 1999 年版，第702 页。

④　［美］梅里亚姆—韦伯斯特公司编：《韦氏词典》，梅里亚姆—韦伯斯特公司（兴国图书出版公司北京公司重印）1996 年版，第 383 页。

⑤　岳剑波编著：《信息管理基础》，清华大学出版社 1999 年版，第 1—2 页。

⑥　学界也有人把他称为"香农"。

⑦　王吉庆编著：《信息素养论》，上海教育出版社 2001 年第 2 版，第 2—3 页。

是从信息功能的角度来定义信息的，他准确而简洁地道出了信息的功用。而维纳的定义则较不规范，它只是规定信息"不是什么"，而没有指出"信息是什么"，甚至他对信息的界定有同义反复的意味；这一定义的贡献在于，它从分类的角度来赋予信息不可或缺性，这是恰如其分的。另外，"通常人们渴望信息是因为，他们认为信息将会使他们能够更好地进行决策"。[①]

综合上文对信息的各种不同界定和认识，我们认为信息是用来消除不确定性的事实、数据或知识，是社会发展所必需的与物质、能量并列的重要资源。

伦理与道德这两个词在日常生活中经常使用，但是相比较而言，道德一词更为口语化，在日常生活中所使用的频率更高。在日常生活中，伦理与道德大都是被不加区分地使用。但是在日常生活中，有些习惯语境需要用"伦理"一词，另一些语境则需要用"道德"一词，例如，我们会指出某人"有道德"，或者说他（她）是一个"有道德的人"，但是我们不会说这个人是"有伦理"的，也不会说他（她）是一个"有伦理的人"。[②]

在汉语中，"伦理"与"道德"两词出现也较早，如"乐者，通伦理者也"（《礼记·乐记》）；"道德仁义，非礼不成"（《礼记·曲礼》）；"恬淡寂寞，虚无无为，此天地之平而道德之质也"（《庄子·刻意》）；"上古竞于道德，中世出于智谋，当今争于气力"（《韩非子·五蠹》），但是以上这些地方所用的"伦理"和"道德"并不是常用的伦理学和道德哲学上的概念。[③]

"道德"一词在汉语中最早并不是像现在这样合在一起使用的，而是分开来用，"道"即道路，后来引申为规范、规律、道理和原则等，孔子曰"朝闻道，夕死可矣"，其中"道"指的就是做人与治国的根本原则；"德"表示的是对"道"的认识和省悟，许慎在《说文解字》中谓"德，外得于人，内得于己"，其中"德"即此意；至先秦之后，"道德"一词才逐步合在一起用，并有了确定的含义，即做人的精神境界、品质和处理

---

① Deborah G. Johnson, *Computer Ethics*, *Englewood Cliffs*, New Jersey: Prentice-Hall., Inc., 1985, p. 61.

② 何怀宏：《伦理学是什么》，北京大学出版社 2002 年版，第 9 页。

③ 同上书，第 10 页。

人与人之间关系时所应该遵守的行为规范和准则等。①

按照小仓志祥的考究，伦理的"伦"字，指的是同伙和伙伴，由此就产生了"人伦"这样一个概念，"理"指的是理由和条理，也就是道理、法则，所以物理指的是事物的准则，与之相对应的，伦理就是人际关系的准则；儒家提出了五伦：父子、君臣、夫妇、长幼和朋友，并把这些作为人际关系的典范；物理是自然界事物必然遵循着的法则，而伦理则不一定存在这种必然性，伦理是应该由人的自由来实现的准则，所以，与其说伦理是"存在"着的"实然"法则，不如说是"应当"的法则。② 这里道出了伦理问题存在着价值判断，这与自然法则不同。

《辞海》中对伦理的界定为："处理人们相互关系所应遵循的道理和准则"，并指出伦理"现通常作为'道德'的同义词使用"。③ 而对道德的定义为："以善恶评价的方式来评价和调节人的行为的规范手段和人类自我完善的一种社会价值形态。"④《辞海》对"伦理"和"道德"的如上解释在汉语中较为权威。

"伦理"对应的英文是"ethic"和"ethics"，"道德"对应的英文是"moral"⑤ 和"morality"；而"ethics"源自于希腊语"ethos"，"ethos"本意为"人格"和"本质"，它也与"习惯"、"风俗"的含义有联系；后来罗马人使用"moralis"一词来翻译"ethics"，对这个词进行介绍的西塞罗认为这是"为了丰富拉丁语"的词汇，而"moralis"则是来源于拉

---

① 沙勇忠：《信息伦理学》，北京图书馆出版社 2004 年版，第 83 页。

② ［日］小仓志祥编：《伦理学概论》，吴潜涛译，中国社会科学出版社 1990 年版，第 6 页。

③ 辞海编辑委员会编：《辞海》（1999 年版普及本·上），上海辞书出版社 1999 年版，第 625 页。

④ 辞海编辑委员会编：《辞海》（1999 年版普及本·中），上海辞书出版社 1999 年版，第 3011 页。

⑤ 与"moral"一词紧密相关的三个英文词汇意思很容易混淆，它们是："immoral"、"nonmoral"和"amoral"，其中"immoral"是指"不道德的，邪恶的"；"nonmoral"是指"非道德的，与道德无关"；"amoral"是指"超道德的，与道德无关的"，所以后两者的意思是相近或者说相同的。"moral"一词的意思是"道德的"，这里"道德的"可以有两种理解，一种是"合乎道德规范的，讲道德的"，作这一解时与"moral"相对应的是"immoral"；另一种是"与道德有关的，道德有涉的"，这时"moral"对应的是"nonmoral"和"amoral"。

丁文"mores"，原意也是"风俗"、"习惯"的意思。① 由此可见，无论是伦理，还是道德，强调更多的都是一种风俗习惯，或者说是一种约定俗成，而不是一种强制力的规制。

至此，我们并不能完全清晰地看出伦理与道德这两个概念的区分。在学术史上，对这两个概念的认识与区分，有一个较为复杂的历史进程：② 本来，古希腊时代的亚里士多德在教授伦理学时，就把人的德性分为伦理的德性与理智的德性两类，这实际上就大体上区分了伦理与道德。他的"伦理的德性"指的就是在城邦伦理关系中所形成的德性，而"理智的德性"指的则是没有经过伦理关系的天生的智慧之德。"理智的德性"，按照现代的认识也并不是天生和先天带来的，实际上它主要还是产生于社会生活和交往的实践。后亚里士多德时代的道德思索回到了自我意识上来，但是在罗马时代，世界主义以及法律体系都特别强调人的外在关系的调节。而到了中世纪，基督教教义寻求的是天国伦理，它注重的是人与上帝之间的关系，从而使人和人之间的关系从属于上帝。经过文艺复兴时期的启蒙后，近代人们对道德的探讨又回到了人自身上来，重新重视起人和人之间的关系，此时的伦理学和道德哲学实际上已经在研究社会的伦理关系及其调节方式，以及个人的德性与行为的道德性了，在这一时期人们的思想和著作中已经隐含着对伦理和道德两个概念的区分了。然而，真正意义上首先从伦理关系上来研究伦理和道德并且构建了相应的伦理学体系的是德国哲学家黑格尔。在其名著《法哲学原理》中，他把客观精神的发展过程看做是伦理的发展过程，他认为伦理关系从本质上讲只是现实合理性的秩序中的关系，法与道德都是伦理关系发展进程中的环节和阶段，而德是在这一过程中的主体意志的主观规定，主体只有在进入客观的伦理关系之中时才能形成现实的德，基于此他认为德只是"伦理的造诣"。

哲学家成中英对伦理与道德的差异与关联作了如下论述：

> 伦理是就人类社会中人际关系的内在秩序而言，道德则就个

---

① 何怀宏：《伦理学是什么》，北京大学出版社 2002 年版，第 10—11 页。

② 宋希仁主编：《西方伦理思想史》，中国人民大学出版社 2004 年版，第 4—5 页。

人体现伦理规范的主体与精神意义而言，伦理侧重社会秩序的规范，而道德则侧重个人意志的选择。固然就具体行为及其目标着眼，两者不必有根本差异，但就个人与社会的相互关系而言，伦理与道德可视为代表社会化与个体化两个不同的过程：道德可视为社会伦理的个体化与人格化，而伦理则可视为个体道德的社会化与共识化。透过社会实践，个体道德才能成为社会伦理；透过个人修养，社会伦理才能成为个体道德。伦理与道德的相互影响决定了社会与个人品质的提升与下落。若要促进一个社会向真、善、美的高品质发展，显然社会伦理与个体道德的双向发展必须推行。①

檀传宝教授认为，"伦理主要指客观的道德法则，具有社会性和客观性；而道德是客观见之于主观的法，主要指称个人的道德修养及其结果。"② 信息伦理专家理查德·思韦森（Richard Severson）认为，"道德是高度个人化的，通常是凭直觉来起作用"，"另一方面，伦理是更加结构化更加有意识的；它是一种对道德生活的批判性思索"。③

基于以上所述，我们认为，所谓伦理，简单地说就是一种以"善"为目标的、以非强制力为手段的调节社会中人与人之间关系的规范和准则。首先，伦理是规范和准则。但是人类社会中作为规范和准则的不只有伦理，例如法律也是一种规范；这里法律与伦理的不同之处在于，法律是依靠强制力实施的规范，而伦理依靠的则是舆论等"软"的措施来维持。其次，伦理调节的对象是社会中人与人之间的关系，即人际关系。在这一点上，可能存在表面的质疑，因为有论者提出了"自我伦理"的概念。④ 根据这一理论，存在着一种调节对象

---

① ［美］成中英：《文化、伦理与管理：中国现代化的哲学省思》，贵州人民出版社1991年版，第128页。

② 檀传宝：《教师伦理学专题：教育伦理范畴研究》，北京师范大学出版社2003年版，第6页。

③ Richard J. Severson, *The Principles of Information Ethics*, New York：M. E. Sharpe, 1997, p. 7, 8.

④ 段伟文：《网络空间的伦理反思》，江苏人民出版社2002年版，第182—201页。

是"自我与自我之间关系"的伦理；还有论者认为，伦理（道德）应反映三组关系："人际关系"，"个人与社会的关系"，"人与自然的关系"。① 我们认为，无论是"自我与自我之间关系"，还是"人际关系"、"个人与社会的关系"及"人与自然的关系"，最终反映的都是以利益为归宿的人与人之间的关系。所以，归根到底伦理调节的只是社会中人与人之间的关系。最后，伦理的目标是求"善"，这是伦理的出发点和落脚点。但是，现实生活中人们的行为不一定会遵循伦理的准则，这是实然的状态，也是伦理作为一个研究领域存在的原因之一；而伦理研究，特别是伦理教育研究的旨趣就是研究应然的"善"，以及怎样使应然的"善"成为实然的"善"。

　　本书研究之所以称为"信息伦理教育研究"——这里使用的是"伦理"而不是"道德"——是因为，一方面，根据上文所述，"伦理"与"道德"的区分是细微的，而且在许多学术研究中并没有把两者严格区分开来，所以在本书研究之中，我们明确地在此提出，本研究中对这两个概念的使用是不加以严格区分的，也就是说，在本书研究之中，"伦理"即"道德"，"道德"即"伦理"；另一方面，使用"信息伦理教育"这一概念进行研究，很大程度上可以说是一种研究者的个人偏好，而且这一个人偏好是与本研究的"主要是基于实践的形而上思考"的定位一致的。

二、信息伦理：概念与品性

　　"信息伦理"概念的出现时间并不长，但是在如何界定这一概念上还是有一些不同观点。下面我们对国内外几个有代表性的信息伦理界定进行分析，并且在此基础之上提出本研究的信息伦理界定。

　　　　吕耀怀认为，"所谓信息伦理，是指涉及信息开发、信息传播、信息的管理和利用等方面的伦理要求、伦理准则、伦理规约，以及在此基础上形成的新型的伦理关系"。②

---

① 章海山：《当代道德的转型和建构》，中山大学出版社 1999 年版，第 101 页。
② 吕耀怀：《信息伦理学》，中南大学出版社 2002 年版，第 3 页。

　　沙勇忠认为，"信息伦理就是信息活动中以善恶为标准，依靠人们的内心信念和特殊社会手段维系的，调整人与人之间以及个人与社会之间信息关系的原则规范、心理意识和行为活动的总和"。①

　　英国露西安纳·弗劳瑞迪（Luciano Floridi）认为，"从哲学角度上讲，信息伦理指计算机伦理的哲学构筑。信息伦理可能不会即刻解决具体的计算机问题，但它为解决计算机问题提供了道德依据"。②

　　首先，要探讨信息伦理是什么和不是什么。根据前文我们对伦理的界定，伦理是规范和准则，所以信息伦理也就是信息活动中的规范和准则。根据吕耀怀的定义，信息伦理是"新型的伦理关系"。但笔者的观点是，伦理不应是"伦理关系"，"伦理关系"与伦理不是一个层面的事物，伦理就是规范和准则，信息伦理就是信息活动中的伦理规范和准则。同样的，沙勇忠的定义也把信息伦理与"心理意识"和"行为活动"等同了，这也是不当地扩大了信息伦理的外延的界定。总之，信息伦理不是"伦理关系"、"心理意识"和"行为活动"，而是信息活动中的伦理准则。这是我们首先要明确的第一点。

　　其次，信息的作用是消除不确定性，信息消除不确定性就需要"活动"，如果信息不活动就不能发挥其功用，信息自身也就没有存在的必要性了。根据信息论的观点，信息的活动存在如下一个过程（如图1－1所示）。

图1－1　信息活动示意图

---

　　① 沙勇忠：《信息伦理学》，北京图书馆出版社2004年版，第84页。

　　② 转引自刘彦尊《美日两国中小学信息伦理道德教育比较研究》，硕士学位论文，东北师范大学，2004年，第11页。

　　人类的信息活动可以大致分为三类：信息生产、信息传播和信息利用。信息生产处于"信源"阶段，信息传播就是信息在"信道"中的传递，而信息利用处于"信宿"阶段。人类从事的这些信息活动过程中由于权益问题，就会发生一些道德问题，所以，信息伦理就涉及了信息生产、信息传播和信息利用三大类活动。根据吕耀怀的定义，信息伦理涉及了"信息开发"、"信息传播"、"信息利用"和"信息管理"。这里就多出一个"信息管理"的环节。其实"信息管理"对人类的信息活动而言十分重要，它渗透到人类信息活动的三个阶段中去了，也就是说在信息生产之中存在着信息生产的管理，在信息传播中存在着信息传播的管理，在信息利用的过程中同样也存在着信息利用的管理，而这三种管理都是信息管理的内容。正是基于此，我们认为信息管理在人类信息活动中十分重要，它事关信息生产、传播和利用的效率。至少从这一角度看，吕耀怀定义显现出了其意义。

　　再次，在信息伦理调整的对象问题上，本研究认为对象就是信息活动中人与人之间的关系，而不需要如沙勇忠定义的那样把人与社会之间的关系特别提出来。这样处理的原因前文有解释。另外，从伦理的角度来看，调整信息活动中人与人之间的关系的主要依靠是内心信念和社会舆论等非强制力手段。

　　最后，我们重点分析一下英国学者露西安纳·弗劳瑞迪（Luciano Floridi）对信息伦理的界定。其实从严格意义上讲，其界定是很不规范的，这一界定主要阐述了"信息伦理"与"计算机伦理"之间的关系，以及信息伦理的作用。信息伦理能够为计算机伦理问题的解决提供道德根据，这一点是正确的，但是这一说法并没有说全面。笔者是不赞同露西安纳·弗劳瑞迪的"从哲学角度上讲，信息伦理指计算机伦理的哲学构筑"的，因为无论是信息伦理还是计算机伦理，都是"伦理"，所以都是一个层面的事物，无论从哪个角度来看，信息伦理都不可能是计算机伦理的"哲学构筑"。

　　行文至此，在正式给"信息伦理"作出科学的界定之前，就有必要区分一下与信息伦理紧密相关的几个概念。

　　赛博伦理（cyber-ethics）。"赛博伦理"这一概念简单地说就是指赛博空间（cyberspace）①② 的伦理。提出赛博空间概念的吉布森认为："赛博（原文为"网络"——笔者注）空间是成千上万接入网络的人产生的交感幻象……这些幻象是来自每个计算机数据库的数据在人体中再现的结果。"③ 国内学者张义兵认为，"Cyberspace 指基于计算机网络技术所创造的虚拟空间"，为了区别于传统的物理空间，有人把它翻译为"赛博空间"。④ 所以，所谓赛博伦理，指的是在网络虚拟空间里的伦理规范。

计算机伦理（computer ethics）。是指调整与计算机活动相关的人与人之间关系的规范和准则。作为计算机伦理作用对象的人际关系是和必须只是存在于与计算机相关的活动中，这也是这一概念的外延。也就是说，计算机伦理规范必须与计算机相关，否则就不是计算机伦理。

网络伦理（internet ethics / net ethics）。这一概念是学界使用较为广泛的概念。我国学者吴潜涛、葛晨虹认为："网络伦理是随着国际互联网的出现而产生的一门应用伦理，主要研究计算机网络中的伦理问题以及计

---

① 这一概念是由吉布森首先提出的：在科技幻想小说领域，斯特林和吉布森等人在 20 世纪 80 年代中期发起了"赛博朋克"（cyberpunk）运动。吉布森于 1984 年出版了著名的赛博朋克小说《神经浪游者》（Neuromancer），在此书中他首次提出了赛博空间的概念。他的赛博空间是建立在全球计算机网络的基础之上的，他称之为基质，英文是"matrix"，吉布森赋予其新的内涵："电子交感幻觉世界"，人可以使用电极使人体的神经系统与其相连起来，用意念来操控其他事物，并且能够产生各种各样的脱离躯体的交感幻觉。（段伟文：《网络空间的伦理反思》，江苏人民出版社 2002 年版，第 13 页）需要提出的是，在段伟文此著作中，他把"cyberspace"都翻译为"网络空间"，这种翻译方法并不是笔者所认同的，笔者认为"赛博"这一用法使用已经广泛了，没有必要意译，并且意译后还与"网络空间"（netspace / internetspace）相混淆。

② "Cyberspace"这一概念的提出，是受到了"Cybernetics"的影响；在我国，Cybernetics 早已被译为"控制论"，是该学科的奠基者维纳（N. Wiener）创造了这一名词，并且使用它来作为该学科的名称，该书副标题认为控制论是一门"关于在动物和机器中控制和通讯的科学"。（［美］N. 维纳：《控制论》，郝季仁译，科学出版社 1963 年第 2 版）从词源学来分析，前缀"Cyber"是从希腊词借用来的，意思是"航行掌舵"，控制论这一学科的内涵包括以下两个方面：进行像航行掌舵一样的控制；进行交流和通信；由关于通信和信息控制的赛博论，到人类把电脑的数字化信息储存与处理能力通过现代化通信网络技术联结起来，这样就形成了一个全新的社会生活与交流的空间——赛博空间，这是一个文化空间、虚拟空间和精神生活空间。（曾国屏、李正风等：《赛博空间的哲学探索》，清华大学出版社 2002 年版，第 2—3 页）

③ 转引自段伟文《网络空间的伦理反思》，江苏人民出版社 2002 年版，第 13 页。

④ 张义兵：《逃出束缚："赛博教育"的社会学解读》，北京师范大学出版社 2003 年版，第 74 页。

算机网络引起的社会伦理问题。"① 其实，我们同样可以这样界定：网络伦理指的是调整与互联网络相关的人与人之间关系的规范和准则。由于网络空间其实就是虚拟空间，所以我们可以认为，网络伦理与赛博伦理两个概念基本是一致的。基于此，下文在讨论这些伦理之间的关系时，我们只讨论计算机伦理、网络伦理与信息伦理三者之间的关系。

首先，网络伦理一般地就是计算机伦理。需要强调的是，所谓网络伦理就是基于互联网络的伦理。因为本书研究，或者说一般意义上的网络伦理的"网络"指的是且只是互联网络，而不是基于像电话网络这样的其他网络；而一般地，互联网络又是基于计算机的，甚至可以说没有独立于计算机之外的互联网络，所以从这个角度看，网络活动就是计算机活动。因为网络伦理是调节在（互联）网络活动中人际关系的规范准则，网络活动就是计算机活动，而所谓计算机伦理就是调整计算机活动中人与人之间关系的规范和准则，所以网络伦理一般地就是计算机伦理。换言之，计算机伦理包括网络伦理，网络伦理概念的外延要小于计算机伦理的外延。但是，并不是所有的计算机伦理都是网络伦理，因为如果用户所使用的计算机是没有联网的，那么这些用户的计算机活动是与计算机伦理有涉的，而与网络伦理无涉。

其次，信息伦理的外延要大于网络伦理和计算机伦理的外延，信息伦理包括了计算机伦理和网络伦理。信息是一个十分宽泛的概念，无论是计算机中的计算机活动，还是网络活动中的网络活动，其实一般都是信息活动，所以计算机伦理和网络伦理都属于信息伦理。但是，并不是所有的信息伦理都是计算机伦理或者网络伦理，因为有些信息活动，如电视网络的信息传播，是与计算机（活动）和网络（活动）无关的。需要指出的是，一般地可以认为，网络伦理和计算机伦理是信息伦理的主要研究内容。

把网络伦理、计算机伦理和信息伦理之间的关系形象化，可以作如下图来表示（见图1－2）。

至此，我们可以对什么是信息伦理，下一个较为科学和全面的定义了：所谓信息伦理，指的是以"善"为目标的，以非强制力为手段调整人们在信息生产、传播、利用和管理等信息活动中的人与人之间关系的规

① 吴潜涛、葛晨虹：《伦理学研究热点扫描》，《人民日报》2003年8月8日第9版。

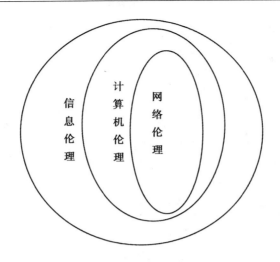

图 1-2　网络伦理、计算机伦理和信息伦理关系图

范和准则；信息伦理包括网络伦理和计算机伦理等，网络伦理和计算机伦理是信息伦理的最为重要的组成部分。

　　另外，信息伦理与信息社会伦理之间也不能完全等同。所谓信息社会伦理，指的是在信息社会，这种以未来学家的标准划分的社会形态中所存在的调整人与人之间关系的规范准则。那么信息社会到底是一个什么形态的社会呢？要全面回答这一问题几乎是不可能的。但是，有一点可以肯定的是，在信息社会人类社会存在着两大生存空间，第一个生存空间就是传统的现实空间，另一个空间就是兴起的虚拟空间。[①] 有一些学者认为，人类社会已经进入到了信息社会，社会已经被网络化和虚拟化了。其实这只是一种宏大叙事，面对这种宏大叙事，我们不能完全否认其正确性，可是这种宏大叙事，容易使人产生误解，似乎人类社会一到信息社会，就只剩下虚拟空间了。所以严格来讲，所谓的信息社会伦理，它既包括传统现实空间的伦理规范，又包括虚拟空间的伦理规范；而信息伦理包括的是且只是信息活动中的伦理规范。所以，只要我们不把信息的概念无限的泛化，就可以明白"信息伦理"的外延其实小于"信息社会伦理"的外延。

　　信息伦理作为新兴事物，与现实伦理相比较有一些自己独特的品性；

---

① 黄寰：《网络伦理危机及对策》，科学出版社 2003 年版，第十六章。

而正是信息伦理具有独特品性，导致了信息伦理教育与普通道德教育相比的一些特殊性。孙伟平等人提出了网络道德（信息伦理）的三大特性：第一，自主性。他们认为与现实社会伦理相比，信息伦理呈现出一种更多的自主性，更少的依赖性的特点。因特网本来就是人们根据各自的需要而自觉自愿地互联起来的，在网络连接起来的虚拟社会里，人们不但是参与者，而且也是组织者。网络伦理环境是一个"非熟人社会"，在这一社会里，许多时候人际交往是匿名（匿现实社会里人所使用的指称符号）的，而且虚拟社会里道德伦理的监督力度小，人们伦理行为更多的是需要自律。第二，开放性。他们认为与现实社会伦理相比，信息伦理呈现出一种不同的伦理意识、伦理观念和伦理行为之间经常性的冲突、碰撞和融合的特点。信息社会的到来，使人类交往的时空障碍消除了，而人类拥有不同的宗教信仰、价值观念、生活方式和风俗习惯。由于这些不同，人们之间不能彼此认识和理解，但是互联网的全球化使人们有了相互沟通的工具和手段。正是在相互沟通之中，人们理解和宽容了"异己文化"，另一方面也使文化的冲突、碰撞和融合日益表面化。如此，互联网就把信息伦理的开放性由可能变为了现实。第三，多元性。也就是与现实伦理相比，信息伦理呈现出多元化、多层次的特点。①

另外，我国学者沙勇忠提出了信息伦理具有普遍性②的品性：③ 他认为信息伦理具有全球伦理或者说普遍伦理的价值。信息自身就具有共享性和普遍性，信息的无国界传播、网络信息交流的迅猛发展以及跨国数据流（TDF：Transborder Data Flow）的增长，都空前地彰显了信息的共享性和普遍性。在信息伦理的基本价值与原则上求同存异、达成全球性的共识，是对信息的无国界传播有利的，并且也有利于信息资源的全球性共享。现代信息活动的有效开展必然要求信息伦理具有普遍性。

---

① 孙伟平、贾旭东：《关于"网络社会"的道德思考》，《哲学研究》1998 年第 8 期，第10—16 页。

② 刘云章等认为，网络道德（信息伦理）具有"共同性"的特征，其实他们所言的"共同性"特征就是这里所提到的"普遍性"特性；另外，刘云章等还认为网络道德（信息伦理）具有"广泛的社会性"特征。（刘云章等：《网络伦理学》，中国物价出版社 2001 年版，第36—40 页）这一点笔者认为值得商榷，因为传统社会（现实社会）的伦理也是具有"广泛的社会性"的。

③ 沙勇忠：《信息伦理学》，北京图书馆出版社 2004 年版，第 91—92 页。

　　信息伦理除了具备以上品性之外，与现实伦理相比较，还具有以下品性：第一，技术相关性。信息不是单独孤立存在的，信息的生产、传播和利用都需要有技术的参与，信息与技术是不可分的。信息伦理是信息活动中的伦理；信息与技术不可分，信息活动也是离不开技术而独立作为的，所以信息伦理是与技术相关的，即信息伦理具有技术相关性。当信息伦理面对具体的信息活动中所存在的伦理问题时，有时就有许多技术层面的困扰。例如在判断什么形式的超文本链接是合乎伦理的，什么形式的不是时，就与技术高度相关。第二，发展性。信息伦理的发展性是与其技术相关性联系在一起的。信息技术领域的摩尔定律（Moore's Law）认为，计算机硅芯片的功能每隔 18 个月就会上翻一番，而在此期间价格却会下降一半；此定律的作用从 20 世纪 60 年代开始已持续了至少有 30 多年，预计还会作用一二十年；[①] 网络诞生后出现了所谓的吉尔德定律，该定律认为在未来的 25 年内，主干网的带宽将以每半年增加一倍的速度增长。[②] 国外学者约翰·迈欧（John Mayo）对人类如此追求技术的发展作了这样的解释："人类的大脑天生地具有强大能力而且还有一股探索性，这就使他们无止境地追求以更好的方式做事。伴随着人类天生的好奇心和探索自然秘密的强烈动机，这就驱使人类在过去许多年里创造了一股技术持续革新的洪流。"[③] 所以，信息技术是一直以飞快速度向前发展着的，而信息伦理具有技术相关性，信息技术的迅猛发展，必然要求信息伦理也要具有发展性。所谓信息伦理的发展性，并不是说信息伦理的一些基本原则是不停地变化的。作为信息伦理的基本原则具有永恒性，但是这些基本原则的具体细则面对复杂的发展着的信息技术具体问题时，也是要发展的，它会不断地遇到新问题，接受新的挑战。信息伦理只有具有发展性，才有可能解决这些新的信息伦理问题。正是在这个意义上，我们认为信息伦理具有发展性。

　　与现实伦理相比，信息伦理有如上的品性，但是这并不意味着信息伦

　　①　乌家培：《网络经济的由来、特点与作用因素：〈网络经济丛书〉总序》，载纪玉山等《网络经济》，长春出版社 2000 年版，总序。

　　②　转引自黄寰《网络伦理危机及对策》，科学出版社 2003 年版，第 23 页。

　　③　John S. Mayo, *The Evolution of Information Technologies*, Bruce R. Guile（ed.）, *Information Technologies and Social Transformation*, Washington, D. C.：National Academy Press, 1985, p. 7.

理是天降之物，与现实伦理或者传统伦理没有关联，甚至是完全对立的。约翰·巴洛（John Barlow）在其著名的《网络独立宣言》中说："你们不了解我们的文化，我们的伦理，也不了解我们未成文的规范……"① 这一句话的言下之意就是，赛博空间的伦理与传统现实空间的伦理是完全不同的。其实事实并不是这样，赛博空间的伦理是信息伦理的一个重要组成部分；信息伦理与传统现实空间的伦理有渊源关系，由于人类面对新的虚拟环境，传统现实伦理就得到了发展，于是就产生了与其相比较而言的差异。

第二节　信息伦理问题

自从进入信息社会以来，信息伦理问题就影响了人类社会的和谐发展。以至于对具体到互联网带来的问题，有论者竟用"网络阴影"这样沉重的词汇来描绘。② 本节首先要对纷繁复杂的信息伦理问题进行系统的分类说明，然后再来探讨这些信息伦理问题产生的主客观根源。

一、信息伦理问题的分类

前文对信息伦理问题的表现引用了国内学者沙勇忠的较为全面的罗列。在国内一些有关信息伦理的文献之中，对信息伦理问题的带有一定悲观色彩的介绍可谓多矣。这些介绍十分全面，甚至是生动的，但是笔者认为，这些介绍在一定意义上是"原始性"的，我们有必要对如此众多的信息伦理问题进行更为系统性的分类，这样有助于全面地把握各种信息伦理问题分别是在哪一层面上的。

所谓信息伦理，简单地说，就是调整信息活动之中人与人之间关系的规范和准则。在前文，我们在学界已有研究的基础之上，以人自身为中心，并且从这个中心出发，往外延伸，把伦理分为两大类，即"自我伦理"和"他我伦理"。所谓"自我伦理"，调整的对象是人与自身之间的关系，由于人的社会性，人与自身的关系也最终成为人与人之间的关系；

---

① John Perry Barlow, *A Declaration of the Independence of Cyberspace*, http：//www. intellecta. org/wp-print. php？p＝38.

② 文军等：《网络阴影：问题与对策》，贵州人民出版社 2002 年版。

所谓"他我伦理"，调整的对象是人自身与"他者"之间的关系，"他者"包括三类：单个的人、社会（复数的人）和自然，所以"他我伦理"调整的对象是：人与人之间的关系、人与社会的关系、人与自然之间的关系。而这三种关系最终也是人与人之间的关系。

　　把上面的分类方法或者说理论，应用到作为伦理的一个重要类型的信息伦理上时，情形如图 1－3 所示。

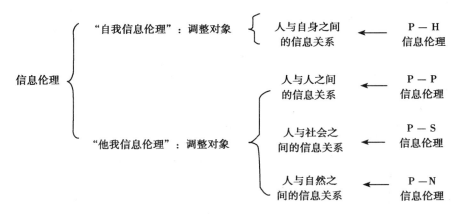

图 1－3　信息伦理分类图①

　　下面要针对以上四种信息伦理调节的问题进行举例说明，这样可以使我们对信息伦理问题有一个更为清晰的图景。

　　P－H 信息伦理问题。这种信息伦理问题从表面看，只是涉及单一信息活动的主体自身，而与"他人"没有信息利益关系。其实，事情并不是这样。在人类社会之中，人总是不能孤立存在，人的存在总是处于与他人共处的环境之中。发生在单一信息活动主体自身上的信息问题，总会影响到这一信息活动主体与"他人"之间的信息利益关系。

　　对于这种类型的信息伦理问题，这里试图以"网络成瘾"为例进行说明。美国精神病医生依凡·金伯格（I. Goldberg）于 1994 年提出了"互联网成瘾症"（Internet Addiction Disorder，简称 IAD）的概念，在临床

---

　　①　"P－H 信息伦理"中"P－H"代表的是"Person－Himself/Herself"；"P－P 信息伦理"中"P－P"代表的是"Person－Person"；"P－S 信息伦理"中"P－S"代表的是"Person－Society"；"P－N 信息伦理"中"P－N"代表的是"Person－Nature"。

上也被称为"病理性网络使用"（Pathological Internet Use，简称 PIU）。[①]
根据杨（Young K.）的研究，网络成瘾共有以下五种类型："网络色情成
瘾"（Cyber Sexual Addiction）；"网络关系成瘾"（Cyber-Relational Addic-
tion）（真正意义上的网恋[②]属于这一种成瘾——笔者注）；"网络游戏成
瘾"（Net Gaming）；"信息收集成瘾"（Information Overload）；对电脑程
序性游戏沉迷的"计算机成瘾"（Computer Addiction）。[③] 以上"网络成
瘾"的种种表现，从表面看，都只与信息伦理活动的主体自身有关，其
实它们都会程度不同地影响到这些信息伦理活动主体与"他人"之间的
信息利益关系。

网络成瘾只是众多的 P－H 信息伦理问题中的一个典型，这类信息伦
理问题都是信息导致的人自身的一种异化。

P－P 信息伦理问题。这类信息伦理问题是最为普遍的，相比较其他
三种类型的信息伦理问题而言，它直接地反映了人与人之间的信息利益
关系。

信息隐私权的侵犯问题是 P－P 信息伦理问题的一个典型。美国
的《布莱克本字典》对"隐私权"的界定是"不受侵扰的权利"
（the right to be let alone），这一定义是"隐私权"的最为广义而又基
本的界定；其实"隐私权"一词是来源于英文中的"Privacy"，依照
权威的《韦氏大辞典》的解释，"隐私权"的主要含义有三个："一
是指独立于其他公司或其他人的性质或状态；二是指不受未经批准的
监视或观察；三是可以解释为隐居、私宅、私人事务、私密环境
等。"[④] 信息隐私权简单地说就是人们对"信息"这一事物的隐私权。
网络活动是信息活动中的一种重要形式，网络上的隐私权主要有这样
四种："通信者身份的保密，即所谓'匿名通信'"；"通信内容的安

---

① 程乐华编著：《网络心理行为公开报告》，广州经济出版社 2002 年版，第 253—255、
266 页。

② "真正意义上的网恋"指的是在网络中两个 ID 之间的恋爱关系，隐藏在这两个 ID 背后
的网络活动主体的性别不管是男是女，而且这种恋爱关系有成瘾的性质。在现实之中，有这种现
象，两个在现实之中相互熟悉的恋爱主体，在恋爱期间频繁通过网络这一现代通信手段进行交流
沟通，这种情况并不属于真正意义上的网恋。

③ Young K. , *What is internet addiction?* http：//www. netaddiction. com/net-compulsion. htm.

④ 殷正坤主编：《计算机伦理与法律》，华中科技大学出版社 2003 年版，第 98 页。

全和保密"；"个人计算机内部资料的安全"；"个人生活的安宁"。①
对这四种网络上的隐私权的侵犯，就属于网络隐私权侵犯行为，无疑
这些侵犯行为都是信息隐私权的侵犯问题，它们侵害了信息活动主体
之外的他人的利益，都是 P–P 信息伦理问题。

P–P 信息伦理问题还有信息（数字）知识产（版）权的侵犯、网络
犯罪，等等，不胜枚举。

P–S 信息伦理问题。这种信息伦理问题是一种信息活动主体与社
会之间的伦理问题，其实它是发生在信息活动主体与"复数的他人"
之间的，所以，归根到底它还是一个人与人之间的信息利益关系
问题。

对社会的信息安全侵犯问题是一个典型的 P–S 信息伦理问题。
"对社会的信息安全侵犯问题"的指涉可以举例说明。税收是对社会
经济活动管理的一种有效手段，有关税收发票所设定的密码是这一管
理环节的核心技术。但是，有人利用信息技术破解了这些密码，使这
一环节税收管理陷入瘫痪。这样就对整个社会的发展带来了损害，从
而损害了"复数的他人"的利益。所以，这就是 P–S 信息伦理问题
的一种。

另外，编写病毒程序并到网络上进行传播，对整个社会的计算机和网
络进行破坏这类行为也都是 P–S 信息伦理问题。

P–N 信息伦理问题。这种信息伦理问题指的是信息活动主体与自然
之间的伦理问题。例如，在发达国家有越来越多的电子垃圾，电子垃圾不
可或者不易消解，所以没有妥善处理的电子垃圾对自然环境造成了很大的
破坏。另外，信息活动中所产生的电波和电子辐射对人类所处的原来的自
然环境也造成了不小的破坏。这些信息活动对人类所处自然环境造成的破
坏，都是信息伦理问题，因为它们最终要关涉人与人之间的利益关系，这
可能是同辈人之间，也可能是前人与后人之间。这类信息伦理问题是人们
很少关注到的，原因有两点：一是这类伦理问题并没有严重到引起太多人
关注的程度，例如电脑垃圾问题在发达国家很是严重了，而在我们这样一

---

① 殷正坤主编：《计算机伦理与法律》，华中科技大学出版社 2003 年版，第 112—
113 页。

个发展中国家，电脑垃圾问题还只是一个刚刚出现的新问题；另外，在许多情况下，人们把这一类伦理问题当做了普通的人与自然的伦理问题。本来把人与自然之间的不和谐关系看做是伦理问题就是一种新的角度和观点，在一般情形对信息伦理问题的讨论人们的关注重心还是在 P－P 信息伦理问题上。

以上对信息伦理和信息伦理问题的分类是一种尝试，而且一些具体的信息伦理问题，可能既属于这一类信息伦理问题，又属于另一类信息伦理问题。但是以上分类的尝试对我们系统和整体地看待信息伦理及其问题是有益的。

二、信息伦理问题产生的根源

信息伦理问题是产生于信息活动主体之间的，所以信息伦理问题根源的一个方面理应是信息活动的主体——人；另外一方面，人是活动于一定的环境之中并且深受他（她）所处环境影响的，而对人活动所处环境的探讨又不能只是就环境论环境，因为环境毕竟只是表面的东西，我们有必要审视信息社会到来以后作为环境的文化的转型问题，以及信息技术本身的社会意蕴。

（一）信息社会与文化转型

第二次世界大战后，随着信息技术的快速发展，人类社会的方方面面都发生了重大变迁。面对人类社会新的发展变化，学者们，特别是一些未来学家对社会的发展从理论方面作出了许多探索。面对一个与以前的工业社会有着巨大差异的新社会，学者们对其提出了许多不同的称谓。如马克卢普称之为"知识生产社会"；贝尔称之为"后工业社会"；梅棹忠夫称之为"情报化社会"；德鲁克称之为"知识经济社会"；还有，托夫勒称之为"第三次浪潮"，虽然以上各种命名的侧重点有所不同，但是这些学者比较一致的观点是，人类社会正在进入一个与以往任何历史时期都不同的社会。①

关于"信息社会"这一新的概念，根据学者们的考证，它起源于日本著名学者梅棹忠夫最先提出的"情报社会"一词；但是真正首先对信

---

① 崔保国编著：《信息社会的理论与模式》，高等教育出版社 1999 年版，第 1 页。

息社会进行定性概括的则是美国未来学家约翰·奈斯比特。①

那么，何谓"信息社会"呢？或者说"信息社会"有何特征呢？凭什么判定一个社会进入了"信息社会"呢？

约翰·奈斯比特（John Naisbitt）认为，② 信息社会肇始于 1956 年和 1957 年，那时正是美国工业发展到顶峰的时代，标志是"1956 年在美国历史上第一次出现从事技术、管理和事务工作的白领工人数字超过了蓝领工人"，以及 1957 年苏联第一颗人造地球卫星的成功发射。

其实约翰·奈斯比特并没有对什么是信息社会给出一个十分明确的界定，他只是认为，"我们的工作决定我们这个社会的类型"，而在美国，1979 年从事人数最多的职业是职员，仅次于职员的第二大类型工作人群是专业人员，几乎所有专业人员都是从事信息工作的人士，知识已成为社会的最重要因素。③

我国学者胡泳对"信息社会"的界定进行了较为全面的梳理和评价：④ 他认为，根据一些学者的研究，一般地，信息社会可以从五个角度进行定义：技术、经济、职业、空间和文化。从技术的角度来看，通信和计算机的联姻是人类社会升起在地平线上的曙光，所有的人都将生活在互相联系着的网络之中。然而，对信息社会的技术化定义需要克服系列难题才能够成立。首先，如果我们把技术看做是定义社会的主要标准，那么为什么不可以直接称这个新的社会为"高技术社会"或"自动化社会"？还有，尽管见证了很多技术变化，我们还是需要进行实证衡量：现时社会里存在多少信息技术成分？信息技术成分要有多少才算作是信息社会？从经济的角度来看，也就是按信息经济在社会经济中的

---

① 崔保国编著：《信息社会的理论与模式》，高等教育出版社 1999 年版，第 1—2 页。另外，崔保国在该书中还认为对"信息社会"这一名词进行第一次使用的就是梅棹忠夫，1964 年梅棹忠夫在《放送朝日》上发表了一篇名为《情报社会的社会学》的论文，在该论文中作者第一次使用了"情报社会"的概念，因为在日文中的"情报社会"抑或是"情报化社会"翻译成英语就是"information society"，即"信息社会"。（崔保国编著：《信息社会的理论与模式》，高等教育出版社 1999 年版，第 44—45 页）

② ［美］约翰·奈斯比特：《大趋势：改变我们生活的十个新方向》，梅艳译，中国社会科学出版社 1984 年版，第 10—11 页。

③ 同上书，第 12—14 页。

④ 胡泳：《我们是丑人和 Luser：网络胡话之二》，海洋出版社 1999 年版，第 18—22 页。

比重来判断和定义一个社会是否是信息社会。从这个角度也存在难题，其一是在看似客观的统计报表背后，充满着价值判断和主观的诠释：例如，怎样对信息工业进行分类？所谓的信息部门包括和只包括哪些部门？其二是集合数据肯定会把各种各样的经济活动同一化了。再来看第三种定义角度"职业"，它是把定义的重点置于职业变迁上。通俗地说就是，在社会里只要大部分人从事的是信息工作，这个社会就是信息社会。这里遇到了经济定义面临的一样困境，就是对工人进行归类的方法有很大的主观性。第四种定义角度是"空间"，"信息社会的空间概念与信息网络及其组织能力密切相关。信息成为组织世界经济的重要战略资源，网络则提供了处理和传递信息的基础设施"。这里的问题是，我们需要对不同程度的联网进行区分，这样才能判断和肯定究竟在哪一个层面上我们进入了信息社会。最后，最为人们所容易接受的定义是从文化角度，可是它也是最为模糊的。"我们都能感受到信息在我们日常生活中所发挥的越来越重要的作用"，因此许多人就宣布我们进入了信息社会，当然，这只是定性的而不是定量的做法。

国外学者弗兰克·韦伯思特（Frank Webster）对我们现在所处的时代进行了如下描述：

> ……信息在当代事务中发挥着至关重要的作用：人们都有认同，现在不只是有比以前多得多的信息，而且在我们所做的每一件事情中，信息都能够很好地扮演着核心的和战略性角色，这包括从商业交易、休闲娱乐到政府活动。[1]

我们的基本观点是，从以上所有五个角度综合来判断，整体上看，我们所处社会已经进入了信息社会，但是这个信息社会只是初级的，是不成熟的，是需要进一步信息化的。这也是本书研究的立论基础之一。需要说明的是，在本书中，我们所讨论的信息社会不只是约翰·奈斯比特理论中

---

[1]　Frank Webster, *Theories of the Information Society* (Second edition), London and New York: Routledge, 2002, p. 263.

的"信息社会"，它是一个更为宽泛的概念。另外，学者们对信息社会的理论也作了长年的探索。①

信息社会到来以后，人类社会在政治、经济等方面已经发生了许多变迁。在这里我们试图从更有包含力更为深层的文化角度对社会的转型进行探讨。

对"文化"这一概念的界定，学界有过许多的争论和不同的观点。英国著名的人类学家爱德华·泰勒（Edward Bernatt Tylor）认为："文化或文明，就其广泛的民族学意义来说，是包括全部知识、信仰、艺术、道德、法律、风俗以及作为社会成员的人所掌握和接受的任何其他的才能和习惯的复合体。"② 在这一定义中没有严格区分文化与文明两个概念，而且它没有把物质层面的因素包括在内。《辞海》（1980年版）中把文化界定为："从广义来说，指人类社会历史实践过程中所创造的物质财富和精神财富的总和。从狭义来说，指社会的意识形态，以及与之相适应的制度和组织机构。"另外，许多社会学者都把文化界定为人类生活的所有内

---

① 我国学者崔保国对这种意义上的信息社会理论的发展脉络作了一个较为全面的综述：他认为，从时间角度来看，人们对于信息社会理论的探索应该追溯到20世纪40年代末期开始的信息论研究。如果这样，他认为，迄今为止，人类对信息社会的探究过程可以大致划分为以下四个发展阶段。第一阶段（约20世纪40年代后期—50年代末）：在这一阶段，人们对信息开始有所认识，并且进行了以"信息论"为代表的科学研究。信息论是信息社会理论研究的起点。第二个阶段（约20世纪50年代后期—70年代初）：在这一阶段，学者们主要是从信息经济的角度对信息社会进行探索。第三个阶段（约20世纪70年代初—80年代末）：在这一阶段，信息社会理论被正式提出，并且受到了世人的高度关注，其中美国未来学家丹尼尔·贝尔的"后工业社会"理论起到了开创性作用。1982年约翰·奈斯比特在其著作《大趋势——改变我们生活的十个新方向》中，正式提出和阐述了"信息社会"这一后来广为流传的概念。第四个阶段（20世纪90年代初至今）：在这一阶段，信息社会的理论得到了深化发展。（崔保国编著：《信息社会的理论与模式》，高等教育出版社1999年版，第3—4页）另外，我国学者林可济把信息社会理论的渊源向前追溯到了圣西门的"工业主义"理论，他认为，信息社会理论是在"后工业社会"理论的基础上发展起来的，然而，"后工业社会"理论源于19世纪初资产阶级关于社会发展的各种不同理论，这其中主要包括圣西门的"工业主义"理论。（林可济：《信息社会理论辨析》，福建教育出版社1992年版，第16—17页）

② ［英］爱德华·泰勒：《原始文化：神话、哲学、宗教、语言、艺术和习俗发展研究》，连树声译，上海文艺出版社1992年版，第1页。

容,① 笔者认同这一观点，并且把它作为本书对文化概念的基本界定。这是一个十分宽泛的文化的概念，它把人类生活的所有方面都包括了进去。

整体而言，20 世纪中期，人类社会出现了一次大的转型，它就是信息社会的到来。人类社会在信息技术的飞速发展和推广使用的影响下，社会生活的方方面面都发生了重大的改变。纵观历史，在某种意义上人类社会存在着两次重大的历史转型。第一次是从农业社会转型到工业社会，第二次则是从工业社会转型到信息社会。三种不同的社会形态对应着三种不同的文化：农业社会与农业文化；工业社会与工业文化；信息社会与信息文化。所以人类历史上两次社会形态转型也就是两次文化的转型。

再具体到我国的实际情况。其实，从整体上看，我国还没有完成从农业社会（文化）到工业社会（文化）的转型，但是就在这种情形下，又开始了从工业社会（文化）到信息社会（文化）的转型。我国许多农村的发展实际进程是，一方面由农业社会（文化）向工业社会（文化）；另一方面又直接由农业社会（文化）向信息社会（文化）转型。也就是说，我国社会正在经历着由农业文化和工业文化向信息文化的转型。

随着信息社会的到来，在人类社会就产生了一种新的类型的文化，即信息文化。国内学者董焱对学界关于信息文化的界定作了较为系统的梳理，他认为主要有以下几种观点："信息文化是一种技术文化"；"信息文化就是电脑空间文化"；"信息文化是信息社会的文化形态"；"信息文化是信息技术发展的文化环境"；"信息文化是具有获取信息愿望的社会阶层"。②

另外还有学者认为，"信息文化是在原有文化传统的基础之上，伴随着社会信息化过程逐渐产生和发展起来的有别于传统工业社会文化的符号系统和实物形态"。③ 这一界定阐明了信息文化发展的基础，并指出其与传统的工业社会文化存在着区别，具有积极的意义。

---

① 董焱：《信息文化论：数字化生存状态冷思考》，北京图书馆出版社 2003 年版，第26 页。

② 同上书，第40—42 页。

③ 熊澄宇主笔：《信息社会4.0：中国社会建构新对策》，湖南人民出版社 2002 年版，第91 页。

　　在学界已有研究的基础之上，我们认为，所谓信息文化，简单地说，是人类社会进入信息社会后所形成的一种与传统的农业文化和工业文化相区别的，与信息活动紧密相关的人类生活状态；与传统文化一样，它可以分为精神、制度、行为和物质四个层次。

　　与信息文化这一概念近似或者等同的概念有："计算机文化（电脑文化）"、"信息技术文化"、"网络文化或网络信息文化"、"赛博文化"和"电子信息文化"等。① 信息社会的到来，带给传统人类社会最重大的一个变化是信息技术创造了人类生存的另外一个空间——网络空间，所以在一定程度上我们甚至可以认为信息文化即网络文化。也就是说，我们在探讨信息文化时，一般地在一定程度上可以用探讨网络文化来替代。

　　所谓网络文化，它是一种以信息技术和网络为支撑的新型文化形态，随着科技与社会的发展，网络文化表现出以下与传统文化形态不同的特性："虚拟实在性"、"开放平等性"、"信息传递快速性和大容量性"以及"多元共生性和复杂性"。② 在互联网与作为技术的虚拟实在（Virtual Reality）③ 日益结合紧密的情况下，④ 网络文化最主要的特征是其"虚拟

---

　　① 董焱：《信息文化论：数字化生存状态冷思考》，北京图书馆出版社 2003 年版，第42—46 页。

　　② 贺善侃主编：《网络时代：社会发展的新纪元》，上海辞书出版社 2004 年版，第 107—109 页。

　　③ "Virtual Reality" 这一概念是由美国学者加隆·兰里尔于 20 世纪 80 年代初正式提出的。（曾国屏、李正风、段伟文、黄铭坚、孙喜杰：《赛博空间的哲学探索》，清华大学出版社 2002年版，第 77 页）段伟文对虚拟实在（Virtual Reality）概念作了专门的探讨：虚拟实在概念主要涉及两类问题，一是纯技术，另一是在纯技术的基础上结合作为使用者的人的感知加以描述。从技术层面上界定，所谓虚拟实在，是 "由计算机仿真模型发展而来的，其实质是一种逼真的仿真模型"。从使用者的感知的角度来界定，所谓虚拟实在，是 "一种人可以进入其中的计算机仿真场景，即由计算机生成的三维图像和立体声所展现的能够与人互动的场景（事物和环境）"。虚拟实在之中 "虚拟" 一词最初是与 "现实" 意义相反的，"虚拟的" 意思是 "潜在的"，后来"虚拟的" 虽然还有 "潜在的" 之意，但是它主要是指 "具有可能性的"；第二种对虚拟的理解为 "实际的" 和 "实质上的"；第三种为 "好像是，但毕竟不是"。虚拟实在中的 "虚拟" 一词包括了以上三种含义，并且随着主体所处的情境不同 "虚拟" 的含义也有变化。（段伟文：《网络空间的伦理反思》，江苏人民出版社 2002 年版，第 64—73 页）

　　④ 张怡、郦全民、陈敬全：《虚拟认识论》，学林出版社 2003 年版，第 27 页。

性”，所以信息社会的到来在现实空间的基础之上所创造的网络空间其实也就是虚拟空间①（也可以称之为赛博空间）。

总而言之，信息社会的到来以及我们社会从农业、工业文化向信息文化的转型，是信息伦理问题产生的客观环境，也是一种客观的诱导因素。

（二）信息技术的社会意蕴

信息活动之所以能够发生是由于有信息技术的存在，这一点很容易理解，因为如果没有信息技术，信息作为孤立的存在物即使能够存在，也不能够活动。也就是说，信息活动是依赖于信息技术的。更为明白的表达就是，没有信息技术就没有信息活动。当然，没有信息活动就没有所谓的信息伦理问题了。

技术一词对应的英文是 technology，它的词根是 techne，这一词根源自希腊文，而在希腊文中，技术（technology）指的是“对纯艺术和实用技巧的论述”，所以，词根 techne 意味着“艺术和手工技巧”。② 在拉丁语中，技术是 technica ars，指的是技能生产的技艺，在 17 世纪，法语中技术为 technique，18 世纪德语中技术为 technik，这些词语表达的是与各种技能生产相联系的过程和活动的整个领域。③

德国学者贝克曼（Johon Beckmann）把技术界定为“指导物质生产过程中的科学或者工艺知识”，这类知识能够清楚地解释全部的操作过程及这些操作过程的原因与结果。④ 这一对技术的界定在技术哲学史上是较为经典的，但是，它用“科学”来界定“技术”，并没有很好地区分这两个

---

① 有论者强调虚拟空间的特殊性，称其为“另类空间”，并且认为在这样一个“另类空间”之中人们的精神追求应是：“平等精神”、“宽容精神”和“互惠精神”。（胡心智、陈雷、王恒桓：《信息哲学：E 时代的感悟》，军事科学出版社 2003 年版，第九章）

② 尹俊华主编：《教育技术学导论》，高等教育出版社 1996 年版，第 1 页。

③ Wolfgang Schadewaldt, "The Concepts of Nature and Technique According to the Greeks", *Research in Philosophy & Technology*, Vol. 2, 1979, p. 165.

④ Hans Lenk & Gunter Ropohl, "Interdisciplinary Philosophy of Technology", *Research in Philosophy & Technology*, Vol. 2, 1979, p. 25.

概念的差异。① 我国学者陆江兵认为："所谓技术（technology），是指人们为了达到某种特定目的而借助的工具和人的活动，是人类借以改造与控制自然来满足自身的生存和发展需要的包括物质装置、技艺与知识在内的操作体系。"② 这是一个较为全面和科学的对技术的定义。

信息技术是人类所使用的众多技术中的一种，信息技术在人类社会的发展史上起着至关重要的作用。简单地说，信息技术就是处理信息的技术，或者说是信息活动中所使用的技术。这当然并不是一个规范的定义，但是结合上文已经能够把握什么是信息技术了。更为具体地说，信息技术指的是"能够扩展、延伸人类信息器官的技术的总称"，人类的信息器官主要有四大类，即感觉器官、传导神经网络、思维器官和效应器官。③ 在人类刚刚过去的半个多世纪，信息技术的发展可谓快矣，其中最有影响力的代表有计算机、互联网等。

技术只是技术吗？信息技术也只是技术吗？它就没有其他的意蕴？（信息）技术并不只是技术，它意味着更多。

要讨论技术的本质可能是一种艰辛的学术冒险。但我国学者周昌忠还是论述了技术的伦理本质：乍一看技术会让人觉得是价值中性的，似乎技术只是达到目的的手段和工具而已。但是一往深处思索，就可以发现技术的伦理本质。首先，"技术是人的创造物，因而天然地被赋予改善人的生存状况这个价值。"其次，"技术的伦理本质还在于人通过技术表达对于自然的价值观。"技术把大自然作为直接征服、改造和利用的客体，技术还直接地干预自然，改造与控制自然，并向自然进行索取。最后，"技术

---

① "科学"与"技术"的区别在于：第一，"二者是不同的知识"。技术一般与经验性知识密切相关，科学则是理论性的；第二，"科学与技术各自有着不同的目标和评判标准"。科学的旨趣在于认识客观的过程，以揭示整个自然界所存在的固有的不以人意志为转移的自然规则，这样就可以更好地理解与描述事物。而技术的旨趣则在于干预、控制和利用自然，旨在发明和创造新的工艺与产品，这样就可能提高人类改造和利用自然的能力。（许良：《技术哲学》，复旦大学出版社 2004 年版，第 76—90 页）

② 陆江兵：《技术·理性·制度与社会发展》，南京大学出版社 2000 年版，第 16 页。

③ 孙小礼、冯国瑞主编：《信息科学技术与当代社会》，高等教育出版社 2000 年版，第 18—19 页。

的伦理本质还在于它负载着社会的价值。"① 这说明了技术和信息技术并不只是技术，进一步说，信息技术具有丰富的社会意蕴。

另外，传媒大师马歇尔·麦克卢汉（M. Mcluhan）提出了著名的"媒介即讯息"的命题并对此命题作出了如下的解释："所谓媒介即是信息②只不过是说：任何媒介（亦即人的任何延伸）对个人和社会产生的影响，都是由新尺度引起的；我们的任何一种延伸（或曰任何一种新的技术），都要在我们的事务中引进一种新的尺度。"③ 作为一代传媒大师，麦克卢汉的思想及其表述是艰深并且天马行空的。他的"媒介即讯息"命题及上面的解释都是让人难以理解的。但是，从上面的解释中，我们还是可以看出，他提出这一命题是针对媒介或技术的巨大影响而论的。用麦克卢汉自己的另外的一句话来说，"'媒介即信息'大概可以靠指出以下事实来阐明：任何技术都逐渐创造出一种全新的人的环境。"④

根据麦克卢汉的以上理论，信息技术也是技术中的一种，所以信息技术也能够并必然创造出一种新的人类生存环境。正是通过信息技术，信息才得以活动，并且在信息技术所创造的环境中，发生了人与人之间在信息活动之中的伦理问题。所以，可以说，信息伦理问题是产生于人们在信息活动之中对信息技术使用所生成的一种新环境之中的；信息技术具有社会意蕴，信息技术是信息伦理问题产生的更为直接的客观诱导因素。

（三）"伦理真空"与"逃出束缚"

进入信息社会以后，人类社会是生存于现实空间与虚拟空间这两类空间之中的，而且这两类生存空间之间相互影响，互相作用，人"出没"

---

① 周昌忠：《普罗米修斯还是浮士德：科技社会的伦理学》，湖北教育出版社 1999 年版，第 14—18 页。

② "信息"与"讯息"是有差异的。根据笔者在《数字麦克卢汉：信息化新纪元指南》一书中得到信息，"媒介即讯息"的英文应是"The medium is the message"，（［美］保罗·莱文森：《数字麦克卢汉：信息化新纪元指南》，何道宽译，社会科学文献出版社 2001 年版，第 47—50 页）即"message"对应的中文是"讯息"而不是"信息"，所以译者在这个地方用了"信息"一词可能是误译。

③ ［加］马歇尔·麦克卢汉：《人的延伸：媒介通论》，何道宽译，四川人民出版社 1992 年版，第 1 页。

④ 同上书，第二版序。

于这两大空间来营造自己的生活，如图 1-4 所示。

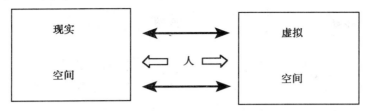

图 1-4　信息社会人类生存的空间

对现实空间与虚拟空间的差异，凯奥作了精彩的论述：

> 传统意义上的空间——康德所说的空间——是经历的先天条件：没有空间就不可能有在其中的经历。可是虚拟空间不同，它不是经历的条件，它本身就是经历。虚拟空间可以随着人们对它的探索而产生。它们不但本质上是语言的空间，而且是在人们对它的体验过程中产生的。这有点儿像是走在一条街上，你信步走去，街在你脚下延伸，街上的风景呈现在你眼前，或者就好像在你的目光作用下空间变得具体起来（人们做过这样的实验，在实验中只要盯着虚拟图像看，就能看到图像的本来面目）。①

在现实空间与虚拟空间之间，人是一种纽带，因为人是从这两大空间之中"出没"的，而且在现有的情境之下，人类生存所在的只有这两个空间，所以人的活动不是在现实空间就是在虚拟空间。作为这两大空间纽带的人，是有意识和思想的，当人进入到了虚拟空间中时，就像在现实空间之中一样，人的生存和相处需要有作为管理规范的伦理（和法律）。

然而，实际情况是在虚拟空间，却存在着"（信息）伦理真空"的困境。上文所论及的，是有思想和意识的人进入到了虚拟空间，所以当人进入到了这一空间时，也肯定会在某种程度上把在现实空间之中所存在的所信仰的伦理精神带入虚拟空间。这一点从逻辑上讲是没有问题的。然而期间却遇到了一些困难，使在真实空间发挥作用的伦理精神到了虚拟空间，

---

① ［法］R. 舍普等：《技术帝国》，刘莉译，生活·读书·新知三联书店 1999 年版，第 98 页。

在一定程度上却成为"虚无"。这是因为，从总体上看，"在虚拟空间人们总是倾向于抛弃（现实空间文化所）强加的行为准则，而发展一些自己的活动规则"。①

首先，有学者认为现实空间与虚拟空间伦理标准的差异最为明显地表现为三个方面：窃贼与黑客：伦理观不同；书籍与 Web：知识产权观相异；大字报与 BBS：言论自由观不同。② 虚拟社会的伦理标准与现实空间中的伦理标准比较而言是远为宽松的，伦理规范的内容也有所不同，甚至是形成了所谓的"双重伦理标准"；虚拟空间的（信息）伦理还处于肇始时期，在虚拟空间有许多伦理价值观及标准都处于萌芽、试探阶段，并且还存在一些与传统现实空间伦理标准背道而驰的（信息）伦理，所以在信息伦理方面就需要作深入的研究和进一步的补充规范和教育。③

其次，伦理规范的执行，主要由社会舆论和人们心中的"道德律"④来监督。但是，在虚拟空间伦理规范的执行却失去了一道保障，因为在虚拟空间大都是匿名的，用一句流行的话来讲就是："在互联网上，没有人知道你是一条狗。"⑤ 在这种情形下，信息活动的主体实施了某种不合伦理规范的行为之后，当然也会受到舆论的谴责，但是信息活动的主体只要重新更换 ID 就可以逃脱这种舆论的谴责。所以，在虚拟空间，即使有了信息伦理规范，也会因为这些信息伦理规范的执行失去了一个强有力的监督使其存在的意义受损。

正是在以上两种意义上，我们认为在虚拟空间存在着"伦理真空"的现象。在虚拟空间存在着"伦理真空"的情况下，如果作为信息活动

----

① Chris Abbott, ICT：Changing Education, London and New York：RoutledgeFalmer, 2001, p. 26.

② 徐迎晓：《网络伦理和社会伦理之双重标准》（http：//chinaethics. com/cyberethics/ other_ papers/ xuyingxiao01. htm），转引自黄寰《网络伦理危机及对策》，科学出版社 2003 年版，第 40 页。

③ 黄寰：《网络伦理危机及对策》，科学出版社 2003 年版，第 40—42 页。

④ ［德］康德：《实践理性批判》，邓晓芒译，人民出版社 2003 年版，第 220 页。这一句伦理学经典是："有两样东西，人们越是经常持久地对之凝神思索，它们就越是使内心充满常新而日增的惊奇和敬畏：我头上的星空和我心中的道德律。"

⑤ 转引自张义兵《逃出束缚："赛博教育"的社会学解读》，北京师范大学出版社 2003 年版，第 10 页。

主体的人类有着高度的道德自律，就也不会发生虚拟空间的信息伦理问题。

人性是"善"、是"恶"，还是其他，我们姑且不论，但是一种现实存在着的事实是：当我们人类从现实空间进入到虚拟空间后，一种真实的感觉是"逃离束缚"①。正是由于这种现实，进入信息社会，我们"遭遇"到了严重的信息伦理问题。

以上是对信息伦理问题产生的根源，从信息活动主体主观方面进行的探寻。信息社会的到来、信息文化的形成，以及信息技术本身的社会意蕴，这些客观方面的因素，加上上述信息活动主体自身主观方面的原因，最终导致了信息伦理问题的泛滥。

第三节　信息伦理教育内涵及其与德育的关系

前面我们对何谓"信息伦理"进行了较为充分的探讨，这为下面进行信息伦理教育的概念界定作了铺垫。另外，本节还要阐述信息伦理教育与道德教育的关系。

一、信息伦理教育：概念界定

对"教育"概念的含义，古今中外有许多先贤大哲对之进行了探索。国内著名学者黄济认为，"教育就是培养人的一种社会活动，就是个体的社会化的过程"。② 本书研究采用这一定义作为"教育"的基本界定。这里我们研究的重点只是对教育含义的广义与狭义的区分，以及从伦理学的一个关键词"善"的角度来看教育的含义。

国外学者 J. C. 阿加沃（J. C. Aggarwal）对"教育"狭义与广义之分作了如下的论述：

> 广义教育包括以下内涵：教育过程是一个终身的过程，包括从幼年到老年，从"摇篮到坟墓"。教育包括通过各种正式和非

---

① 张义兵：《逃出束缚："赛博教育"的社会学解读》，北京师范大学出版社 2003 年版。

② 黄济：《教育哲学通论》，山西教育出版社 2002 年版，第 341 页。

正式教育机构获得的经验。我们可以从家庭、学校、教堂、电影院、俱乐部、媒体、旅游、朋友、自然和社会环境学到知识。许多时候当我们还没有意识到时已经在接受教育。所有的经验都是教育性的。

……那么，狭义上教育指通过人们所需求的和社会认可的途径来矫正受教者行为的有意识有意图的计划好的过程，这一过程带给了受教者特定的知识和技能。这一点可作如下的解释：这种教育是指在像学校这样的计划好的机构里发生的灌输行为。教育是由像老师这样的成年人对像儿童这样的未成年人施加的有意图的有意识的系统的影响。教育受限于使用已经制作好的教学材料的教学。这种教育是有意图的而不是偶然的。知识被看做是人类经验的积累过程。教育被认为是教导的同义词。①

需要强调的是，在本书研究之中，"信息伦理教育"指的主要是狭义的教育。这种狭义的教育也可以简单地说是指"学校教育"，所以本书研究是以学校教育为主要对象的。另外，"学校教育"主要包括了幼儿园、小学、中学和大学等阶段的教育，在本书研究中，我们主要关注的是高中阶段和以本科为主的大学阶段教育。但是，"信息伦理教育"中的"教育"是"灌输行为"，这一点是需要商榷的，我们并不认同这一点。

另外，日本学者村井实对教育作了这样的定义：

……"教育"是"使儿童（或每一个人）变成善良的各种活动"。无需赘言，这个定义同其他各种定义截然不同。这种差别显然表现在把"善"或"使之善"的概念用于定义中了。其他定义有意地回避了这个概念。说是有意地回避，这是因为"善"或"使之善"等概念，在自称为科学的近代教育学中，以它们的内容涉及价值而使意义含混为理由，几乎被视为禁忌的倾向十分严重的缘故。在这种情况下，几乎出于同样的理由，给教

---

① J. C. Aggarwal, *Theory and Principles of Education*: *Pilosophical and Sociological Bases of Education*, Vikas Publishing House PVT Ltd. , 1981, pp. 11—12.

育下定义的人改用了"教育"是使儿童"适应社会的工作"，是"使之向所期望的方向成长"等表述形式。总之，给人一种印象，就是千方百计地回避使用"善"或"使之善"的概念。①

这一定义是从"善"的角度出发的，或者说他阐述了教育与"善"的关系。我国著名学者陈桂生认为：

就"教育"概念的内涵来说，它至少有三义：第一义，为本义，指"善"的影响，使人善良；第二义，指使个人完善发展，为教育的转义；第三义，指使个人成为完善发展的社会人，为第二义的转义。表明教育本来与道德同源，在其演变过程中，才逐渐同道德分离，但又未完全摆脱道德的影响。②

至此，又可以把信息伦理教育中的"教育"界定为一种"'善'的影响"。依据上面的分析，我们认为，在本书研究中，所谓信息伦理教育，是一种为培养作为信息活动主体的青少年，能够在信息活动中以"善"为标准而行为的道德素养，而施加影响的个体社会化过程。

依据上文，作为狭义教育的"学校施加影响的过程"其本身就应该是"善"的，而作为信息伦理教育培养的目标追求也应是，作为信息活动主体的青少年在信息活动中的"善"行。那么，何为"善"呢？根据王海明的考据，"善"从词源学分析，它与"美"和"义"是同义的，表达的意思都是"好"；《说文解字》认为："善，吉也，从言从羊，此与义、美同意"；权威的《牛津英语辞典》则认为："善（Good）……表示赞扬的最一般的形容词，它意指在很大或至少令人满意的程度上存在这样一些特性，这些特性或者本身值得赞美，或者对于某种目的来说有益。"③

到底何为"善"，历史上还是有争论的。尤多克索斯认为"快乐就是善"，他的理由是："第一，凡是被选择的事都是善的，被最多选择的就

① ［日］大河内一男等：《教育学的理论问题》，曲程等译，教育科学出版社1984年版，第317—318页。
② 陈桂生：《教育原理》，华东师范大学出版社2000年第2版，第182页。
③ 王海明：《伦理学原理》，北京大学出版社2001年版，第23页。

是最善的。快乐是一切生物所选择的。所以，快乐就是最高的善。第二，凡是不以他物为目的和原因而被选择的都是善的。快乐是其自身被选择的。所以快乐就是善。"① 可以说，这是一种"快乐至上"的论调。不可否认的是人是在追求快乐的，而且人对快乐的追求本身是无可非议的，问题的关键是，作为信息活动主体的人自身得到了快乐就一定是"善"的吗？如果信息活动的主体通过对别的信息活动主体利益的损害达到了自身的快乐，这显然并不是"善"的举措。假定在一种信息伦理严重丧失的环境里，信息活动主体损害他人信息权利的选择是一种最为经常的选择，这显然也不是"善"的。

　　德国学者莫里茨·石里克（Moritz Schlick）认为，康德所强调的"善始终表现为被命令要做的事"，是一种"善的形式特征"，因为这种命令的发出者是谁，是需要探讨的；他还认为康德的伦理思想的一个"最糟糕的错误"在于在康德的观念之中，"单纯地对形式特征的陈述就完全穷尽了善这个概念，除了被要求的和'应当的'事之外，善没有任何别的内容"。②

　　对"善"概念的理解必须有实质性的规定性。罗国杰认为："所谓善，就是指一个人或一个群体的行为、活动，符合一定社会或阶级的道德原则、规范的要求。"③ 这一对"善"的界定，道出了"善"的阶级性，这是正确和积极的。但这一定义中还是没有能够以最为直接的方式告诉我们"善"的规定性，因为它是以彼抽象物解释此抽象概念。孟子是典型的"性善论"者，人性如何，我们姑且不论，但是孟子在讨论人性的"善"时，却列举出了他认为所谓的"善"：

　　　　恻隐之心，仁之端也；羞恶之心，义之端也；辞让之心，礼之端也；是非之心，智之端也。④

---

① 　宋希仁：《伦理的探索》，河南人民出版社 2003 年版，第 43 页。

② 　［德］莫里茨·石里克：《伦理学问题》，孙美堂译，华夏出版社 2001 年第 2 版，第10—11 页。

③ 　罗国杰主编：《伦理学》，人民出版社 1989 年版，第 407 页。

④ 　孟子著，梁海明译注：《孟子》，辽宁民族出版社 1997 年版，第 57 页。

当然，孟子对"善"的以上列举并不是全面的，而且对所有价值中的善列举全也是不可能完成的任务。王海明把"善"作了层次上的划分，这可能是一种解决方案："最低的善"是"单纯利己"；"最重要的善、基本善"是"为己利他"；"最高的善、至善"是"无私利他"。① 如果王海明的这一解决方案是正确的，那么在对"善"作界定和层次的划分上，其实可以依王海明的解决方案作这样的尝试："善"或者说"最基本的善"是"己所不欲，勿施于人"，而"至善"就是"己所欲，施于人"。但是，显然这样就把"善"的界定过于简单化了，因为要举例证明"己所欲，施于人"并不一定"善"，难度并不大。或者说这只是一种伦理学上"利他主义"的理解范式，但是"利他主义"也只是伦理学中的一种普通声音。甚至国内学者茅于轼从经济学的角度认为，"人是自利的生物实在是人类社会的大幸"。② 这里我们并没有对"雷锋精神"进行否定，只是依此论证单一的"利他主义"范式理解"善"的不可靠性。

元伦理学的代表人乔治·摩尔的观点具有一定影响，他认为，"善"是不可以定义的。③ 虽然并没有穷举，但是统观上述，我们就可以看出对于"善"的界定存在着太多的论争，这也就说明了对"善"进行合理的、能为所有人接受的界定的学术困难。但是，虽然如此，我们还是能够为"善"制定一个原则性的基本标准，这一标准就是"己所不欲，勿施于人"。"善"是伦理学中的一个核心概念，而"伦理"是用来调节人与人之间利益关系的，对于人与人之间利益关系而言，中国伦理文化中的"己所不欲，勿施于人"具有广泛的可接受性。

二、信息伦理教育：德育新课题

德育（道德教育）概念的外延在不同的历史时期有过流变，这一部分首先要对德育进行科学的界定和限定。并且我们认为，信息伦理教育是当下德育面临的一个全新课题。

"德育即道德教育"，这是我国学者黄向阳在其《德育原理》中使用

---

① 王海明：《伦理学原理》，北京大学出版社 2001 年版，第 177 页。
② 茅于轼：《中国人的道德前景》，暨南大学出版社 1997 年版，第 1—3 页。
③ ［英］乔治·摩尔：《伦理学原理》，长河译，上海人民出版社 2005 年版，第一章。

的一个命题，并且他用整整一章篇幅来对这一命题进行论述。① 在一般常识意义上，我们都会把"德育"理解为"道德教育"，既然如此，为什么对此要进行专门的阐述呢？黄向阳对我国过去半个世纪德育概念的外延的演变进行了研究，认为存在如下三个阶段的变化：第一个阶段是从"德育即政治教育"发展到"德育即思想政治教育"；第二个阶段是从"德育即思想品德和政治教育"发展到"德育即思想、政治和品德教育"；第三个阶段是从"德育即社会意识教育"发展到"德育即社会意识与个性心理教育"。② 以上这些对德育的界定都是一种颇具特色的"大德育"，"大德育"虽然"大"，但是它的基本格局不外乎是"政治教育"、"思想教育"和"道德教育"三大块。③

国内学界对德育的界定，大多是属于"大德育"这一类型。

德育是教育者按照一定的社会要求，有目的有计划地对受教育者心理上施加影响，以培养起教育者所期望的思想品德。思想品德，就其内容说，包括人们的政治立场、世界观以及道德品质等方面。因而，我们所说的德育，包括对学生的共产主义的思想教育、政治教育和道德品质教育。④

一般说来，德育是教育者和受教育者传习一定的社会意识、社会规范，形成受教育者一定品德的活动。具体说来，德育是教育者根据一定社会或阶级的要求和受教育者品德形成发展的规律，在教育者施教传道和受教育者受教修养的相互作用过程中，将一定社会或阶级的思想政治准则和法纪道德规范转化为受教育者思想、政治、法纪、道德品质的活动。⑤

因此我们理解，从内容上说，德育是思想教育、政治教育、法纪教育、道德教育的总称；德育即品德教育，包括思想、政

---

① 黄向阳：《德育原理》，华东师范大学出版社 2000 年版，第一章。
② 同上书，第 6—7 页。
③ 同上书，第 7 页。
④ 南京师范大学教育系编：《教育学》，人民教育出版社 1984 年版，第 230 页。
⑤ 胡厚福：《德育学原理》，北京师范大学出版社 1997 年版，第 104—105 页。

治、法纪、道德等品质的教育。①

所以，把德育作为一种"大德育"来看待，这是学界的一种传统。有学者认为，"大德育"存在的合理性在于：道德教育、政治教育和思想教育是密不可分的，在学校生活中绝对独立的道德教育是不可能存在的，因为道德教育必然要与思想教育和政治教育发生某种联系，而且它们之间没有严格和明确的界限；在学校生活中并不存在着纯粹的道德教育，各种政治思想因素必然要渗透到道德教育中去；另外，"大德育"这种界定与当前国际教育改革的趋势是吻合的，在德育过程中要保持所谓的"价值中立"和"政治中立"是虚伪和根本不可能的。② 还有德育专家认为：

> 把德育看做是思想教育、政治教育、法制教育、道德教育的总称，外延宽广，涵盖齐全，界限明确严整，可以减少歧义。如果在德育决策和实践中通用这种广义的德育概念，使德育各个构成部分都能得到实施，坚持德育的全方位教育，就能充分发挥其间的互补功能，相互促进，减少内耗，全面提高德育的质量。③

总而言之，把德育界定为"大德育"是学界的一种主流范式。但是这种定义范式存在一些我们不得不重视的弊端。国内德育专家檀传宝认为：如果将德育视为一个无所不包的概念范围，这在实际上就等于取消了德育概念本身；"大德育"的定义范式在实践中使德育承受了"不能承受之重"，最终使德育忽略了自身最根本的目标；在世界上大多数国家和地区中，德育指的都是"道德教育"，在英语中只有"moral education"一词与之相对应，所以"过于宽泛的德育概念在理论上往往使人无法在一个共同的语境下讨论德育问题"；在我国德育实践过程中，"大德育"定义范式容易使道德问题与思想、政治、法制和心理问题混淆，从而使人们在教育中采用的教育策略出现错误；最后，政治、思想教育的心理机制与

---

① 黄济、王策三主编：《现代教育论》，人民教育出版社1996年版，第432页。

② 黄向阳：《德育原理》，华东师范大学出版社2000年版，第7—8页。

③ 鲁洁、王逢贤主编：《德育新论》，江苏教育出版社2002年第2版，第125页。

道德教育的心理机制不同，而可供我们借鉴的西方德育心理学讨论的对象往往是道德教育，"所以在论述德育过程或德育的心理机制等问题时又通通变成了道德教育过程或心理机制等等的描述"，"大德育"的定义范式在理论体系上存在着致命的逻辑障碍。[1]

另外，有论者认为，为了使"德育"把"政治教育"和"思想教育"包括在内，只好把"德育"的"德"字解释成"思想品质"、"政治品质"和"道德品质"三者的综合，把"德育"定义为"思想政治品德教育"。[2] 但是，对"德育"中的"德"字的理解，人们想到的往往是"品德"或者"道德品质"；一般地人们认为，所谓"德育"指的就是"道德教育"，所以"大德育"的定义范式与语言习惯不符。[3] 黄向阳还认为，采用"大德育"的范式来界定"德育"把"政治教育"、"思想教育"与"道德教育"混为一谈了，这样不但对政治思想教育的理论发展不利，而且也有碍于道德教育理论的进一步向前发展；他采取的解决方案是，"德育即道德教育"，也就是在理论上把"德育"限定为"道德教育"。[4]

还有一种解决方案，是檀传宝教授提出的"守一而望多"的原则："守一"指的是在严格意义上，"德育"指的只是"道德教育"；"望多"的必要性是，一方面，政治信仰与思想等本身是重要的，所以"望多"是必要的，要开展政治和思想教育，另一方面，政治和思想等教育与道德教育（狭义德育）是有千丝万缕联系的，所以也需要"望多"，这样可以加强学校的德育（狭义）本身。[5]

在本书研究中，我们拟采用上述"守一而望多"的原则。当把"德育"界定为"道德教育"时，这时候是一种狭义的"德育"，我们姑且把它称之为"小德育"；但是在此基础之上，并不否认德育可以指涉"思想教育"和"政治教育"。如果"德育"的内容在涵盖"道德教育"的基

---

① 檀传宝：《学校道德教育原理》，教育科学出版社 2000 年版，第 3—4 页。

② 胡守棻主编：《德育原理》，北京师范大学出版社 1989 年第 2 版，第 18—20 页，转引自黄向阳《德育原理》，华东师范大学出版社 2000 年版，第 9 页。

③ 黄向阳：《德育原理》，华东师范大学出版社 2000 年版，第 9 页。

④ 同上书，第 9—10、17—18 页。

⑤ 檀传宝：《学校道德教育原理》，教育科学出版社 2000 年版，第 4 页。

础之上，再包含"思想教育"和"政治教育"时，就把这种"德育"称之为"大德育"。这样，当"德育"没有特别说明时，这一概念就包括"小德育"和"大德育"，或者说它是一个全称的"德育"；当使用"小德育"概念时，指的只是"道德教育"；当使用"大德育"概念时，指的就是"道德教育"、"思想教育"和"政治教育"三者的全部。如此，就把德育分为两个层次，就可以避免把"道德教育"、"政治教育"和"思想教育"三者混淆；而且在对外交流或者是与国外德育作比较研究时，可以使用规定性只是"小德育"的"德育"概念。在本书研究之中，我们把信息伦理教育界定为：一种为培养作为信息活动主体的人，在信息活动中以"善"为标准而行为的道德素养，而由学校施加影响的过程。所以，信息伦理教育是"道德教育"或者说"小德育"的一部分。下面把这些关系用一个形象化的图来表示，如图1-5所示。

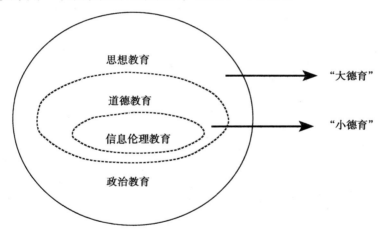

图1-5 信息伦理教育与德育之间的关系

上文把"信息伦理教育"在德育（全称）中的位置作了清楚的阐述。需要进一步说明的是，"信息伦理教育是德育的一个新课题"这一命题之中，"德育"主要是指"小德育"（道德教育）。要论证"信息伦理教育是德育的一个新课题"，还有两个问题要阐述：一是信息伦理教育必须成为德育里的一个重要的不可回避的研究对象，前文有论述信息伦理问题的滥觞，并详细地论证了信息伦理教育的功用，所以在这里就不赘述了；另一问题是作为课题的信息伦理教育在德育中是"新"的。正如前文所述，学界对信息伦理教育的研究只是处于起步阶段，有许多问题需要探索，所以可以说"信息伦理教育是德育的一个新课题"。

第四节　信息伦理教育的价值：社会信息化管理的视角

社会的信息化是一个发展的过程，它是我们正在经历的社会变迁之一，同时又是社会发展一种不可阻挡的趋势。在这一过程之中，作为一种对社会信息化过程的管理途径，信息伦理教育对社会发展起着重要作用。

一、信息化：概念与发展"三段论"

"信息化"这一概念在欧美国家并没有使用，以至于在英语中并不能找到一个十分准确的相对应的词汇。① 一般认为，信息化一词起源于 20 世纪的日本。② 关于信息化，有许多不同定义，科技哲学专家鲁品越等在《中国未来之路：信息化进程在中国》一书中认为"中国把信息技术在经

———————

① 在美国著名学者曼纽尔·卡斯特的《网络社会的崛起》中译本中，译者把"information society"译作"信息社会"，把"informational society"译作"信息化社会"。（［美］曼纽尔·卡斯特：《网络社会的崛起》，夏铸九等译，社会科学文献出版社 2001 年版，第 25 页）另外，崔保国等也把曼纽尔·卡斯特的名著"The Informational City：Information，Technology，Economic Restructuring and the Urban-Regional Process"翻译成《信息化城市》，即把"informational"翻译成"信息化"。（［美］曼纽尔·卡斯特：《信息化城市》，崔保国等译，江苏人民出版社 2001 年版）其实以上只是一种翻译方法，在英语社会权威的《韦氏字典》（1996 年版）中，"informational"词条解释中并没有此意义；在《新英汉词典（增补本）》中"informational"的解释为："消息（或情报）的；提供消息（或情报）的，介绍情况的"；在《金山词霸 2003》中对"informational"的解释为："报告的，情报的。"所以我们并不能认为在英语中"信息化"对应的词汇就是"informational"。但是，"信息化"这一概念在中国、日本和中国港澳台（中国港澳台地区使用的是"资讯化"，其实表达之意就是我们所使用的"信息化"）等国家或地区有较为广泛的使用。根据国内学者祝智庭的研究，通常地，这些国家或地区文献中把"信息化"翻译为"informatization"或"informationalization"或"informationization"，祝智庭教授曾就这三个词求教于多名英国教授，得到的结果是"都不被认可"。（祝智庭：《教育信息化：教育技术的新高地》，《中国电化教育》2001 年第 2 期，第 5—8 页）

② ［日］伊藤阳一：《日本信息化概念与研究历史》，载李京文等《信息化与经济发展》，社会科学文献出版社 1994 年版，转引自汪向东《信息化：中国 21 世纪的选择》，社会科学文献出版社 1998 年版，第 3 页。

济生活与社会生活上的推广应用，称为'信息化'"。① 汪向东对学界已有的信息化定义进行了详细的梳理和分析，在此基础之上他把信息化界定为："指人们凭借现代电子信息技术等手段，通过提高自身开发和利用信息资源的智能，推动经济发展、社会进步乃至人们自身生活方式变革的过程。"② 另外，李晓东对一些有代表性的信息化定义进行分析得出结论认为，信息化不只是局限在经济范畴之内的概念，而且还应指涉社会生活中的每一方面。③

通过对已有研究成果的分析，笔者认为，国内现有的对信息化的界定，或多或少地带有技术主义倾向。所谓"技术主义倾向"指的是"信息化是且只是信息技术的应用"这样一种认识。上文鲁品越认为"中国把信息技术在经济生活与社会生活上的推广应用，称为'信息化'"，也就是说在我国信息化理解的技术主义倾向是有一定市场的。在日常生活中，人们对信息化的理解很显然没有学界的理解深刻，所以对信息化理解的技术化倾向更为明显和普遍，在人们的意识之中，似乎信息化就是信息技术的使用。对信息化的技术化理解，还会对社会信息化的实践产生不良影响。对这一问题及其影响，需要进行进一步的说明，这里试图用笔者所熟悉的教育系统作为案例进行说明，因为教育系统是整个社会系统的一个重要的有机组成部分，人们对教育信息化的理解秉承了对（社会）信息化理解的范式，对教育信息化的理解及这一理解的影响很大程度上反映了人们对（社会）信息化的理解及这一理解的影响；另外，在教育这一一般而言其组成要素更具学理理性的系统中，人们对信息化的理解一定程度上代表了整个社会对信息化认识的现有可能水平。总之，对教育系统的分析，可起到管中窥豹，可见一斑的效果。另外，以教育系统为案例进行分析，还能够使我们的论证更为具体深入。

由于教育信息化一定会涉及许多具体的机器和信息技术在教育中的应用，这也就使得人们多以"机器论"和"技术论"的范式来理解教育信息化及其目的，以为教育信息化就是实现 CAI 学习、实现网上远程学习，

① 鲁品越、葛宁、刘强：《中国未来之路：信息化进程在中国》，南京大学出版社 1998 年版，第 8 页。

② 汪向东：《信息化：中国 21 世纪的选择》，社会科学文献出版社 1998 年版，第 3—9 页。

③ 李晓东：《信息化与经济发展》，中国发展出版社 2000 年版，第 19—21 页。

就是以专门机器取代老师授课，就是以电子教材取代纸本印刷的教材等，并且只是以效率性和省力性作为评价教育信息化的标尺。① 整体而言，学界教育信息化界定的技术化倾向十分明显，仿佛只要把信息技术加以使用就可以实现我们人类的目标。但是，我们不可否认，信息技术的发展和推广使用是信息化的发端，如果没有信息技术的发展和应用，我们何谈信息化？也就是说，信息技术对于信息化十分重要，但是信息技术并不是信息化的一切，它不是信息化的所有内涵。信息技术的发展和应用，其终极追求是为人类社会的福祉服务的。怎样发展和利用信息技术才能更好地为人类社会的发展服务，才能有利于人类文明的进步，这需要以社会学的视角来进行审视。

对教育信息化的界定会影响教育信息化的实践，这是不难理解的。因为在每一种对教育信息化的解读背后，都有一种解读者自己的理念。如果解读者把教育信息化认识为，从物到人或从人到物的、一个整体的系统的教育领域的变迁，那么她（他）的这种理念就会使她（他）在教育实践中不会从且只从某一方面孤立地从事教育信息化行为。相反的，过分技术化地对教育信息化的理解，其背后的理念会使人们以为信息技术就是教育信息化的一切方面，信息技术的实现就是教育信息化的全部内容，以为信息技术提高所谓的教育效率就是教育信息化的终极目的所在。正是从理论上没有能够正确澄清，使我们的教育信息化实践陷入了很大的困境之中。

首先，信息技术课程在学校中受到冷落。按理讲，青少年学生一般地会对信息技术有浓厚的兴趣，一方面因为信息技术对广大学生来说是一个新鲜事物，年轻人有着天生的好奇心，所以信息技术对学生应有不小的吸引力；另一方面，信息技术，特别是网络拓展了学生的认识空间，它不像传统的纸本印刷教学材料，它能提供许多视频和音频以对学生产生视觉和听觉上的冲击。可是，在现实的校园中，不管中小学，还是大专院校，信息技术课程学生不愿意学，老师不愿意教，这种现象已不罕见。个中原因是什么呢？我们认为，这与对教育信息化的理解上的偏差相关性很大。大

---

① 傅德荣：《教育信息化的目的、内容与意义》，http：//www. edu. cn/20011226/3015403_2. shtml。

多信息技术课程教师以为信息技术教授给学生的只是信息技术，于是没有注重对学生信息意识和感情的培养。学生没有了对信息的出自内心的热爱，于是在过了最初的好奇期后，就对信息技术这个冷冰冰的东西不可避免地产生了疏远感。

其次，信息技术与教学的整合也是一个老大难的问题。如果能够正确使用，无疑信息技术能够提高教学的持续的有效性。可是现实中，信息技术始终难以得到整合，似乎信息技术永远是传统教学以外的另外一张皮。关于对信息技术的课堂整合，国内外有过许多的研究，可是对实践的成效不大，于是就出现了许多昂贵的信息技术设备购置后大量的闲置，老师不愿意使、学生不喜欢用的现象。这种现象的出现与把教育信息化简单地信息技术处理有关。信息技术与课堂教学的整合是一个涉及教学双方的心理、意识、情感等诸多方面的问题，不单是关涉信息技术的先进程度。

再次，从教育信息化制度层面来考虑。在教育信息化建设方面，为了建设的有效性，肯定要在制度上有充分的供给。但是，对教育信息化的技术化理解使我们在这一方面供给不足。在一所学校，特别是在规模大的学校里开展教育信息化建设，需要有各个部门的参与，需要整合各个部门的力量；学校信息化（建设）管理有高度的专业性，它不仅要懂信息技术，而且还要掌握管理和教育方面的知识。可是，现在许多学校主管信息化建设的领导要么是技术出身，不懂管理和教育；要么是只懂管理，不懂教育和技术；或者是别的什么情况，总之信息技术、管理和教育都在行的信息化建设主管是少之又少。这种情形下，就容易导致学校信息化建设过程的战略规划性不强，甚至是战略规划失误，资源浪费严重等现象。更有甚者就是直接导致信息化项目建设的失败。我们都知道，学校信息化建设由于与高科技信息技术密切相关，它涉及的资金往往不是小数目，动辄几十万甚至上千万元人民币。所以在我国教育资源配置不够充裕的今天，这些巨大的浪费尤为触目惊心。另外，信息化建设项目竣工后，一些学校由于种种原因致使许多设备闲置，或者得不到充分利用。还有在项目建成后，设备维护管理上也常常出现不少问题。在这种情况下，我们就需要向国外信息化建设成功的高校学习，在制度安排上积极作为，在高校中设立 CIO① 体制。美国是信息化发展较好的国家和地区之一，它已经有不少高校设立了 CIO 职位和体制，以这样的制度供给来从总体上对学校的信息化建设和发展提供保障，但是在中国，绝大部分高校内还没有这样的制度安排。② 为什么国内在高校中设立 CIO 困难重重，这恐怕还得从人们对教育信息化的技术化理解这里找原因。人们往往认为教育信息化只是一个简单的技术问题，我们没有设立 CIO 体制的必要，也不可以给 CIO 那么高的地位、权力和资源。

另外，在学校教育信息化的推进过程中往往会在许多部门遇到不少的阻力。例如，在公立高校中推行办公自动化系统（OA）过程中，需要高校中各个院系和部门的全力配合，这些配合包括各个院系和部门相关的系统的数据输入与经常性更新，各个院系和部门的 OA 使用人员的系统培训，各个院系和部门对 OA 的积极使用，等等。可以说各个院系和部门的配合支持是一套 OA 系统成功开发和有效推行的基础。可是，现实中这方面却存在着很大的阻力。一方面是现有的激励机制对教育信息化的不支持，另外是教育信息化建设本身也是一项改革，它必然会损害某些人的利益。其实，这些凸显的是两种文化——信息文化与工业文化的冲突问题。为什么会有这两种文化的冲突，我们认为这也与我们片面地技术化地理解教育信息化，在教育信息化过程中只重视技术层面有关，我们忽视了信息文化的培育。

最后，对教育信息化的技术化解读也影响了我们积极正确的信息行为的实施。上面所述的教师与学生对信息技术的疏离使信息设备的闲置，有关院系和部门在教育信息化过程中的不作为，等等，都是这方面影响的体现。

从以上的分析可知，对教育信息化的技术化的片面理解及其背后的理

---

① CIO 是 Chief Information Officer 的缩写，一般译作首席信息官。美国权威的《CIO》杂志将其定义为："CIO 是负责一个公司（或企业）信息技术和系统的所有领域的高级官员。他们通过指导对信息技术的利用来支持公司的目标。他们具备技术和业务过程两方面的知识，具有多功能的概念，常常是将组织的技术调配战略与业务战略紧密结合在一起的最佳人选。"

② Wang Qiong, Zhao Guodong, From "Hardware" to "Software", From Digital resources to On-line Instruction：Introduction to Information Technology Use in China Higher Education（http：//www. accsonline. net/research/ pku. pdf）.

念影响了教育信息化的良性发展。同样的，对整个社会系统而言，对（社会）信息化理解的技术化倾向存在一定的市场，这种技术化倾向也对整个社会系统造成了类似的、这样那样的问题。

但是需要指出的是，对信息化的技术化理解只是一种整体倾向，因为无论是日常生活中还是学界，都已不乏对这种片面理解的反省。最为典型的是，《国民经济和社会发展第十个五年计划：信息化发展重点专项规划》把信息化界定为，"以信息技术广泛应用为主导，信息资源为核心，信息网络为基础，信息产业为支撑，信息人才为依托，法规、政策、标准为保障的综合体系"。[①] 但是，我们认为，一方面，这种反省的力度不够。如上面这一界定所示，许多对信息化技术理解的批判，只是在一如既往强调技术性的基础上，增加了对"政策"、"法规"和"标准"的关涉，而不能以更为广泛和深入的视角来审视信息化的内涵；另一方面，即使是这种初步的反省，在学界并不是主流，在日常生活中人们还是更多地从技术的维度来认识信息化。

面对这种困境，作为一种尝试，我们想从社会学和文化学的角度来重新界定"信息化"。基于上面的分析，我们认为，信息化（Informatization[②]）指的是，人类社会由于信息技术的广泛应用而引起的信

---

① 资料来源：http://www.sdpc.gov.cn/fzgh/ghwb/zdgh/W020050714764248115572.pdf。

② 这只是一个退而求其次的翻译选择。正如前文所述，在英文中并没有一个与"信息化"相对应的词汇；在英文中有如下一些概念："Cyber Education"（赛博教育）、"ICT in education"（教育中的信息技术）、"Online Education"（在线教育）、"e-Education"（电子化教育）、"Virtual Education"（虚拟教育）和"Network-Based Education"（基于网络的教育）等，（唐晓杰：《信息化背景下的学校改革问题研究》，载叶澜等《全球化、信息化背景下的中国基础教育改革研究报告集》，华东师范大学出版社2004年版，第138—139页）但是这些表达方式都不能表达东方文化中的"信息化"的意蕴。祝智庭教授认为，对于"信息化"，东方人有三种常用的但西方英语世界并不完全认可的翻译方式："informationalization"、"informationization"和"informatization"，他使用Alta Visa搜索引擎进行检索，得到了4893个含这三个名词的网页，其中含有"informationalization"的网页大约占6.5%，含有"informationization"的网页大约占3.5%，而含有"informatization"的网页大约占90%。（祝智庭：《教育信息化：教育技术的新高地》，《中国电化教育》2001年第2期，第5—8页）所以为了表达"信息化"的意蕴，我们退而求其次用"Informatization"来表达"信息化"。

息文化的衍生、发展，并最终形成信息文明、实现成熟信息社会的过程。

对于以上这个界定，需要有进一步的阐释。

第一，文化与文明[①]是有着一定联系和区分的两个概念。一方面，文化是文明的基础，反过来文明又能够为文化的发展创造环境与条件，从而也就推动了文化的发展；另一方面，文化产生的时间比文明产生的时间要早，文化体现在人类所有的智慧和实践的创造活动和创造物上面，不管这些活动和创造物在社会发展中积极与否和进步与否，"而文明却只是体现在人类智慧和实践所创造的在社会历史发展中有积极意义的或有进步意义的成果上面"。[②] 所以，文明是一个正向的概念，而文化可能是正向的，也可能是负向的，它有两种可能。文化这一概念的外延要大于文明的，文明一定是一种文化，而文化则不一定会成为文明。

第二，"信息化"与"信息社会"之间的关系。我们认为，信息化是实现信息社会的手段，只有通过不断的信息化，社会的信息化程度才能加深，也就是信息社会的实现程度才能提高。实现（成熟的）信息社会是信息化的目的，信息化这一过程的指向是（成熟的）信息社会。正如上文所述，在 20 世纪中叶人类社会就已经进入了信息社会，但是，相比较而言，这个信息社会还不是信息化程度很高的和成熟的信息社会，它是一个初级的信息社会，也就是相对于人类社会将拥有的整个信息文明而言，这才是一个开端，信息文化的衍生和发展才刚刚开始，信息文明也还处于

---

① 在汉语中，"文明"一词出现很早，在《周易》的乾卦文中有"见龙在田，天下文明"一说；唐朝孔颖达说："天下文明者，阳气在田，始生万物，故天下文章而光明也。"这里的"文明"是"美好、光明的事物"的意思。清朝李渔在其《闲情偶寄》中云"辟草昧而致文明"，在这里"文明"已经成为与愚昧、不开化和野蛮等相对立的概念。"文明"一词在西方源于拉丁语"civitas"，指的是"市民的公民的，主要是指社会生活的规则或公民的道德来说的"。至 19 世纪，人们用文明一词来明确地表示"一些先进民族一定历史阶段社会生活所显示出来的总的特征，以区别一些原始社会群体生活的野蛮状态"。马克思主义认为，文明指的是"社会发展到一定阶段的社会属性和特征的综合，它表示人类社会物质生活和精神生活的一种进步和发展的状态"。（以上引自杨镜江编著《文化学引论》，北京师范大学出版社 1992 年版，第 226—228 页）

② 杨镜江编著：《文化学引论》，北京师范大学出版社 1992 年版，第 228—229 页。

发展起步中。

第三，为什么要站在人类社会文明转型的高度来界定信息化这一概念？因为信息化本来就是人类社会文明发展的一部分，而且从这一视角的界定会给我们一个更加清晰和更加完整的信息化分析框架（见图1-6）。

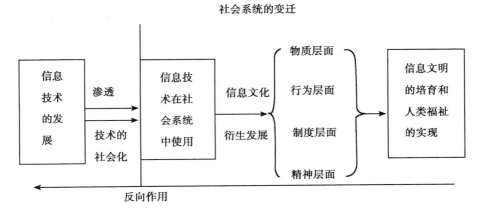

图1-6　信息化的社会学发生图

图1-6给我们展示了社会信息化的发生过程，这一过程可以分为三个阶段：首先是信息技术在社会系统的使用，其次是信息文化的衍生与发展，最后是培育出高度的信息文明和实现人类福祉。这就是本书研究所提出的（社会）信息化发展的"三段论"。对这一"三段论"需要作进一步的阐释。

首先需要说明的是，信息技术与社会系统之间的关系。在图1-6中，似乎信息技术系统是处于整个社会系统之外的。其实，并不是这样，信息技术系统也只是整个社会系统的一个组成部分，这里只是为了说明信息技术对社会的影响，而把信息技术系统从整个社会系统中"抽象"出来。信息技术系统是社会系统的一个组成部分，它不仅对社会系统中除了信息技术系统以外的其他社会系统组成要素产生影响，而且还对信息技术系统自身产生影响。也就是说，在图1-6中，社会系统也包括了信息技术系统。另外，信息技术的发展是社会信息化发展的源头。没有信息技术的发展，社会信息化就成了无本之木，无源之水。而从信息技术的发展到信息技术在社会系统中的应用，这是一个技术社会化①的过程。所谓技术社会化，指的是"在社会的整合与调适下，使技术成为社会相容技术的过程"。② 我们所追求的是信息技术在社会系统内的合理使用，也就是信息技术的良性社会化。值得注意的是，信息技术对社会系统的影响是一个渗透过程。谈到"渗透"，我们自然会提及"信息渗透理论"。加拿大 GAMMA 小组和基蒙·瓦拉卡基斯把"信息渗透"定义为"所有领域内的人类活动，包括农业、工业、商业和通信业，越来越被高技术信息机器所渗透或取代的过程"；接着，他们对这个定义还有三点阐释，第一，是他们认为最为重要的一点，信息渗透过程不只是局限于通信活动；第二，"渗透"意味着信息技术以某种方式介入人类活动，其介入程度甚至可以达到完全取代人类；第三，渗透活动须由信息技术或机器完成。③对以上的界定和解释，我们认为有一点必须在我们研究的基础上加以改正，那就是所谓的高技术信息机器，无论它多么尖端，它只是对已有的人类活动有程度不同的渗透，而不会完全取代人类的作用。虽然在某些领域某些活动已经高度智能化了，甚至完全取代了人类，但从总体上看，人类完全被信息技术取代是不可能的。还有，我们需要强调的一点是，信息技术与社会系统之间，不只是信息技术对社会系统的渗透和影响，在另外一个方面，社会系统会反作用于信息技术的发展。信息技术的研发（R&D）需要社会系统为之提供充足的资金支持；另外，整个社会系统的文化与文明也会反作用于信息技术的

---

① 社会化是一个社会学范畴，社会化的主体一般的是人，尤其是儿童，如吉登斯（Anthony Giddens）认为："社会化是一个过程，通过这一过程，无助的婴儿逐渐变成一个有自我意识、有认知能力的人，并对她或他生于其中的文化形式谙熟在胸。"（［英］安东尼·吉登斯：《社会学》（第四版），赵旭东等译，北京大学出版社 2003 年版，第 36 页）另外，郑杭生认为："所谓社会化就是指作为个体的生物人成长为社会人，并逐步适应社会生活的过程，经由这一过程，社会文化得以积累和延续，社会结构得以维持和发展，人的个性得以形成和完善。"（郑杭生主编：《社会学概论新修》，中国人民大学出版社 1994 年版，第 107 页）

② 陈凡：《技术社会化引论：一种对技术的社会学研究》，中国人民大学出版社 1995 年版，第 5 页。

③ 加拿大 GAMMA 小组、基蒙·瓦拉卡基斯：《信息渗透概念：对信息革命的结构主义解释》，载［爱尔兰］利亚姆等主编《信息社会》，张新华译，上海译文出版社 1991 年版，第 31—32 页。

发展。

在社会信息化发生的第二阶段，由于信息技术在社会系统的广泛使用，逐渐衍生了信息文化。但是信息文化的产生和发展并不是一帆风顺的，它会遇到其他文化范式主要是工业文化的阻力。这种文化上的阻力是不可避免的，而且愈在开始阶段，文化冲突愈是严重。这些文化冲突表现有，在社会信息化的推动过程中的许多不作为，甚至是更为直接的对信息化的反对等。但是，信息技术在社会系统的使用日益广泛的趋势是不可阻挡的，随着信息技术在社会系统的"泛滥"，信息文化也一定会在衍生后得到进一步的发展和壮大。在信息文化的衍生和发展过程中，社会系统的方方面面就会发生变迁。一般认为，广义的文化包括四个层次的内容：一是精神层面的，包括思想、理念等因素；二是制度层面的，包括组织规范等因素；三是行为层面的，包括与人类行为相关的一些因素；四是物质层面的，包括手段、技术和工具等因素。信息文化的衍生和发展也是在这四个层面发生的，这就对社会系统在精神、制度、行为和物质四个层面产生了重大影响，使其在原有的基础之上发生了改变。社会系统到底会发生什么样的变化，这是信息化研究的一个重大问题。同时，社会系统在这四个层次怎样能够做到主动改变，去适应信息化的发展，也十分重要。这些研究目前都有待深入。需要指出的是，虽然信息文化给我们社会带来的改变并不是在一夜之间发生的，也即它是一个演变过程，但是就信息文化的发展对社会的影响而言他是革命性的。①

在第三阶段，是要在信息文化的衍生发展以及社会系统的变迁过程中，培育信息文明，进而实现人类的福祉。不是所有的信息文化都是信息文明，也并不是所有的社会系统的变迁都指向信息文明，要达成信息文明就需要有制定规范去制约、通过教育去宣传等方面的努力。在这一阶段，具体地，我们可以有而且也必须有许多作为，例如我们需要制定相关法律去制止网络犯罪和不文明行为；需要进行信息伦理宣传和教育，规制青少年的信息行为等，通过这些措施来培育信息文明。通过以上详细的阐释，我们对社会信息化的概念内涵有了一个较为透彻的理解；而且上面的阐释

---

① Melvin Kranzberg, *The Information Age: Evolution or Revolution?* Bruce R. Guile（ed.）, *Information Technologies and Social Transformation*, Washington, D. C.: National Academy Press, 1985, pp. 51—52.

又为我们展现了一个较为完整的分析框架，对社会信息化的研究不外乎从以上三个层面进行。

二、社会信息化管理的概念内涵

要界定什么是"社会信息化管理"，就必须厘定"管理"一词的内涵。"管理"由"管"和"理"两个字组成。在古代汉语中，"管"指的是锁钥，如《左传·僖公三十二年》中云："郑人使我掌其北门之管"，可以引申为"管制"和"管辖"的意思，体现了权力归属；"理"的原意为"治玉"，如《韩非子·和氏》中就有"玉乃使玉人理其璞，而得宝焉"一说，可以引申为"处理"和"整治"；这样把"管"和"理"二字连起来用，也就表示"在权力的范围内，对事物的管束和处理过程"。① "管理"在《现代汉语词典》中意思是"负责某项工作使顺利进行"；"保管和料理"；"照管并约束（人或动物）"。② 但是，这一界定并不能使我们对何谓管理有充分的认识。

"管理"一词对应的英文有"management"、"administration"和"governance"。"management"是最为常用的英文"管理"，《韦氏词典》对其解释是："控制"；"为达成目标而合理地使用手段"。③ "administration"也是较为常用的英文"管理"，如 MBA（Master of Business Administration）和 MPA（Master of Public Administration）中的"A"代表的都是"administration"，这一词与"management"的区分并不是太大。"governance"一词来源于古希腊文和拉丁语，本意为引导、操纵和控制。④ 其实，在使用过程中，"governance"表达的更多的是"治理"的意思，与"管理"相比较，"治理"更强调"上下互动"、"协商"、"合作"、"伙伴关系"等。⑤

---

① 刘熙瑞、张康之主编：《现代管理学》，高等教育出版社 2000 年版，第 2 页。
② 中国社会科学院语言研究所词典编辑室编：《现代汉语词典》，商务印书馆 1983 年第 2 版，第 410 页。
③ ［美］梅里亚姆—韦伯斯特公司编：《韦氏词典》，马萨诸塞：梅里亚姆—韦伯斯特公司（兴国图书出版公司北京公司重印）1996 年版，第 445 页。
④ 闵维方主编：《高等教育运行机制研究》，人民教育出版社 2002 年版，第 88 页。
⑤ 同上书，第 87—89 页。

　　关于"管理"的含义，中外学界有不同的界说。孔茨（Harold Koontz）等认为管理"就是设计和保持一种良好环境，使人在群体里高效率地完成既定目标"。① 雷恩（Daniel A. Wren）认为，可以把管理看作为这样一种活动，"即它发挥某些职能，以便有效地获取、分配和利用人的努力和物质资源，来实现某个目标"。② 国内有学者综合了前人的研究，认为，"管理是社会组织中，为了实现预期的目标，以人为中心进行的协调活动"。③ 还有学者在对管理界定时具体地列举出了管理的几个主要环节，认为，"管理是通过计划、组织、控制、激励和领导等环节来协调人力、物力和财力资源，以期更好地达成组织目标的过程"。④ 国内学界对管理的界定有许多是类似这一界定的。

　　这里需要提出一个问题。有人认为"追求效益"是管理的最为基本的内在规定性。⑤ 这一观点无疑是正确的，因为效益是管理的出发点和落脚点。上文所列举的对管理的定义中也都强调了对效益的重视。但是，管理的效益追求是无条件或者说无原则的吗？事实上并不能如此认为，因为管理追求的所谓的效益最终也应是为了人类福祉的实现，如果管理对效益的追求是以不合伦理，从而导致人类福祉的损害为前提的，那么这种管理对效益的追求的行为就是需要商榷的举措。也就是说，在管理活动中管理主体在追求效益时，要注重管理活动的合乎伦理性。正因为如此，人类对管理中的伦理问题的关注由来已久，例如儒家管理思想中就有"道之以德，齐之以礼"一说，在这句话中就有着管理与伦理相结合的先见之明。⑥ 但是，在管理思想史中，管理伦理（学）（Management Ethics）成为热点和显学却没有太长的历史。国内有学者甚至把管理的理论与实践的伦理化，这一趋势作为与"科学管理"和"行为科学"一起并列的管理

---

　　① ［美］哈罗德·孔茨、海因茨·韦里克：《管理学》（第九版），郝国华等译，经济科学出版社 1993 年版，第 2 页。

　　② ［美］丹尼尔·A. 雷恩：《管理思想的演变》，赵睿等译，中国社会科学出版社 2000 年版，第 2 页。

　　③ 周三多主编：《管理学：原理与方法》，复旦大学出版社 1993 年版，第 8—11 页。

　　④ 徐国华、张德、赵平编著：《管理学》，清华大学出版社 1998 年版，第 3 页。

　　⑤ 戴木才：《管理的伦理法则》，江西人民出版社 2001 年版，第 252—258 页。

　　⑥ 同上书，第 16 页。

史上的第三个里程碑，① 这具有一定的合理性。

　　分析至此，在前人研究的基础之上，我们可以认为，所谓管理，指的是人类社会组织为了达成一定的目标，而进行的计划、组织、协调和控制等提高效率②的合伦理的社会活动。进一步，我们认为，社会信息化管理指的是，社会组织为了提升信息文明实现人类福祉，而对社会信息化这一过程所进行的计划、组织、协调和控制等提高效率的合乎伦理的活动；社会信息化的过程包括信息技术在社会系统的应用、社会系统内信息文化的衍生和发展以及信息文明的提升三个阶段；社会信息化管理的管理对象是"社会信息化"这一过程。社会信息化可以简称为信息化，而社会信息化管理也可以简称为信息化管理。

　　对整个人类社会进行管理无疑是不可或缺的，信息化管理是作为整个社会管理的一部分而存在的，所以"信息化管理是必要的"，也是一个不需要赘述的命题。

　　"信息化管理"与另一个常用的概念"信息管理"存在一定的区分和联系。按照"信息管理类专业教学内容和课程体系改革"项目组的研究，所谓信息管理，"主要是指信息资源的管理，包括微观上对信息内容的管理——信息组织、检索、加工、服务等，以及宏观上对信息机构和信息系统的管理"。③ 需要补充的是，对于什么是信息化管理，是存在歧义的。有学者认为，对信息化管理存在两种不同的解读，其一是"指对信息化全过程实施管理"，另外，"通常在人们的眼里，信息化管理更多地指对信息系统建设与装备过程的管理"。④ 其实，我们上文对社会信息化管理的界定就是对前一解读的认同。然而，实际上，还存在着对信息化管理的第三种理解，这种理解认为，信息化管理就是用信息技术来开展管理活动，就是对传统的管理用信息技术来装备而已。在本书研究中，信息化管

---

　　① 张文贤等：《管理伦理学》，复旦大学出版社1995年版，第3页。

　　② "效率"和"效益"两个概念存在一定的区分：效率指的是组织系统在单位时间内的投入与所取得效果的比率；而效益则是指一种有用的效果，更为具体地说，效益反映的是人们的投入与这种投入所带来的利益之间的关系。另外，上面两个界定中的"效果"指的是一项社会活动的结果和成效，是活动主体通过某种方式、行为、力量或者因素而产生和带来的合目的性的结果。（刘熙瑞、张康之主编：《现代管理学》，高等教育出版社2000年版，第73页）

　　③ 康仲远：《序言》，载岳剑波编著《信息管理基础》，清华大学出版社1999年版。

　　④ 甘利人主编：《企业信息化建设与管理》，北京大学出版社2001年版，第37页。

理就是"指对信息化全过程实施管理"。那么，信息管理和信息化管理之间到底是什么关系呢？因为"信息化活动是现代信息管理的重要内容"[①]，而"信息化活动"是包括"信息化管理"活动的，所以我们认为"信息管理"包含了"信息化管理"。另外，许多名为"信息管理（学）"的著作都有用一定的篇幅论述"信息化管理"的内容。[②] 这也进一步证明了"信息化管理"被包含在"信息管理"的范围之内。所以，"管理"与"信息管理"和"信息化管理"之间存在着图 1－7 所示的关系。

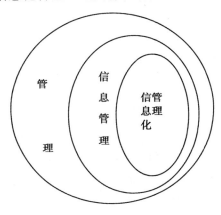

图 1－7 管理、信息管理和信息化管理三者之间关系图[③]

三、信息伦理教育是社会信息化管理的重要途径

毛泽东于 1964 年提出了"管理也是社会主义教育"的观点，这一观

---

① 甘利人主编：《企业信息化建设与管理》，北京大学出版社 2001 年版，第 37 页。

② 如张景学等著的《信息管理：组织者的数字魔方》一书中把社会信息化管理作为该书内容的一部分。（张景学、王庭芳：《信息管理：组织者的数字魔方》，军事科学出版社 2003 年版）

③ 对"信息管理"和"信息化管理"这两个概念之间的关系存在异议。一般会认为，"信息化管理"是包含"信息管理"的，即"信息化管理"是"信息管理"的上位概念。这一观点与本书研究中的结论是相反的。得出这种异议的依据可能是认为，"信息化管理"是对"信息"这一存在物以及"信息活动主体"两者进行管理，而"信息管理"只是对"信息"进行管理。然而，这两个概念真正的管理对象与以上这种认识恰恰相反，"信息化管理"的对象是且只是"信息活动主体"，而"信息管理"的对象则包括"信息"和"信息活动主体"。所以，正确的结论应是，"信息管理"是"信息化管理"的上位概念。

点包含的深刻思想之一是"管理的根本方法是通过教育提高人的觉悟"。[①]据此，我们甚至可以得出这样的命题：信息伦理教育是一种信息化管理，因为信息伦理教育是能够提高人们信息伦理觉悟的，通过提高人们的信息伦理觉悟又能够达到对信息化过程进行管理的目的。当然，"信息伦理教育是一种信息化管理"这一命题是从信息伦理教育是信息化管理的一个重要途径的角度来进行表述的。

"美德是可教的"，换言之"德育是可能的"，这是本书研究的基本前提假设，据此，信息伦理教育也就是可能的。信息伦理教育培育的是受教育者的信息伦理素养，所以通过有效的信息伦理教育之后，受教育者就能够提高自身的信息伦理素养。信息伦理素养无疑是伦理素养的一部分，而且在信息社会里，是非常重要的一个组成部分。又因为伦理具有如下的管理功能："管理凝聚功能"、"管理导向功能"、"管理操作功能"、"管理整合功能"和"管理激励功能"，[②]所以，信息伦理教育就具有管理的职能；更为具体地，信息伦理教育是社会信息化管理的重要途径。

对（社会）信息化管理的对象（社会）信息化过程而言，信息伦理教育的管理功能体现在信息化管理的全部过程之中。如前文所述，信息化管理对象的信息化过程存在三个阶段：第一阶段，信息技术在社会系统中的应用；第二阶段，信息文化的衍生和发展；第三个阶段，信息文明的提升。当然，这三个阶段并不是绝对独立和分开的，而且把信息化发展分为三个阶段也只是一种学术上的抽象。"我们现在所用的信息技术是具有极大威力的工具。当我们正确地使用时，它们能够为人类提供许多好处并为社会文明发展带来很大的推动。但是当使用不当时，它们也能够为社会带来诸多负面效应。"[③]在信息化发展的第二阶段的信息文化不一定都是正向的，它也有可能是负向的，所以在第三个阶段的信息文明的提升就迫切需要有效的管理。诚然，管理并不是万能的，但是这一点并不能否认在这一过程之中对管理介入的需要（对整个社会信息化发展而言，也是如此）。信息伦理具有强大的管理功能，所以在提升信息文明的过程之中，

---

①　周三多主编：《管理学：原理与方法》，复旦大学出版社 1993 年版，第 9 页。

②　戴木才：《管理的伦理法则》，江西人民出版社 2001 年版，第 61—69 页。

③　Hiroshi Inose & John R. Pierce, *Information Technology and Civilization*, New York: W. H. Freeman and Company, 1984, p. 34.

就迫切需要信息活动的主体要具有良好的信息伦理素养，这就凸显了信息伦理教育的必要性。另外，正是由于把社会信息化发展划分为三个阶段只是一种学术上的抽象，这三个阶段是不可以绝对分开的，所以如果认为在社会信息化发展的第一、二阶段不需要信息伦理发挥管理职能，不需要有信息伦理教育管理功能的发挥，是不准确的。社会信息化发展的第一、二阶段也都需要信息伦理教育（管理功能的发挥）。例如，信息技术在社会系统中的应用也要求这种应用是合信息伦理的。如果某种网络下载工具（目的是提高网络下载的速度）在信息活动主体的使用过程中（由于该下载工具在开发过程中开发商为了商业利益做了特别的设计），特定的利益单位能够同时非法登录该信息活动主体的主机从而窃取商业秘密，那么这样的信息技术在社会系统中的应用就是不合伦理的，这就需要有信息伦理的介入，也就说明信息伦理教育在社会信息化发展的这一阶段也是必要的。

总而言之，社会信息化管理是必需的，而信息伦理发挥着重要的管理职能，所以对信息活动主体信息伦理素养的培养是不可或缺的；而信息伦理素养的培养需要有效的信息伦理教育。

第二章

信息伦理教育：调查与比较

要构建合理的信息伦理教育"理想型"，需要对我国信息伦理教育现状进行调查；问卷调查的两个主要主题分别是："我国青少年学生的信息伦理素养的现状"和"我国信息伦理教育的现状"。另外，国外信息伦理教育现状能够为我们提供参照；基于此，本章把美国、日本、韩国三国的信息伦理教育现状同我国的情况进行了比较。

第一节　我国信息伦理教育现状的调查研究

对我国信息伦理教育的现状进行调查研究是构建信息伦理教育"理想型"的基础，只有对我国信息伦理教育的现状进行了科学的调研，才能构建起合理的信息伦理教育"理想型"。也就是说，对我国信息伦理教育现状的调查分析为我们后面构建信息伦理教育"理想型"提供了"质料"，是其起点之一。

调查研究的目的，一方面要对我国高中生和大学生（主要是本科生）的信息伦理水平进行摸底；另一方面要弄清楚我国高中和大学（主要是本科）阶段学生所接受信息伦理教育的现状。

本节研究对我国信息伦理教育现状的调查主要是通过发放问卷，并对回收问卷利用 SPSS11.5 进行统计分析的途径实现的。

一、问卷的内容

调查问卷分为"教师版"、"高中生版"和"大学生版"三个不同版本①，其中"教师版"的调查对象包括"高中教师"和"大学教师"。之所以把问卷分为"教师"和"学生"两个不同视角，目的是要在"教师"和"学生"之间进行对比和验证；另外，本研究重点关注的是整个教育系统的高中阶段和大学本科阶段。

"教师版"：本问卷共有36道题，由于题量不大，从形式上并没有对问题进行分类并标出不同部分。问卷的主题主要有以下三个：答题者的基本信息；学生的信息伦理水平；信息伦理教育实施状况。其中另有少数题目关注的是，作为信息伦理教育实施者教师自身的信息伦理水平，但是由于考虑到答题者教师的特殊身份，这类题目的数量并不多。

"高中生版"：本问卷共有47道题，同样由于题量不大，也没有从形式上对问题进行分类并标出不同部分。问卷主要关注了高中学生的基本信息、高中学生的信息伦理水平及高中学生所接受的信息伦理教育现状。

"大学生版"：本问卷共有94道题。问卷明确地分为三个部分，第一部分关注的是答题者的基本信息；第二部分关注的是大学生的信息伦理水平；第三部分关注的是大学生所受到的信息伦理教育现状。

总而言之，这三个不同版本的问卷的主题主要是两个："学生的信息伦理水平"和"学生所接受的信息伦理教育现状"。这与本调查研究的目的是相符的。

二、信度与效度的分析与处理

信度与效度在调查研究中是一个应该予以重点关注的问题，因为它关系到整个调查研究的科学性。而且，调查过程的诸多环节都同信度与效度有关联。

（一）问卷的编制

根据本调查研究的两大目的（即弄清我们高中生和大学生（本科生

---

① "教师版"见附录1："信息伦理（道德）教育研究"调查问卷（教师版）；"高中生版"见附录2："信息伦理（道德）教育研究"调查问卷（高中生版）；"大学生版"见附录3："信息伦理（道德）教育研究"调查问卷（大学生版）。

为主）信息水平和他们所接受的信息伦理教育现状），以及我们的原假设，研究者编制了问卷。具体地研究者的原假设主要有如下：

原假设 1：我国高中生和本科大学生信息伦理水平亟待提高；

原假设 2：我国高中和大学在信息伦理教育实施过程中作为不积极；

原假设 3：教师在信息伦理教育过程中与学生之间存在"代际困难"。

编制了试测问卷后，研究者把问卷发放给北京师范大学心理学院和教育学院，对问卷调查及其分析处理有经验的硕士生，进行了小范围内试测。然后，研究者同这些同学就问卷存在的问题进行了研讨。以上过程进行了两次，取得了专家效度。在此基础之上，研究者对问卷反复推敲，进行了修改。修改的涉及范围包括题量的增删、问题的呈现形式、呈现顺序和表达方式的改变，以及问题的答题者可理解性提高，等等。这一过程至 2005 年 6 月 30 日正式完成。

这里存在的一个问题是，由于研究者资源有限，研究者并没有进行大规模的问卷试测。对这一缺陷的弥补，研究者所采取的方式是，在问卷回收并建立数据库之后，对问卷及其填答结果的信度和效度进行分析，并根据分析结果把一些不合要求的问题进行删除处理，以使调查的信度和效度达到应有标准。

（二）问卷的发放与回收

问卷的发放群体/学校对问卷的信度和效度有相当的影响，本研究在问卷的发放时在这方面作了充分的考量。

大学生问卷：

大学生问卷总共发放 500 份，回收了 484 份，回收率为 96.8%；其中无效问卷有 17 份，无效率为 3.5%。详细情况见表 2 - 1。

表 2 - 1　　　　　"信息伦理（道德）教育研究"调查问卷

（大学生版）发放与回收情况

发放对象	发放份数	回收份数	回收率	无效份数	无效率
安庆师范学院	50	48	96.0%	3	6.3%
安徽师范大学	100	95	95.0%	0	0.0%
绍兴文理学院	50	50	100.0%	4	8.0%
新乡师范专科学校	50	48	96.0%	2	4.2%
武汉大学	50	49	98.0%	2	4.1%
北京交通大学	50	49	98.0%	3	6.1%
安徽大学	50	50	100.0%	2	4.0%

续表

发放对象	发放份数	回收份数	回收率	无效份数	无效率
景德镇高等专科学校	50	48	96.0%	1	2.1%
北京师范大学	50	47	94.0%	0	0.0%
总体	500	484	96.8%	17	3.5%

无论从总体上看，还是针对每一个单独的问卷发放对象来看，问卷的回收率和有效率都是符合要求的。

大学有不同的档次，本研究可以把我国大学大致地分为"一流大学"、"普通大学"和"学院与专科学校"三种类型。本研究问卷发放时对此也有考量，以使问卷的分布与我国不同档次大学数量分布基本保持一致。具体分布比例如图2－1所示。

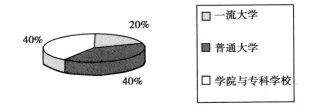

图2－1 "信息伦理（道德）教育研究"调查问卷
（大学生版）发放分布示意图①

高中生问卷：

高中生问卷共发放200份，回收了194份，回收率为97.0%；其中无效问卷有9份，无效率为4.6%。详细情况见表2－2。

表2－2 "信息伦理（道德）教育研究"调查问卷
（高中生版）发放与回收情况

发放对象	发放份数	回收份数	回收率	无效份数	无效率
绍兴艺术学校	50	50	100.0%	5	10.0%
安徽省宿松县一中	50	47	94.0%	3	6.4%
上海市一中	50	49	98.0%	0	0.0%
安徽师范大学附中	50	48	96.0%	1	2.1%
总体	200	194	97.0%	9	4.6%

① "大学生版"问卷发放情况：一流大学2所，发放问卷数量为100份；普通大学3所，发放问卷数量为200份；学院与专科学校4所，发放问卷数量为200份。

　　需要说明的是，绍兴艺术学校系一所高中中专。在上述学校中有经济发达的大城市中学一所（上海市一中）、中小城市重点中学一所（安徽师范大学附中）、经济欠发达地区县级中学一所（安徽省宿松县一中），以及经济发达县级市高中中专一所（绍兴艺术学校）。以上学校选取具有一定的代表性。

　　之所以没有选取经济落后的农村高中（学校所在位置在县城以下），主要是因为这些地方信息化程度不够，学生信息技术的使用率过低。

　　教师问卷：

　　教师问卷共发放 100 份，回收了 96 份，回收率为 96.0%；其中无效问卷有 2 份，无效率为 2.1%。具体情况见表 2 – 3。

表 2 – 3　　　　　　"信息伦理（道德）教育研究"调查问卷
（教师版）发放与回收情况

发放对象	发放份数	回收份数	回收率	无效份数	无效率
中华女子学院	10	10	100.0%	0	0.0%
北京师范大学教育学院 2005 级教育硕士生	25	25	100.0%	0	0.0%
安徽大学	15	14	93.3%	0	0.0%
景德镇高等专科学校	15	14	93.3%	1	7.1%
北京师范大学株洲附中	15	13	86.7%	1	7.7%
北京师范大学教育学院 2005 级博士生	20	20	100.0%	0	0.0%
总体	100	96	96.0%	2	2.1%

　　以上发放对象中，有三所大学（中华女子学院、安徽大学和景德镇高等专科学校）和一所中学（北京师范大学株洲附中）的任教教师；而在"北京师范大学教育学院 2005 级教育硕士生"这一群体之中，主要是来自全国各地的中学教师，在"北京师范大学教育学院 2005 级博士生"群体中，主要是来自全国各地的大学教师。

　　（三）效度的进一步说明

　　项目分析与因素分析是处理问卷效度的有效途径。但是，本研究所设计的三份问卷均为状况调查问卷，其中所有的变量都是称名变量（nominal variable）和顺序变量（ordinal variable），而严格来讲对这两类数据都不能进行加、减、乘、除的统计处理。[①] 由于本研究问卷变量的性质限

————————

① 胡咏梅编著：《教育统计学与 SPSS 软件应用》，北京师范大学出版社 2002 年版，绪论。

制，是无法进行项目分析的；而因素分析的变量又必须是比率变量（ratio variable）或者等距变量（interval variable），① 所以用因素分析来建构效度也是无法进行的。

2005 年 9 月，中央文明办秘书组、未成年人工作组，中宣部宣教局，与中国精神文明网联合新浪等大型门户网站开展了"网络十大不文明行为征集与评选活动"，评选出的"网络十大不文明行为"分别为："传播谣言、散布虚假信息；制作、传播网络病毒，'黑客'恶意攻击、骚扰；传播垃圾邮件；论坛、聊天室侮辱、谩骂；网络欺诈行为；网络色情聊天；窥探、传播他人隐私；盗用他人网络账号，假冒他人名义；强制广告、强制下载、强制注册；炒作色情、暴力、怪异等低俗内容。"② 把以上"网络十大不文明行为"与本研究三份问卷中与学生信息伦理水平相关的题项相比较，我们发现本研究问卷覆盖了"网络十大不文明行为"的相当多部分内容。这也就说明了本研究所设计的问卷中所要反映学生信息伦理水平的题项有可以接受的效度。

在本研究的"大学生版"问卷之中，有这样一个题项："40. 您使用过盗版软件吗？A. 没有　　B. 偶尔　　C. 经常。"对这一题进行频数统计，其结果如下：

表 2－4　　"信息伦理（道德）教育研究"调查问卷（大学生版）
第 40 题频数统计结果

N	Valid	467
	Missing	0

		Frequency	Percent（%）	Valid Percent（%）	Cumulative Percent（%）
Valid	从没	207	44.3	44.3	44.3
	偶尔	164	35.1	35.1	79.4
	经常	96	20.6	20.6	100.0
	Total	467	100.0	100.0	

---

① 吴明隆编著：《SPSS 统计应用实务：问卷分析与应用统计》，科学出版社 2003 年版，第 68 页。

② 范妍：《10 万网友选出不文明行为　散布谣言成为首选》（http：//www. sina. com. cn，转载自《北京娱乐信报》）。

表2-4表明，在所有467份有效问卷之中，没有缺失值，所有有效问卷都有对这一题作出回答；其中选“从没”的有207人，占44.3%，选“偶尔”的有164人，占35.1%，选“经常”的有96人，占20.6%。这一统计结果与研究者的预设出入很大，根据研究者的日常观察，由于种种原因，在我国信息软件使用者的信息知识产权意识亟待提高。但是研究者并不能只是根据自己的日常观察就对调查结果采取不取信的举措。

为了解决这一问题，研究者进行了深入的思考。研究者认为这一题项的题干可能存在问题，具体地说就是“您使用过盗版软件吗？”这一表达相对于答题者而言信息表达不充分，可能存在不少答题者在使用了特别是被动地使用了盗版软件之后，自己并没有意识到这一事实。例如，如果学校机房或者网吧中使用的是盗版软件，这一情形出现的概率就很大。这一题项的题干并没有信息使答题者意识到这样一个问题；另外，答题者在这方面的素养的高低程度也影响他们对这一题干的理解。当然，这只是一个初步的假设。为了慎重起见，研究者对某高校研究生宿舍楼的四十位电脑使用者进行了走访。在提问过程中，研究特别对“使用盗版软件”这一概念进行了详细的说明。走访结果发现，这些匿名被访者都有使用盗版软件，尤其是所使用的系统软件，全都是某一著名品牌系统软件系列的非法复制品。进一步地，研究者联系了某校填答本问卷的10名大学生，发现他们中有8名并没有充分和正确地理解本题干的应有含义（基于研究伦理的考虑，以上两个验证性访问的被访者均为匿名的）。

由于对“大学生版”问卷第40题的效度的质疑不能消除，研究者对这一题的回收数据不采信。

（四）同质性信度分析

所谓同质性信度，“指的是测验内部所有项目间的一致性”，它也被称之为“内部一致性”。[①] 在这里，我们对三份调查问卷中可以作信度分析的变量数据利用 Cronbach α 方法作同质性信度分析。

---

① 余建英、何旭宏编著：《数据统计分析与 SPSS 应用》，人民邮电出版社 2003 年版，第354页。

表 2 - 5　　　　　本研究三个版本问卷的同质性信度分析结果

问卷类型	因素	题项个数	Cronbach α 系数
"大学生版"	信息伦理水平	27	.8492
	信息伦理教育	33	.8920
"高中生版"	信息伦理水平	22	.7782
	信息伦理教育	10	.7066
"教师版"	（学生）信息伦理水平	7	.8059
	信息伦理教育	12	.8298

我国台湾学者吴明隆的研究认为，一般的态度状况问卷，信度系数在 0.70 到 0.80 之间是可以接受的。[①] 所以，本问卷的信度是达到了标准的。

三、问卷的分析

对问卷的分析除了答题者的自然信息之外，还是针对"信息伦理水平"和"信息伦理教育现状"两个主要主题展开的。但是在这两个主要主题之下，本研究分析了诸多的因素。

（一）答题者的自然信息

"大学生版问卷"：在回收的有效问卷之中，男性有 232 人，占 49.7%，女性有 235 人，占 50.3%。以上性别分布是合理的。有效答题者的年龄分布主要在 18—23 岁之间，这一年龄段有效答题人数占总有效答题大学生数的 88.0%，本调查的对象大学生主要是针对本科生，而本科生的年龄分布主要也是在这一年龄区间内。年龄小于 18 岁的有效答题者占 3.9%，24—29 岁之间的占 7.9%，大于等于 30 岁的占 0.2%。以上有效答题者年龄分布与本研究的目的是一致的，也与本科生的年龄分布相符。在有效答题者之中，本科生占 86.7%、专科生占 9.0%、硕士生和博士生分别占 3.9% 和 0.4%。另外，在有效答题的大学生之中，人文社会科学学生占 52.5%。家在城市的占 30.8%、在农村的占 45.8%、在县城一级的占 23.3%。

"高中生版问卷"：在回收的有效问卷之中，男性有 87 人，占

---

① 吴明隆编著：《SPSS 统计应用实务：问卷分析与应用统计》，科学出版社 2003 年版，第 109 页。

47.0%，女性有 98 人，占 53.0%。以上性别分布是适当的。有效答题者中年龄在 15 岁到 17 岁之间的占 78.9%，年龄小于 15 岁的占 0.5%，大于等于 18 岁的占 20.5%。有效答题者之中，家在城市的占 60.0%、在农村的占 31.9%、在县城的占 8.1%。

“教师版问卷”：在回收的有效问卷之中，男性有 44 人，占 46.8%，女性有 50 人，占 53.2%。高中教师占 45.7%、大学教师占 54.3%。教授德育相关课程的占 20.2%，有 19 人；教授 IT 相关课程的占 2.1%，只有 2 人；教授其他课程的占 77.7%，有 73 人。所任教的学校在城市的占 87.2%、在农村的占 6.4%、在县城的占 6.4%。

（二）高中生和大学生的信息伦理水平

问卷之中有一个重要的维度是“信息伦理水平”。由于本研究的三个版本问卷并不是标准的测量问卷，问卷要调查的只是一般的信息伦理水平状况，所以这三个版本的问卷的答填结果也只是一种对状况的一般反映。“教师版问卷”是为了对“高中生版”和“大学生版”的印证。下面就对三个版本问卷中反映这一主题的题项的答填情况进行统计分析。

按照前文的研究，信息伦理可以分为“自我信息伦理”和“他我信息伦理”两大类。其中“自我信息伦理”只包括了“P－H 信息伦理”一个类型，它调整的是人与自身之间的信息关系；而“他我信息伦理”则包括了三种类型，即“P－P 信息伦理”、“P－S 信息伦理”和“P－N 信息伦理”。“P－P 信息伦理”调整的是人与人之间的信息关系；“P－S 信息伦理”调整的是人与社会之间的信息关系；“P－N 信息伦理”调整的是人与自然之间的信息关系。需要说明的是，“P－P 信息伦理”与“P－S 信息伦理”之间的区分难度很大，故在这里我们把这两者合在一起统计分析。

1. “自我信息伦理”：“P－H 信息伦理”

对题项“如果您有一天没有上网，您的感觉会是”的回答情况如表 2－6 所示。

表 2－6   “自我信息伦理”状况

学生类型	无所谓	若有所失	不能忍受
高中生	83.8%	13.0%	3.2%
大学生	83.5%	14.6%	1.9%

在大学生问卷中，有一个类似的题项，"如果您一天不使用电脑，您感觉如下"，选择"无所谓"的占78.8%、选择"若有所失"的占17.3%、选择"不能忍受"的占3.9%。

研究者再把在这一主题之下"大学生版问卷"选项一致或基本一致的五个题项的填答结果呈现如图2－2所示。

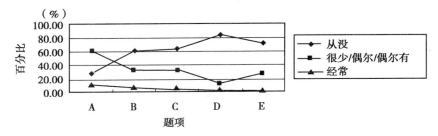

图2－2　"自我信息伦理"状况之图一

说明：A代表"您经常数小时在网上漫无目的闲逛吗?"；B代表"您有从网上下载信息成瘾的感受吗?"；C代表"您浏览过黄色信息吗?"；D代表"您保存过黄色信息吗?"；E代表"您有约会过现实生活从未见过的网友吗?"。在最后一个题项的填答结果中有0.20%的缺失值。

在"高中生版问卷"中，经常浏览黄色信息的占0.5%、偶尔浏览的占4.3%、从不浏览的占95.1%。从来没有约会过现实生活中从未见过的网友的占88.1%、偶尔约会过的占11.4%、经常约会的占0.5%。有过网恋经历的占4.3%。

玩电脑（单机版）和网络游戏的沉浸程度是表征其"自我信息伦理"的主要维度之一。在"高中生版问卷"和"大学生版问卷"中，对"您玩电脑（网络）游戏吗?"这一问题的回答情况如图2－3所示。

从图2－3可以看出高中生对电脑（单机版）和网络游戏的频繁程度要高于年龄比其大的大学生。在玩电脑（单机版）和网络游戏的高中生中，沉浸其中经常不能自拔的占1.6%、玩过十种以上游戏的占13.0%、从10岁以下起就开始玩游戏的占7.0%；在玩电脑（单机版）和网络游戏的大学生中，以上数据分别是4.7%、5.1%和0.9%。使用电脑主要目的之一是玩游戏的高中生占45.4%、大学生占27.6%；上网的主要目的之一是玩游戏的高中生占42.2%、大学生占24.8%。

另外，在大学生中对"您是否认为由于过度使用网络，导致您在现

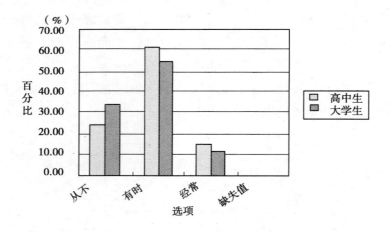

图 2-3 "自我信息伦理"状况之图二

实生活中感觉不适应"这一问题的回答情况如图 2-4 所示。

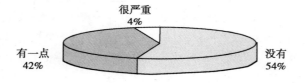

图 2-4 "自我信息伦理"状况之图三

2. "他我信息伦理"："P-P 信息伦理"和"P-S 信息伦理"

在"大学生版问卷"中有 11 个"P-P 信息伦理"和"P-S 信息伦理"题的选项一样，对这十一个问题的回答情况见表 2-7。

表 2-7　　　　　　"他我信息伦理"状况之表一

问　题	从没	偶尔有	经常
您有未经许可私自进入他人电脑的行为吗？	86.7%	11.6%	1.7%
您有向别人发送垃圾电子邮件的行为吗？	90.8%	7.9%	1.3%
您有未经许可浏览他人电子文档的行为吗？	88.9%	9.9%	1.3%
您有未经许可拷贝他人电子文档的行为吗？	89.5%	9.0%	1.5%
您有未经许可删除他人电子文档的行为吗？	91.4%	7.1%	1.5%
您有未经许可使用他人名义注册电子信箱的行为吗？	87.6%	10.9%	1.5%
您有未经许可以他人名义发送电子邮件的行为吗？	91.4%	7.9%	0.6%
您在网上聊天过程中有不礼貌行为吗？	54.2%	43.5%	2.4%

续表

问　题	从没	偶尔有	经常
您在网上聊天过程中有伤害他人的行为吗？	76.0%	21.4%	2.6%
您扩散过计算机病毒吗？	92.1%	6.9%	1.1%
您有从网络上拷贝他人成果来作为作业上交老师的行为吗？	58.5%	37.5%	4.1%

在"高中生版问卷"中有 6 个"P - P 信息伦理"和"P - S 信息伦理"题的选项一样，对这 6 个问题的回答情况见表 2 - 8。

表 2 - 8　　　　　　　"他我信息伦理"状况之表二

问　题	从没	偶尔有	经常
您有未经许可私自进入他人电脑的行为吗？	93.5%	4.9%	1.6%
您有未经许可浏览他人电子文档的行为吗？	90.8%	7.0%	2.2%
您有未经许可拷贝他人电子文档的行为吗？	93.0%	4.3%	2.7%
您有未经许可删除他人电子文档的行为吗？	91.4%	8.1%	0.5%
您在网上聊天过程中有不礼貌行为吗？	73.5%	22.7%	3.8%
您有从网络上拷贝他人成果来作为作业上交老师的行为吗？	80.5%	16.2%	3.2%

另外，在玩电脑（网络）游戏过程中，当局面不利时，经常逃跑的大学生占 14.3% 、高中生占 17.3% 。

3. "他我信息伦理"："P - N 信息伦理"

"P - N 信息伦理"规范的是人与自然之间的信息关系。在本研究的"大学生版问卷"和"高中生版问卷"之中，也有少量的题项是对学生这一信息伦理的反映。

在回答"您知道长时间使用电脑会对您身心有害吗？"这一问题时，有 10.1% 的大学生选"不知道"，而选"不知道"的高中生也有 9.7% 。有 62.1% 的大学生不知道怎样才能防护电脑辐射。另外，有 25.7% 的大学生并不认为，经常处于信息太多且无序的环境中，会对身心健康带来不好的影响。

在"教师版问卷"中也有一些反映学生信息伦理水平的题项。其中有 3.2% 的教师认为有很多学生有网恋情况；有 8.5% 的教师认为有很多学生由于过度使用网络，导致在现实生活中感到不适应；有 30.9% 的教师认为经常有学生从网上拷贝他人成果作为作业交给他；有 17.0% 的教师认为学生的信息道德水平"很差"、75.5% 的教师认为"一般"。

　　教师对"您认为学生的信息行为主要问题有：（可多选）"这一问题的回答情况如图 2 - 5 所示。

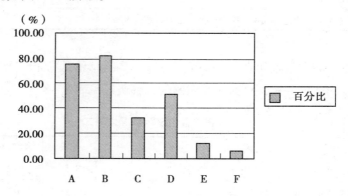

图 2 - 5　教师认为学生信息行为的主要问题

说明：A 代表"玩游戏过多"；B 代表"网上聊天过多"；C 代表"浏览不健康信息过多"；D 代表"虚拟空间待太久"；E 代表"不尊重别人权利"；F 代表"其他"。

　　最后，有 96.8% 的教师认为有必要对学生进行信息伦理方面的教育。也就是说绝大多数的被调查教师都认为需要开展信息伦理教育。

　　以上"高中生版问卷"和"大学生问卷"反映了实际生活中广大高中生和大学生的信息伦理水平；而"教师版问卷"则起到了印证的作用。有许多不道德的信息行为的发生百分比率不大，但是这并不能否定信息伦理教育的必要性。因为这些数据只是一种百分比，如果考虑到我国高中生和大学生的庞大基数，这些不道德的信息行为对社会和个人的伤害不可以低估。这一点与法律教育类似，并不是有很大比例的人们可能或者已经触犯法律，但是没有人能够因此否定法律教育的必要性。更何况以上调查结果显示，在信息伦理的基本常识上都有一定比例的高中生和大学生缺乏；另外，信息伦理作为一种特别的伦理形式，它更需要信息行为主体受到了良好的信息伦理教育，以使其能够自律。

　　（三）我国信息伦理教育的现状

　　一般地，对于教育而言，其实施渠道有三个，即学校、家庭与社会。对于信息伦理教育也是如此，有效的信息伦理教育需要学校、家庭与社会三者的合力。三者之间，学校又是信息伦理教育实施的主渠道。

　　在答题的高中生中，认为自己从没受过信息伦理方面教育的占
8.6%、偶尔受过信息伦理方面教育的占70.8%、经常接受信息伦理教育
的只占20.5%（有0.1%的缺失值）。但是，"偶尔"一词实际上表达的
就是"很少"之意；由此，可以理解为近80%的高中生从没或者很少接
受过信息伦理教育。在接受过信息伦理教育的高中生中，83.2%认为从学
校里接受过信息伦理教育。

　　在答题的大学生中，认为自己从没受过信息伦理教育的有37.9%、
偶尔接受过信息伦理教育的有56.3%、经常接受信息伦理教育的只有
5.6%（有0.2%的缺失值）。所以，有超过94%的大学生认为自己从没或
者很少受过信息伦理教育。在受到过信息伦理教育的大学生中，有
47.8%认为从学校里受到过信息伦理教育。

　　学校是信息伦理教育的一个非常重要的渠道；学校信息伦理教育又有
不同的来源。本研究在这一方面的调查结果如图2-6所示。

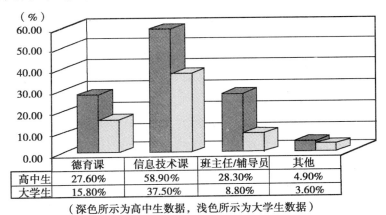

	德育课	信息技术课	班主任/辅导员	其他
高中生	27.60%	58.90%	28.30%	4.90%
大学生	15.80%	37.50%	8.80%	3.60%

（深色所示为高中生数据，浅色所示为大学生数据）

图2-6　高中生和大学生所接受的学校信息伦理教育的主要来源

　　从上图可以看出，德育课无论对高中生还是大学生而言，都没有成为
其最为主要的学校信息伦理教育的来源，而最为主要的学校信息伦理教育
来源是信息技术课。相比较而言，无论是以上四种中的哪一种来源，高中
生所受到的学校信息伦理教育都较大学生多。

　　在高中生中，有28.1%的人表示在校园内"从没有"关于信息伦理
方面的宣传、表示"偶尔有"的占56.2%、表示"经常有"的占

15.7%；大学生中这一方面的数据分别为47.5%、48.4%和3.9%（缺失值占0.2%）。在高中生中，有63.2%的人表示在其所在班级里"从来没有"开展过"网络道德"方面的讨论会、表示"很少有"的占34.6%、表示"比较多"的占1.6%、表示"经常有"的只占0.5%；在大学生中，这一方面的数据分别为79.7%、18.6%、1.5%和0.2%。另外，有49.7%的大学生表示在其所在学校"从来没有"开展过"网络文明建设"方面的学术研讨会。

在高中生中，有45.4%的人表示其所使用的德育教材之中没有信息伦理方面的内容；同一方面的数据在大学生中占56.7%。在大学生中，有36.8%的人认为其老师不能够理解他们的信息活动，只有11.1%的人表示其所在学校有一个信息伦理教育评价体系。

在"教师版问卷"中，有较多反映信息伦理教育状况的题项。有50.0%的教师认为其学生没有在学校里受到过信息伦理方面的教育，只有34.0%的教师认为有受到过，另外有16.0%的教师表示不知道其学生是否在学校受过信息伦理方面的教育。只有23.4%的教师表示有对学生进行过信息伦理方面的教育。另外，有20.2%的教师表示不能理解学生的信息行为。在教学过程中设立了专门网上论坛来与学生进行交流的教师中只有27.3%有向学生宣布交流中应遵守的道德纪律。

有38.3%的教师表示其所在校园从没有关于信息伦理方面的宣传，54.3%表示偶尔有，表示经常有的只占5.3%（缺失值占2.1%）。只有2.1%的教师明确表示其所教班级经常开展"网络道德"方面的讨论会。只有2.1%的教师表示其所教学校有一个信息伦理教育评价体系。有7.4%的教师表示他们的学生在信息活动中的道德表现成为了学校对他们的道德评价的组成部分。

以上调查结果不同程度上证实了本研究的三个原假设：即我国高中生和本科大学生信息伦理水平亟待提高；我国高中和大学在信息伦理教育实施过程中作为不积极；教师在信息伦理教育过程中与学生之间存在"代际困难"。

第二节　中外信息伦理教育比较研究

把国内信息伦理教育现状与国外的情况进行比较，是建构信息伦理教育"理想型"的一项基础研究工作，因为中外信息伦理教育的现实图景比较能够为建构信息伦理教育"理想型"提供"质料"。

一、比较之说明

信息伦理教育，作为信息社会一个重要的教育领域，一般从整体上讲，现实中很少有一门专门和独立的、名为"信息伦理教育"的课程。当然，独立的"信息伦理教育"课程只是信息伦理教育的一个重要的组成部分。除此之外，信息伦理教育的渠道主要还有以下两种：信息技术教育和道德教育。对信息技术教育而言，信息伦理教育是其中一个不可或缺的组成部分，从对信息技术教育的分析中，可以得出我国信息伦理教育的一些现实状况；同样地，虽然现在的重视程度不够，但是在道德教育中加入信息伦理教育的内容也是信息伦理教育的一个重要渠道。总之，实施信息伦理教育共有三种可能渠道，一种是直接的信息伦理教育；另外两种为信息技术教育和道德教育。

在比较对象的选择上，一方面，我们选取了同样处于东亚的韩国和日本。韩国和日本与我国同受儒家文化影响，在文化上有许多相似性；对韩国而言，其经济上较中国有"先发"的优势，但是在其社会信息化过程中的经验对我国有可资借鉴的地方，我们也应吸取其失败的教训。而日本是信息化成功的国家，而且其十分重视信息化对社会的影响这方面的研究和教育。另一方面，在西方，我们选取了美国为比较对象。美国的信息化程度非常高，其在社会信息化过程之中，出现的问题也较为尖锐；而且美国十分重视对信息伦理的研究和信息伦理教育的实施。

我们深知，各个不同国家的信息伦理教育是建立在自己的政治、经济和文化的国情基础上的。也就是说这些国家信息伦理教育的成功或失败与其具体国情是有重要关联的，在别国成功的经验并不一定在我国就能很好地发挥作用，同样地在别国失败的举措，在我国也不一定会没有效果。这可以说是进行比较教育研究的一个基础性认识，但是这并不能否定比较教育研究的价值和意义。在这里我们通过比较得出的中外信息伦理教育的现实图景，能为后面的信息伦理教育"理想型"的建构提供"质料"。

二、信息伦理教育的地位与目标的比较

在我国，"信息伦理教育"作为道德教育的一个重要部分，一般地并

没有以整体而独立的形式出现。教育部并没有一个完整的《信息伦理教育纲要》之类的文件来对信息伦理教育实践进行专门的指导和规定。但是这并不表明有关部门不重视信息伦理教育。早在 2000 年 1 月 26 日印发的《关于进一步加强和改进中等师范学校德育工作的几点意见》中，就提出："要重视研究它（指以计算机网络技术为代表的现代教育技术——笔者注）对师范生的思想观念、价值观念、法律道德观念、生活方式和身心健康等方面产生的影响，重视研究其传播面广、速度快、管理难度大等特点给师范生德育工作带来的新情况、新问题，务必要重视加强引导和管理。"① 根据笔者目力所及，这是我国最高教育行政专门主管单位在正式政策文件中，最早明确地提出要重视信息技术社会化过程中所产生的信息伦理问题。到 2000 年 10 月 25 日，时任教育部部长的陈至立更是明确地在《抓住机遇，加快发展，在中小学大力普及信息技术教育：在全国中小学信息技术教育工作会议上的报告》中提出："要高度重视在信息技术教育中对学生进行人文、伦理、道德和法制教育。""在推进教育信息化的全过程中，要克服单纯技术观点，加强对学生使用信息技术的人文、伦理、道德和法制的教育，培养学生鉴别信息真伪的能力和负责任地使用信息技术。"这是教育部第一次明确提出要开展信息伦理教育，而且对此是"高度重视"，也反映了我国教育部开始把信息伦理教育放在了一个十分重要的地位来抓。随后在《中小学信息技术课程指导纲要》（试行）、《普通高中技术课程标准》（实验）和《中共中央国务院关于进一步加强和改进未成年人思想道德建设的若干意见》等政策文件中，都有对信息伦理教育的叙述，尤其是《中共中央国务院关于进一步加强和改进未成年人思想道德建设的若干意见》，其中有大量篇幅叙述了信息伦理教育方面的问题，这体现了我国对信息伦理教育的重视程度。另外，教育部同其他部委于 2001 年 11 月 22 日联合发布了《全国青少年网络文明公约》，它专门对青少年的网络行为进行了规范，也是对信息伦理教育问题重视的一种体现。总而言之，虽然我国缺乏一份对信息伦理教育进行指导的专门文件，但是信息伦理教育在我国的重视程度较高，在社会信息化日益加深的

---

① 本政策文件及本节下文出现的政策文件，如果没有注明资料来源，均来自于中华人民共和国教育部网站（http：//www.moe.edu.cn）。

今天，信息伦理教育具有一定的地位。

对信息伦理教育的目的，我国并没有专门的政策文件进行专门的表述，但是在一些与信息技术教育和道德教育相关的政策文件中有这方面的规定。例如，在《教育部关于在中小学普及信息技术教育的通知》中提出要"教育学生正确认识与技术相关的伦理、文化和社会问题，负责任地使用信息技术。"在《中小学信息技术课程指导纲要》（试行）中叙及"中小学信息技术课程的主要任务"时，有如下与信息伦理教育相关的论述："了解信息技术的发展及其应用对人类日常生活和科学技术的深刻影响"；"教育学生正确认识和理解与信息技术相关的文化、伦理和社会等问题，负责任地使用信息技术；培养学生良好的信息素养"；"为适应信息社会的学习、工作和生活打下必要的基础。"在《普通高中技术课程标准》（实验）中提出："内化信息伦理"；"共同建构健康的信息文化"；"构建与社会发展相适应的价值观和责任感"；"建立稳定的态度、一贯的行为习惯和良好的价值观等"等。

另外，值得注意的是，在《中小学信息技术课程指导纲要》（试行）中对中小学各阶段信息技术教育中信息伦理教育的目标有分别的规定：小学阶段："知道应负责任地使用信息技术系统及软件，养成良好的计算机使用习惯和责任意识。"初中阶段："增强学生的信息意识，了解信息技术的发展变化及其对工作和社会的影响。""在他人帮助下学会评价和识别电子信息来源的真实性、准确性和相关性。""树立正确的知识产权意识，能够遵照法律和道德行为负责任地使用信息技术。"高中阶段："使学生具有较强的信息意识，较深入地了解信息技术的发展变化及其对工作、社会的影响。""能够判断电子信息资源的真实性、准确性和相关性。""树立正确的科学态度，自觉地按照法律和道德行为使用信息技术，进行与信息有关的活动。"以上各个阶段信息伦理教育的目标是根据青少年学生的年龄不同、接受能力不同而有差异的，这说明了我国信息伦理教育目标的科学性。

但是，通过对上节中所列举51份信息伦理教育相关的政策文件的查阅，我们发现在道德教育领域的政策文件之中，并没有对信息伦理教育目标的集中的独立的叙述；以上有规定信息伦理教育目的的政策文件均来自于信息技术教育领域。这说明，在我国的道德教育领域需要加强对信息伦理教育的关注，因为，信息伦理教育并不只是需要从信息技术教育一个方面来努力。

信息伦理教育在国内由于没有以独立的身份存在，它是依存于信息技术教育和道德教育两个领域里。对当下的信息技术教育而言，有一个强势的话语，就是"信息素养"。在国外对信息素养的研究起步是早于国内的，但是国内也有一些学者对信息素养进行了有效的探讨。① 对信息素养进行研究就免不了制定信息素养的标准，信息素养的标准就可能含有信息伦理方面的内容；另一方面，信息素养的标准是一种教育指标，它指导的是信息技术教育的实践，它是信息技术教育所要达成的目标。所以，可以认为信息素养标准规定的就是信息技术教育目标。当然它只是信息技术教育教育目标规定的来源之一。这样，信息素养标准的信息伦理部分内容也就是信息伦理教育目标规定的一个来源。但是，从总体上看，我国教育管理是一种中央集权的模式，在这种教育管理模式之下，学者所研究出来的信息素养标准中的信息伦理方面的规定，并没有能够成为影响广泛的信息伦理教育的目标。

美国却不同。美国在教育管理上是典型的地方分权制模式，许多教育上的政策并没有从中央层面制定和颁布，相反，州一级教育行政单位却在教育管理上更为积极主动。在信息伦理教育目标的制定上，情形也是如此，它并没有一个全国范围内执行的官方制定的信息伦理教育目标。但是，作为计算机的诞生地，美国是一个信息技术先发的国家，在信息技术的社会应用方面，它在全世界范围内处于领先地位。信息技术的广泛应用也给美国带来了严重的信息伦理问题。在此背景之下，美国十分重视信息伦理教育，主要体现在，有关研究机构或学者频频发布的信息素养标准这种研究成果上，其中信息伦理方面的内容总是一如既往地受到了重视。这些机构或学者公布的信息素养标准，在美国这样的教育第三部门发达而教育管理地方分权的背景下，往往能够起到全国性影响。另外，州一级教育行政管理机构往往会制定与信息伦理教育相关的政策法规。最后，美国信息伦理教育的地位也体现在一些高校对"信息伦理教育"课程的开设上，

————————————

① 例如，王吉庆编著的《信息素养论》就对信息素养进行了集中的专门研究（王吉庆编著：《信息素养论》，上海教育出版社 2001 年第 2 版）。

相比较而言，美国这类课程的开设较为普遍和正规，形式也更为多样。

《学生学习的信息素养标准》：① 此标准于 1998 年由美国图书馆协会研究公布。在此标准之中对中小学生的信息伦理教育规定了如下目标："对学习型社区和社会作出正面贡献的学生具有信息素养并在信息和信息技术方面实践有道德的行为"；"尊重智力自由的原则"；"尊重知识产权"；"负责地使用信息技术"。

《美国高等教育信息素养能力标准》（*Information Literacy Competency Standards for Higher Education*）：② 此标准是在 2000 年 1 月由美国高等教育图书研究协会（ACRL）主持召开的"美国图书协会仲冬会议"上通过的。在此标准中规定了高等教育领域信息伦理教育的如下目标："具有信息素养能力的学生懂得有关由信息技术的使用所产生的经济、法律与社会问题，并能够在获取和使用信息过程中遵守公德和法律。执行指标：1. 能够懂得与信息和信息技术有关的道德、法律与社会经济问题。效果包括：（1）能够正确判断和讨论基于纸介和电子文本环境下有关隐私和安全问题的讨论。（2）能够正确判断和讨论有关获取信息免费与收费问题的讨论。（3）能够正确判断和讨论有关审查与言论自由的讨论。（4）懂得知识产权与版权，以及合法使用带有版权的资料。2. 能够遵守法律、规章、团体制度，以及有关获取与使用信息资源的礼貌规范、网络行为规范。效果包括：（1）能够遵守公认的惯例参与电子讨论。（2）能够利用合法的密码和其他形式的身份证明获取信息资源。（3）能够遵守团体的有关获取信息资源的政策规定。（4）能够维护信息资源、设备、系统与仪器的完整性。（5）能够合法地获取、储存、传播文本、数据、镜像与声音信息。（6）能够懂得构成剽窃的成分，不把属于他人的成果窃为己有。（7）能够懂得课题研究的团体政策。3. 能够正确地在交流作品或作品表现形式中使用信息来源。效果包括：（1）能够选择正确的文件格式并一直使用同一格式的引用来源。（2）在必要时，公布被允许使用的版权资料的通知信息。"

《国家教育技术学生标准》（*National Educational Technology Standards*

---

① 任友群：《美国〈学生学习的信息素养标准〉述评》，《全球教育展望》2001 年第 5 期，第 42—47 页。

② Source：http：//www. ala. org/acrl/nili.

for Students）：① 由美国国际教育技术协会于 2000 年颁布。其中在"社会、伦理与人类关怀"部分有对信息伦理教育进行如下目标规定："1. 学生能够理解与技术有关的伦理、文化及社会问题；2. 学生能够以负责任的态度使用技术系统、信息与软件；3. 学生养成对技术使用的积极态度，以支持终身学习、使用、个人追求和生产能力。"

美国路易斯安那州的信息伦理教育目标（5—8 年级的信息伦理行为标准）：② "以合适的方式使用信息、媒体和技术。遵守学校的政策，尊重版权，尊重他人的权力，在各种交流形式中使用合适的礼节"；"认识信息技术的重要性及其对工作环境和社会的影响"；"使用多媒体工具和桌面排版来制定及呈现计算机产生的计划，直接进行独立的学习活动"；"研究和评估电子信息的准确性、恰切性、合理性和影响"。

在美国各个州的信息伦理教育目标各有差异，以上路易斯安那州的规定只是一个代表。

至今，日本还没有开设独立的信息伦理教育课程，但是无论在小学、初中还是在高中都开设了信息技术教育，并且新颁布的"中小学学习指导要领"对此作了明确的规定。日本中小学信息伦理教育的目标蕴涵在各个不同的信息技术教育课程目标之中，可以从这些目标规定之中窥见其信息伦理教育的目标。日本初中信息伦理教育目标是通过计算机技术教育来实现的，它的具体目标要求是掌握与计算机相关的基本知识，培养正确使用计算机技术的能力与态度。③ 日本高中阶段信息伦理教育的目标是"谋求信息道德和参与信息社会的理想态度的培养"。④

最后，信息伦理教育在韩国也受到了特别的重视。在韩国存在这样的一种主流的教育思想：传统教育必须有所改变才能适应新的信息时代。在这样思想的指导下，韩国从 1998—2001 年先后由教育（与人力资源开

---

① *The NETS Project*. http：//cnets. iste. org.

② 杨彬、董玉琦：《美国路易斯安那州的信息技术教育》，《中小学信息技术教育》2004 年第 4 期，第 55—58 页。

③ 以上引自刘彦尊《日本中小学信息伦理道德教育综述》，《外国教育研究》2003 年第 12 期，第 10—14 页。

④ ［日］文部省：《高级中学学习指导要领解读》（总则篇），东山书房 1999 年版，第 44 页，转引自刘彦尊《日本中小学信息伦理道德教育综述》，《外国教育研究》2003 年第 12 期，第 10—14 页。

发）部与"韩国教育与研究信息服务中心"研究公布了三个名叫《使教育适应信息时代》（*Adapting Education to the Information Age*）的白皮书。这里将以 2000 年和 2001 年《使教育适应信息时代白皮书》①② 为基础来对韩国信息伦理教育进行探讨。

在这两本白皮书中，都用了一定的篇幅来叙述信息伦理教育，这就体现了信息伦理教育在韩国的地位。2000 年白皮书明确地提出了信息素养包括了"信息伦理意识"，"信息伦理"问题是信息技术教育（ICT Education）之中的一个重要主题。③ 进一步地，该白皮书还认为"信息伦理教育是一种教育手段，它能够减少在当今社会中使用信息不当所带来的负面影响。信息伦理教育的目标是灌输合理的伦理观念，使信息社会的成员能够成为好公民"。④

2001 年白皮书对信息伦理教育的重要性进行了系统的论述。它认为，信息通信技术（ICT）的发展和应用使有害信息广为传播，"有害信息的传播不仅阻碍了教育目标的实现，而且也不利于学生个性的发展"；对有害信息的治理，法律措施的功用是有限度的，"所以在学生心中培育有关在赛博空间使用信息技术的伦理意识是有必要的"；对学生进行系统的信息伦理教育可以使他们成为负责任的信息社会公民，"这样可能减少信息社会带来的负面影响，并且促进合理的信息文化的形成。"⑤ 在 2001 年白皮书中还呈现了韩国最高的教育行政管理机构"教育与人力资源开发部"（The Ministry of Education and HRD）为信息伦理教育设定的目标："构建

---

① Ministry of Education，Korea Education & Research Information Service，*2000 Adapting Education to the Information Age*：*A White Paper*（http：//www. keris. or. kr/english/pdf/2000-WhitePap. pdf）.

② Ministry of Education & Human Resources Development，Korea Education & Research Information Service，*2001 Adapting Education to the Information Age*：*A White Paper*（http：//www. keris. or. kr/english/pdf/2001- WhitePap. pdf）.

③ Ministry of Education，Korea Education & Research Information Service，*2000 Adapting Education to the Information Age*：*A White Paper*（http：//www. keris. or. kr/english/pdf/2000-WhitePap. pdf，p. 4）.

④ Ibid. ，p. 9.

⑤ Ministry of Education & Human Resources Development，Korea Education & Research Information Service，*2001 Adapting Education to the Information Age*：*A White Paper*（http：//www. keris. or. kr/english/pdf/2001- WhitePap. pdf，p. 84）.

合理的信息文化；提升信息伦理意识；培育赛博空间的社区意识；培养21 世纪信息社会负责任的公民。"①

综上所述，在社会日益信息化的今天，对信息伦理教育的重视是比较普遍的，也就是说信息伦理教育在整个教育中有一定的地位。而且一些国家都为信息伦理教育设定了具体的目标。但是，以上各国都主要是从信息技术教育的角度来关注信息伦理教育的，而在道德教育领域，对信息伦理教育的关注不够。

三、信息伦理教育的内容比较

信息伦理教育的内容，简单地说，指的是在信息伦理教育的实施过程中教给受教育者的道德规范。信息伦理教育的内容对整个信息伦理教育来说很重要，只有适恰的信息伦理教育的内容才能使信息伦理教育起到应有功效。

我国对信息伦理教育内容的最为集中和专门的一次表述出现在教育部等部委联合一起于 2001 年 11 月 22 日发布的《全国青少年网络文明公约》里，其全部内容为："要善于网上学习，不浏览不良信息；要诚实友好交流，不侮辱欺诈他人；要增强自护意识，不随意约会网友；要维护网络安全，不破坏网络秩序；要有益身心健康，不沉溺虚拟时空。"此公约共有70 个汉字，由五个"要……"句型和五个"不……"句型组成，简洁明了易于传颂，而且较为全面地规范了文明网络行为。但是需要指出的是，网络行为虽然在信息社会十分重要，但它还只是整个信息行为的一个重要组成部分，而不是全部，所以以上公约只是我国信息伦理教育内容的一个重要组成部分，而并不是全部。另外，此公约作为信息伦理教育的内容显然其作用范围超出了校园。

在 2000 年教育部公布的《中小学信息技术课程指导纲要》（试行）中有一个附件叫"课程教学内容安排"，它对我国各个学校教育阶段的信息伦理教育的内容做了规定，小学："认识信息技术相关的文化、道德和责任"；初中："信息技术相关的文化、道德和法律问题"、"计算机安

---

①   Ministry of Education & Human Resources Development，Korea Education & Research Information Service，*2001 Adapting Education to the Information Age: A White Paper* (http://www.keris.or.kr/english/pdf/2001- WhitePap.pdf，p. 84).

全"、"计算机使用的道德规范"；高中："信息技术相关的文化、道德和法律问题"、"计算机的安全"、"计算机使用道德规范"。以上规定显然只是一种从宏观上的概括，并不具体。而在2003年教育部颁布的《普通高中技术课程标准》（实验）则对高中生的信息伦理教育内容作了详细的规定："遵守相关的伦理道德与法律法规，形成与信息社会相适应的价值观和责任感"；"能理解并遵守与信息活动相关的伦理道德与法律法规，负责任地、安全地、健康地使用信息技术"；"理解信息技术对社会发展的影响，明确社会成员应承担的责任，形成与信息化社会相适应的价值观"；"能够合法地获取网上信息"；"增强自觉遵守与信息活动相关的法律法规的意识，负责任地参与信息实践。在使用因特网的过程中，认识网络使用规范和有关伦理道德的基本内涵；能够识别并抵制不良信息；树立网络交流中的安全意识。树立信息安全意识，学会病毒防范、信息保护的基本方法；了解计算机犯罪的危害性，养成安全的信息活动习惯。了解信息技术可能带来的不利于身心健康的因素，养成健康使用信息技术的习惯"。

　　另外，教育部公布的自2004年9月1日起执行《小学生日常行为规范》（修订）规定："阅读、观看健康有益的图书、报刊、音像和网上信息，收听、收看内容健康的广播电视节目"；"不进入网吧等未成年人不宜入内的场所"。同一天起执行的《中学生日常行为规范》（修订）则规定："遵守网络道德和安全规定，不浏览、不制作、不传播不良信息，慎交网友，不进入营业性网吧。"于2005年3月29日颁布实施的《高等学校学生行为准则》中要求高校学生要"文明使用互联网"；而2005年9月1日起施行的《普通高等学校学生管理规定》则要求高校"学生使用计算机网络，应当遵循国家和学校关于网络使用的有关规定，不得登录非法网站、传播有害信息"。

　　再从思想政治道德教育的角度来看。2003年秋开始实验的《全日制义务教育思想品德课程标准》（实验稿）规定初中小学学生要"能够逐步掌握和不断提高搜集、处理、运用社会信息的方法和技能，学会独立思考、提出疑问和进行反思"。而2004年秋开始实验的《普通高中思想政治课程标准》（实验）则要求"发展采用多种方法特别是现代信息技术，收集、筛选社会信息的能力"，要让学生认识"网吧文化的两面性"，"列举信息选择与网络空间的虚拟性所产生的问题，探讨对网络管理者与使用者的基本道德规范"等。

对美国而言，其联邦教育部并没有颁布具有一定强制力的与信息伦理教育内容相关的文件使所有的地方州遵循。对全国信息伦理教育的内容有影响的除了一些州教育行政部门制定的要求以外，一些研究机构或个人的研究成果对实践中的信息伦理教育内容也有相当的影响。另外，美国实施的信息伦理教育课程的具体内容也能反映出美国信息伦理教育在教些什么。

美国阿拉斯加州中小学信息技术教育中的信息伦理教育内容标准：[①]其内容标准为"负责任地使用技术，并且明白它对个人和社会的影响"，在此内容标准之下要学习如下内容："能正确评估已有技术的潜力和局限"；"能对技术运用的可靠与不可靠进行区别"；"能在电子环境中尊重别人的隐私"；"学生从道德和法律上认识到尊重知识产权是创新思想的保证"；"能调查在工作环境中技术的角色和探究需要运用技术的职业"；"评估技术对文化与环境的影响"；"把技术的运用整合到日常生活中"；"认识到新技术的不断涌现"。

《计算机伦理十戒》：[②]"（1）你不应该用计算机去伤害他人；（2）你不应该去影响他人的计算机工作；（3）你不应该到他人的计算机文件里去；（4）你不应该应用计算机去偷窃；（5）你不应该用计算机作假证；（6）你不应该使用或拷贝你没有付钱的拷贝；（7）你不应该使用他人的计算机资源，除非你得到了准许或做出了补偿；（8）你不应该剽窃他人的智力成果；（9）你应该注意你正在写入的程序和你正在设计的系统的社会后果；（10）你应该以深思熟虑和慎重的方式来使用计算机。"——美国计算机伦理协会。

《网络伦理声明》：[③]"六种网络不道德行为类型：（1）有意地造成网络交通混乱或擅自闯入网络及其相连的系统；（2）商业性的或欺骗性的利用大学计算机资源；（3）盗窃资料、设备或智力成果；

---

① 韩忠强、董玉琦：《美国阿拉斯加州的中小学信息技术教育》，《中小学信息技术教育》2004年第5期，第53—55页。

② 资料来源：http://computerethics.51.net。

③ 同上。

（4）未经许可而接近他人的文件；（5）在公共用户场合做出引起混乱或造成破坏的行动；（6）伪造电子邮件信息。"——美国南加利福尼亚大学。

《计算机伦理道德是非判断一般规范性原则》:①　"（1）自主原则；（2）无害原则；（3）知情同意原则。"——［美］斯皮内洛。

《计算机伦理三条普遍的基本原理》:②　"第一，一致同意的原则，如诚实、公正和真实等；第二，把这些原则运用到对不道德行为的禁止上；第三，通过惩罚并且（或者）通过对遵守规则行为积极的鼓励来加强对不道德行为的禁止。"——［美］罗伯特·N.巴格。"信息时代的伦理与社会问题":③　主要讨论如下六个方面的问题："伦理决策的框架"；"行为的专业与团体规范"；"隐私与自由"；"知识产权"；"计算机犯罪"；"信息系统的安全防范"。

有研究者根据中村一夫、三宅健次和贺高洋等人的研究成果，对日本中小学信息伦理教育的内容作了如下的分类综述：④　第一部分是"确立新的伦理道德"。新的伦理道德是指在信息社会里所应该存在的伦理规范，包括对隐私权进行保护、遵守网络指南、行为符合网络礼仪和负责任地发送信息。第二部分是"确立新的常识"。这方面的教育内容包括"信息的安全性"和"预防计算机犯罪"。第三部分是"提高对信息价值的认识"。包括让学生能够"尊重著作权等知识产权"，懂得"信息对社会所带来的影响"，以及知道怎样"确保信息的可靠性"。

韩国《2000 年使教育适应信息时代白皮书》明确指出，信息伦理教育的相关内容包括要教会学生"合理使用词汇和行为恰当，保护隐私，对版权等知识产权进行保护，阻止非法行为，如黑客、未经授权使用别人

---

①　［美］理查德·A. 斯皮内洛：《世纪道德：信息技术的伦理方面》，刘钢译，中央编译出版社 1999 年版，第 51—56 页。

②　资料来源：http：//computerethics. 51. net。

③　Chien-Pen Chuang, Joseph C. Chen, *Issues in Information Ethics and Educational Policies for the Coming Age*, *Journal of Industrial Technology*, Volume 15, Number 4, August 1999 to October 1999 (http：//www. nait. org)。

④　刘彦尊：《日本中小学信息伦理道德教育综述》，《外国教育研究》2003 年第 12 期，第 10—14 页。

的信息技术和数据"。①

四、信息伦理教育的实施比较

对信息伦理教育而言，明确了地位，制定了目标、规定了内容还不够，除此之外还需要有效的信息伦理教育实践，这样才能实现信息伦理教育的目标，才能真正使信息伦理教育产生功效。

在我国，对信息伦理教育的真正关注是从近些年才开始的，这与我国信息技术的使用较一些发达国家而言不够普遍且较晚有关。由于教育很大程度上是因为实践的需要而产生的，我国信息伦理问题的出现较一些发达国家而言较晚也就导致了我国信息伦理教育实践从最近几年才兴起和受到一定的重视。

信息伦理教育的实施主要有三个渠道，即：学校、社会和家庭，这与其他形式的教育是一致的。从学校这个渠道来看，现在我国并没有一门独立的而且在许多大中小学普遍实施的信息伦理教育课程，也就是说信息伦理教育的实施主要是作为其他课程的一个组成部分而开展的。总的来看，我国学生在学校里接受的信息伦理教育主要是来自道德教育和信息技术教育这两门课程。

在我国，道德教育领域对信息伦理教育的重视程度反而不及信息技术教育。作为我国中小学道德教育的纲要性文件，《小学德育纲要》和《中学德育大纲》之中并没有明确的信息伦理教育的内容；于 2003 年秋开始实验的《全日制义务教育思想品德课程标准》（实验稿）指出，义务教育阶段学生要"能够逐步掌握和不断提高搜集、处理、运用社会信息的方法和技能，学会独立思考、提出疑问和进行反思"；而于 2004 年秋开始实验的《普通高中思想政治课程标准》（实验）则进一步增加了信息伦理教育的内容。这就说明了随着社会信息化程度的加深，社会上信息伦理问题的日益严重，我们学校教育也在日益重视信息伦理教育。在高等学校里，也存在一些与信息伦理教育相关的研讨会或活动。如北京大学、中国人民大学、北京师范大学和清华大学四所高校的学生会就向全国大学生发出了

---

① Ministry of Education, Korea Education & Research Information Service, *2000 Adapting Education to the Information Age: A White Paper* (http://www.keris.or.kr/english/pdf/2000-WhitePap.pdf, pp. 4—5).

"大学生做文明网民"的倡议。① 另外，与信息伦理相关的道德教育也已经走进了北京的高校，如 2001 年初北方交通大学（现已改名"北京交通大学"——引者注）就编写了名为《网络道德》的教科书，作为该校思想品德课配套的参考教材。②

再从信息技术教育的角度来看。信息技术教育对信息伦理教育的关注则更多和更为明确。信息技术教育是培养学生的信息素养的教育，而信息素养包括了信息伦理素养这种认识也日益在信息技术教育领域得到认同和重视。所以信息技术教育是目前我国信息伦理教育在学校里的一个更为重要的渠道。在《中小学信息技术课程指导纲要》（试行）和《普通高中技术课程标准》（实验）中都有相当的篇幅来对信息伦理教育进行规定。在高等教育领域，北京大学和清华大学等高校都在计算机基础课中讲授信息伦理及相关的信息规章制度的专题，以此让学生能够在学习信息技术的同时，增强信息法律和道德观念，提高信息伦理自律的意识。③ 另外，武汉的华中科技大学也从信息技术的角度编写了《计算机伦理与法律》一书，并开设了相应的本科生课程。④

由于信息犯罪与伦理问题层出不穷，对社会的和谐发展造成了阻力，社会上对信息伦理教育也日益重视。2001 年 11 月 22 日有关部门发布了《全国青少年网络文明公约》，并且对此进行大力宣传就是社会上对信息伦理教育重视的体现。另外，报纸、电视、广播和网络自身都有在进行信息伦理教育相关的宣传。社会上对信息伦理的宣传能够培育一个健康的信息伦理教育环境，这对学校和家庭的信息伦理教育能够起到一定的促进作用。家庭信息伦理教育在我国从整体上看还有很大的发展空间，也应该在整个信息伦理教育之中起到更大的作用。家庭信息伦理教育需要家长有相当的信息伦理素养，而这在我国家庭中是一个问题，特别是在广大的农村家庭之中更是如此。

---

① 沙勇忠：《信息伦理学》，北京图书馆出版社 2004 年版，第 312 页。

② 黄寰：《网络伦理危机及对策》，科学出版社 2003 年版，第 255 页。

③ 转引自黄寰《网络伦理危机及对策》，科学出版社 2003 年版，第 255 页。

④ 殷正坤主编：《计算机伦理与法律》，华中科技大学出版社 2003 年版，后记。

在美国中小学，实施信息伦理教育的主要途径有：① 一是利用信息技术教育课程来进行信息伦理教育。目前从全美范围来看，信息伦理教育主要是通过信息技术教育课程实现的。虽然各州信息技术教育课程的具体名称不尽相同，但是在这些课程的实施过程中都重视和鼓励培养学生的信息伦理素养。二是在各种课程之中渗透信息伦理教育。在社会科课程之中，教师会不断地与学生一起讨论或传授信息社会里的价值观念，其目的就是要提升学生的信息伦理素养。此外，有关研究还表明，美国信息伦理教育被整合进像"计算机"、"英语/语言艺术"和"信息处理"等课程中去了。这样，这些学科的作用就是，使学生逐渐形成信息伦理意识并且树立正确的信息伦理态度，正确地使用信息和信息技术。

美国有许多大学开设了与信息伦理教育相关的课程，如长岛大学开设了名叫《信息伦理学》的课程、加州大学伯克利分校开设了《因特网伦理学》、麻省理工大学开设了《电子前沿的伦理与法律》、肯特州立大学开设了《图书情报界的伦理问题》。②

日本中小学信息伦理教育的主要实施途径也是信息技术课程和其他学科的信息伦理教育渗透，其中在信息技术课程方面，初中是"技术·家政"科，高中是"信息"科；另外，日本中小学都十分重视与家庭联合起来对学生实施信息伦理教育。③

韩国《2001年使教育适应信息时代白皮书》中对该国的信息伦理教育现状进行了如下叙述：④ 韩国的信息通信技术教育（ICT Education）包括五个组成部分，其中有一个领域叫做"信息理解与伦理学"，它开展的就是信息伦理教育。在不同的年级教给学生们什么样的信息伦理在"第七个教育课程标准"里都有具体的规定与说明。但是如果只是通过学校来开展信息伦理教育，整个信息伦理教育的作用就不能够完全发挥。所

---

① 刘彦尊：《美日两国中小学信息伦理道德教育比较研究》，硕士学位论文，东北师范大学，2004年，第24—26页。

② 杨绍兰：《信息伦理学研究综述》，《情报科学》2004年第4期，第390—394页。

③ 刘彦尊：《美日两国中小学信息伦理道德教育比较研究》，硕士学位论文，东北师范大学，2004年，第39—41页。

④ Ministry of Education & Human Resources Development，Korea Education & Research Information Service，*2001 Adapting Education to the Information Age*：*A White Paper*（http：//www.keris.or.kr/english/pdf/2001- WhitePap.pdf，pp.84—85）.

以，老师和家长们还必须要加深对信息伦理教育重要性的理解与认识，并且他们要采取联合的教育行动。为了建设合理的信息文化，韩国有一些教育机构在对信息伦理教育提供支持，如某些机构"向学校老师和家长们分发一些信息伦理教育相关的手册，以帮助他们能够给学生和孩子提供正确的信息伦理指导"。可以说，"整个韩国社会都在渴求参与到建设合理的信息文化活动中来"。

　　通过对信息伦理教育"地位与目标"、"内容"和"实施"三个维度的以上中外比较研究，可以看出，总体上我国信息伦理教育与信息化先发国家比较起来较晚，整个信息伦理教育体系只是处于初步形成阶段。在学校教育实践中，对信息伦理教育最为关注的是信息技术课，而不是道德教育课，道德教育领域对信息伦理教育的重视程度亟待加强；在内容方面需要进一步具体化和细化；在实施上需要加大力度。特别需要指出的是，信息伦理教育与传统道德教育相比具有特殊性，在开展信息伦理教育时，我们需要针对这些特殊性对传统道德教育进行相应地调整；另外，道德教育一些带有共性的难题，也需要进行基于信息伦理教育语境的反思，这样学校信息伦理教育行动才更具合理性。只有对上述"特殊性"和"共性"问题进行充分的关注，才可以提高信息伦理教育实践的有效性。但是，我们比较发现，现有的信息伦理教育实践中，基于以上两个方面研究的理性的信息伦理教育行动并不多；对信息伦理教育而言，应该加强这两个方面的研究，并采取针对性举措，才能提高其有效性。

第三章

信息伦理教育"理想型"构建（上）

"理想型"方法允许进行信息伦理教育研究时，有所强化，有所省略，并不要求面面俱到。本书研究主要是依据对信息伦理教育与传统德育相比特殊性的探寻，以及对德育某些共性问题进行基于信息伦理教育语境的反思，来建构信息伦理教育"理想型"的；在这一过程中，根据研究的需要，我们在有的方面探讨是深入的，有的方面又是简略的，并没有强求。

本章探讨的主要内容与信息伦理教育的"目的"、"内容"和"方法"三个主题相关。首先，信息伦理教育需要有目的的指引，而这种目的应该是培养和启迪青少年学生的信息伦理智慧；进一步地，信息伦理智慧应是基于公民信息生活的。其次，对信息伦理教育而言，给学生传授信息伦理规范是必要的，但并不充分；要达成信息伦理教育目的，还要使青少年学生掌握一定的信息技术知识，而引入媒介教育就是达成这一目的的一种有效途径。最后，在信息伦理教育过程中需要从"方法论"的视角批判"道德灌输"，从"目的论"的视角强化"道德灌输"。

第一节　命题一：信息伦理教育的旨归在于培养学生基于公民生活的信息伦理智慧

"信息伦理教育的旨归是什么"，是建构信息伦理教育"理想型"所要解决的首要问题，也就是说在建构信息伦理教育"理想型"时，信息伦理教育目的是一个需要优先考虑的问题。

一、信息伦理教育需要目的吗

在信息社会，由于信息技术的广泛应用，信息的可接触性和可获得性更强，权威更多地被人们理性地对待，传统的科层制在一定程度上受到了挑战，社会也在进一步地民主化。这种观点至多只是学界一种对信息社会民主问题谨慎乐观的态度，因为在这一问题上，未来学家们的观点更为激进。总而言之，在信息社会民主会得到进一步的发展，这是一种被认同的趋势。那么在"民主的"信息社会，信息伦理教育需要目的吗？从表面来看，杜威是一个"教育无目的论"者，我们这里提出的问题与杜威的教育目的观相关。

在汉语中，"目的"指的是"想要达到的地点或境地；想要得到的结果"。① 我们注意到，这里的"想要"表达了"意识"的意思，即"目的"语义的构成要件之一是，它必须是"有意识的"；更为明确地说，目的的必要条件之一是它是"有意识的"。这是从"目的"的权威的汉语解释中解读出来的一个结果。其实，作为一位著名的道德教育学家，杜威很早就指出了这一点，他认为"意识就是一个活动的有目的的性质的名称，因为这个活动被一个目的所指引。换句话说，活动有目的就是行动有意义"。② 在此基础之上，杜威明确地提出：

> 我们要提醒自己，教育本身并无目的。只是人，即家长和教师等才有目的；教育这个抽象概念并无目的。③

杜威上面的说法可以说是准确的。但是无论是在日常生活中还是在学术语境中，我们在此问题上是可以不必如此"偏执的"，因为当我们在使用"教育目的"一词时，一般来说，不用特别说明，它指的就是教育者和受教育者在教育活动中所要达到的目标；而不是去认为"教育"这个抽象概念自身具有"意识"。所以，可以认为，教育本身是可以有目的的。同样地，对信息伦理教育而言，当使用"信息伦理教育的目的"这

---

① 中国社会科学院语言研究所词典编辑室编：《现代汉语词典》，商务印书馆 1983 年第 2 版，第 809 页。

② ［美］约翰·杜威：《道德教育原理》，王承绪等译，浙江教育出版社 2003 年版，第 80—81 页。

③ ［美］约翰·杜威：《民主主义与教育》，王承绪译，人民教育出版社 2001 年第 2 版，第 118 页。

一概念时，我们并没有认为"信息伦理教育"这一抽象概念具有"意识"，而是用它来指，信息伦理教育实施者及接受者在这一道德教育过程中的旨趣追求，亦即信息伦理教育本身也是可以有目的的。

　　然而，信息伦理教育需要有目的吗？对行动目的或者说目标的推崇的一个重要理论基础是对"效率"的追求。对效率的追求在现代社会的普遍性毋庸置疑；从历史的角度来看，人类对效率的执著和向往又是亘古至今的，这显然与人类所拥有的资源总量相对匮乏有关，因为在此情况下，无论是个体还是种族的保存繁衍都需要追求行动的高效率。所以，现代经济的竞争在很大程度上就是效率竞争，谁的效率高谁就最有可能成为竞争的胜出者。对管理和管理学而言，效率既是出发点，也是落脚点，这也就是"目标管理"作为一种思潮和管理方式出现的原因。信息伦理教育是人类的社会行动——这里借用了马克斯·韦伯的社会学概念——的一种形态，所以同样需要对效率进行追求，这也就使信息伦理教育需要有目的。对信息伦理教育这一社会行动而言，无论是作为受教育者的学生，还是作为教育者的教师都需要有目标的指引。特别是对教育者而言，他们需要对信息伦理教育的旨归进行思考，以此来规范自己的施教行为，从而达成最好的信息伦理教育效果。

　　有了效率，信息伦理教育就足够了吗？显然，效率并不是考量信息伦理教育好坏的唯一标准。自由主义及新自由主义所奉行的两个基本信念是"自由优先于平等"、"正义优先于效率"。[①] 在这里，姑且不论"自由"、"平等"、"正义"和"效率"谁优先于谁，但是根据自由主义和新自由主义所奉行的以上两个基本信念，我们可以可靠地得出如下结论："自由"与"效率"一样都是"社会基本善"（罗尔斯的概念）。但是对于社会行动而言，"自由"与"效率"并不是总能兼顾的，这一点至少杜威是相信的，因为他认为民主社会的教育不能有（外在）目的，教育目的是"强加的"和"强制的"，教育目的牺牲了自由，与民主精神不符。[②] 然而，我们并不认为，信息伦理教育的目的必然会牺牲受教育者的自由，这关键是看信息伦理教育目的的本身特性。如果我们所奉行的信息伦理教育

---

　　①　姚大志：《现代之后：20世纪晚期西方哲学》，东方出版社2000年版，第10页。
　　②　［美］约翰·杜威：《民主主义与教育》，王承绪译，人民教育出版社2001年第2版，第八章。

目的从受教育者的角度出发，是与受教育者的身心发展规律相一致的，是符合人本精神的，是为了社会福祉并最终能够实现每一个受教育者个人的福祉的，这样我们并没有理由认为它违背了民主社会精神。如此则从"自由"的角度来诟病信息伦理教育的目的就是不合理的。当以所谓的"自由"为借口，不在教育目的上做出正确的选择时，教育者就不能够使受教育者具有正确的学习动机。① 这是一个简单的逻辑，对信息伦理教育也同样适用。

综上所述，信息伦理教育是可以有目的的，而且作为社会行动的信息伦理教育自身也需要其实施者，更为全面地说其参与者有特定的教育目的来指引。

二、信息伦理教育的目的在于培养学生的信息伦理智慧

对"信息伦理教育的目的在于培养学生的信息伦理智慧"这一命题进行论证，需要从最基本的核心概念"信息伦理智慧"的厘定开始。

（一）智慧、伦理智慧与信息伦理智慧

"智慧"是一个有争议的概念，不同的学者可能有不同的理解。要准确地理解和界定"智慧"一词，需要从其基本义开始。在《辞海》中对"智慧"一词的释义为"对事物能认识、辨析、判断处理和发明创造的能力"。② 在《现代汉语词典》中"智慧"指的是"辨析判断、发明创造的能力"。③ 这两个权威的汉语词典对"智慧"的界定具有很大的相似性。国内著名哲学家冯契认为"智慧就是合乎人性的自由发展的真理性的认识"；④ 他还补充认为，"真正的智慧是理性自由活动以及理性与非理性协调发展的成果，它内在于科学、道德、艺术各个领域，

---

① John Diebold, *Man and the Computer*：*Technology as an Agent of Social Change*, New York · Washington · London：Frederick A. Praeger, Publishers, 1969, p. 38.

② 辞海编辑委员会编：《辞海》（中），上海辞书出版社 1979 年版，第 3209 页。

③ 中国社会科学院语言研究所词典编辑室编：《现代汉语词典》，商务印书馆 2006 年第 5 版，第 1759 页。

④ 冯契：《冯契文集·人的自由和真善美》（第三卷），华东师范大学出版社 1996 年版，第 161 页。

使得这些领域也具有智慧的性质，给人以哲理的境界。"① 显然，他是从哲学的高度来定义智慧的。"智慧"一词在西方可以追溯到希腊词"Sophia"，这一希腊词汇有实践与理论两个层面的意思，然而又与这两个方面都不尽相同；在《希英中级字典》（牛津大学 1978 年第七版）中对"Sophia"的解释有三项："1. a. 手艺和艺术中的熟巧；b. 对某物的知识和认识；2. 健全的判断力，理智的和实践的智慧；3. 智慧，哲学"；所以"智慧"既不是技术也不是知识，它是比两者层次更高一些的东西，在技术的语境中，它能够体现出某种境界，在知识的语境中，它具有预见性。②

　　在西方哲学史上，有许多哲学家对"智慧"进行了界定或阐释：古希腊哲学家赫拉克利特认为智慧是对逻各斯的认识，在他眼中，逻各斯就是真理；普罗塔戈拉则强调了智慧的传授在道德教育中所起的作用；苏格拉底认为美德就是智慧，也就是知识，人需要依靠智慧从具体而个别的美德中认识一般共同的善，有了这种善的知识才能够有自觉地合乎伦理的行为；德谟克拉特认为，智慧在希腊传统德目（智慧、公正、勇敢与节制）之中是最为重要的；柏拉图则相信，"智慧就是对善本体的关照，使人有最高的知识，使人的灵魂不再受外界世界的扰乱，也不受人的苦乐等欲望的困扰"；希腊化罗马时代的哲学家则把智慧作为实现快乐的工具；中世纪智慧成为了服务于宗教的手段；近代资产阶级思想家则更加推崇智慧，强调其工具价值。③ 在早期西方哲学中，提倡的智慧主要是"智德一体"的；随着人类社会的一步步发展，社会的生产力也日益发达，在此背景下生活中的工具理性也一步步地取得了主导地位，科技和逻辑的智慧在机器大革命发生的同时开始慢慢替代了传统的以道德为中心的智慧，"成为智慧的代名词"，特别是近现代，智慧被狭义地界定为仅限于认知的范畴。④ 其

---

　　① 冯契：《冯契文集·人的自由和真善美》（第三卷），华东师范大学出版社 1996 年版，第 164—165 页。

　　② 邓晓芒：《中西文化视域中真善美的哲思》，黑龙江人民出版社 2004 年版，第 102 页和 102 页注释①。

　　③ 唐能赋：《道德范畴论》，重庆出版社 1994 年版，第 234—241 页。

　　④ 张敏：《多元智能视野下的学校德育及管理》，上海教育出版社 2005 年版，第 6—7 页。

实上文也验证了这一点。

在我国春秋战国时期，孔子提出了"三达德"，包括"智、仁、勇"，孟子则把"仁、义、礼、智"列为"四德"；汉朝董仲舒提出了以"仁、义、礼、智、信"为内容的"五常"，并且这五种道德规范为官方所认定从而影响深远，这些都反映我国古代道德与智慧"仁智合一"的思想。[①]我国直到20世纪初新文化运动，当"赛先生"被请进来时，智慧范畴几乎是道德一统的传统局面才逐渐被打破了。

古希腊的哲学思想及中国古代的道德文化，都为整个人类文明的发展提供了智慧，也是人类道德发展的源泉；但是在西方文化之中自古希腊起就特别注重理性智慧，对宇宙的抽象思索是他们的传统，中国文化则自先秦时代就更加关注人生价值并推崇道德智慧，这就是中西哲学"尚德"和"尚智"的差异。[②]

智慧到底是什么？对这一问题的回答，随着科学主义的兴起，有许多心理学家在这方面进行了不懈的探索。在心理学领域，"智慧"一词更多地用"智力"来表达。在《辞海》中，就明确地指出"智力"通常被叫做"智慧"，"指人认识客观事物并运用知识解决实际问题的能力。集中表现在反映客观事物深刻、正确、完全的程度上和应用知识解决实际问题的速度和质量上，往往通过观察、记忆、想象、思考、判断等表现出来"。[③] 而在《教育大辞典》中则更为明确地指出，"智力"（intelligence）就是"使适合于环境的行为得以产生的心理能力"。[④] 从以上对"智力"的界定来看，其心理学的意味较浓。在专门的心理学领域，对"智力"的理解一直存在着争论。在1921年召开的一次主题为智力的定义和测量的国际学术会议上，一些著名心理学家给智力下了各异的定义，归纳起来共有如下四种观点：[⑤]

---

① 张敏：《多元智能视野下的学校德育及管理》，上海教育出版社2005年版，第4—6页。

② 卞敏：《哲学与道德智慧》，江苏古籍出版社2002年版，第11页。

③ 辞海编辑委员会编：《辞海》（中），上海辞书出版社1979年版，第3208页。

④ 顾明远主编：《教育大辞典》（增订合编本·下），上海教育出版社1998年版，第2043页。

⑤ 钟祖荣、伍芳辉主编：《多元智能理论解读》，开明出版社2003年版，第1页。

第一种，以比内和西蒙为代表，认为智力是抽象思考和推理能力。

第二种，以推孟为代表，认为智力是学习的能力。

第三种，以品特那为代表，认为智力是个人适应新环境的能力。

第四种，以桑代克为代表，认为智力是根据事实和真相做行动决定的能力，即智力是解决问题的能力。

心理学上对"智力"界定的探讨新近的一个著名成果是美国多元智能理论的提出者霍华德·加德纳（Howard Gardner）作出的，他在多年研究的基础之上把他以前对"智力"的界定修订为，"个体处理信息的生理和心理潜能，这种潜能可以在某种文化背景中被激活以解决问题和创造该文化所珍视的产品"。①②③

国内学者靖国平对"智慧"这一概念作过较为全面和合理的分析，认为"所谓'智慧'主要是指人们运用知识、技能、能力等解决实际问题和困难的本领，同时它更是人们对于历史和现实中个人生存、发展状态的积极审视与观照，以及对于当下和未来存在着的、事

---

① ［美］霍华德·加德纳：《智力的重构：21 世纪的多元智力》，霍力岩、房阳洋等译，中国轻工业出版社 2004 年版，第 42 页。

② 加德纳在其 1983 年出版的影响力甚大的著作《智力的结构：多元智力理论》一书中，最初把"智力"界定为"在一种或多种文化背景下，个体解决问题的能力或创造出该文化所珍视的产品的能力"。（［美］霍华德·加德纳：《智力的重构：21 世纪的多元智力》，霍力岩、房阳洋等译，中国轻工业出版社 2004 年版，第 41—42 页）

③ 加德纳提出的"多元智能"概念的英文是"multiple intelligences"。对这一英文概念，翻译成汉语有不同的译法，有的学者译之为"多元智力"（如［美］霍华德·加德纳：《智力的重构：21 世纪的多元智力》，霍力岩、房阳洋等译，中国轻工业出版社 2004 年版），有的学者译之为"多元智能"（如吴志宏、郅庭瑾等：《多元智能：理论、方法与实践》，上海教育出版社 2003 年版），还有学者译之为"多元智慧"（如［美］霍华德·加德纳：《再建多元智慧》，李心莹译，远流出版事业股份有限公司 2000 年版）。由此可见，在"多元智能"领域，学界基本上是把"智力"、"智能"和"智慧"不作区分地使用了。另外，在《教育辞典》中则明确地把"智力"、"智能"和"智慧"三个概念等同了（朱作仁主编：《教育辞典》，江西教育出版社 1992 年版，第 751 页）。本书研究中对这三个概念也作如此处理。

物发展的多种可能性进行明智地判断与选择的综合素养和生存方式"。① 他还进一步指出，"智慧"的这一界定有三个要点：首先，智慧指向的是人的实际本领或者实践能力，智慧的对象为实际问题和现实困惑，智慧的方式是具有探索性、创造性和实践性的人类活动；其次，智慧指向的是人类明智而良好的生存与生活方式；最后，智慧指向的是人的价值性、主体性、自由性和自觉性等人的"类本质"特征，智慧的道路通往的是人的自由发展及解放。② 靖国平认为，以上"智慧"界定的三个要点实际上包括了心理学、社会学和哲学三个不同的认识维度：从心理学的维度来看，"智慧"对应的英文是"intelligence"，指人拥有聪明才智、思维具有创新性和能够解决认识上的问题等含义；从社会学的维度来看，"智慧"对应的英文是"sensibleness"，指的是人在日常生活中的行为明智、合理合法等；从哲学的维度来看，"智慧"对应的英文是"wisdom"，指的是人在人生观、价值观和世界观等方面所具备的知识、才智和德性等，也指人的类主体性得到了较为充分的发展。③

　　以上对"智慧"的界定和阐述较为全面充分。但是本文研究不想把对"智慧"的理解更加复杂化，想以一种简明的方式来把握这一概念。在上述前人研究的基础之上，我们认为，所谓智慧，指的是个体或者群体的人解决理论或实践、道德或非道德问题的能力。对于这一界定需要作如下的解释：第一，"智慧"的主体在我们的界定之中是"个体或群体的人"。为什么要作这样的限定？主要是因为，在信息技术高度发达的信息社会，有一些技术产品对人类的解决问题的能力进行有效而成功的模仿。"人工智能"——虽然我们并不承认这一概念的合理性——就是这方面的体现。但是，我们并不认为信息技术产品具有智慧，我们只是承认其具有类似于人类的解决理论或实践问题的能力（为什么我们作这样的判断，下文会有解释）。另外，并不只是作为个体的人才具有智慧，群体的人也

---

　　① 靖国平：《教育的智慧性格：兼论当代知识教育的变革》，博士学位论文，华中师范大学，2002年，第27—30页。

　　② 同上书，第30页。

　　③ 同上书，第30—31页。

是具有智慧的。① "集体智慧"在日常生活中是一个经常使用的概念，也就是说"智慧"的主体可以是一个"集体"，所以我们在对"智慧"的界定之中需要加上"群体的人"。第二，智慧是一种能力，并且不是普通的能力，它是用来解决问题的。在对"智慧"作界定时，我们并没有去描述用什么样的生理或心理功能来解决问题，我们所关注的只是一种结果，即对问题的解决。至于怎样解决问题，一方面人类对问题解决的方式是多种多样的，要穷尽地描述并不是可能的；另一方面人类利用自己的生理或者心理机能来解决问题的机制是复杂的，许多机制至今为止科学还不能够给出令人信服的解释。更为重要的是，"智慧"这一范畴更多的应该是表述一种结果而不是过程，所以在我们对"智慧"的界定之中并没有这方面的表述。第三，对"智慧"所要解决的问题有两种划分方法，一种是划分为"理论的"和"实践的"，这是一种常识性的划分；另一种是划分为"道德的"（moral）和"非道德的"（amoral/nonmoral）；在这里"道德的"指的是"与道德相关的"，而"非道德的"指的是"与道德不相关的"。正如上文所指出或表明的那样，无论是在中国还是西方，古代人们都认为"智慧"就是"道德"，"道德"就是"智慧"，但是到了近现代，"道德"与"智慧"有了分野，甚至逐渐地把"智慧"限定于"认知领域"，似乎"道德"是与"智慧"无涉的；这一转变不只是发生在西方，在中国也有经历，只是中国的"觉醒"较西方晚些罢了。从人类智慧理论发展的这一轨迹得到启发，我们二元地把智慧所要解决的问题划分为"道德的"和"非道德的"。在"物质主义"盛行、"效率崇拜"的今天，把智慧所要解决的问题如此二元地划分，显然有一种对社会道德问题关注的意蕴。"道德漠视"在中西方都造成了许多社会问题，这影响了人类整体和长远福祉的最终实现，在这一背景之下，我们的界定把智慧所要解决的问题分为"道德的"和"非道德的"是有一定意义的。第四，我们这里所界定的"智慧"的主体必须是有道德判断能力的，必须能够判断出由自己所拥有的"非道德的""能力"的道德后果，并且根据合理

---

① 这里存在着一个理论预设是：所有人都是具有智慧的，所以这里的表述不是："并不只是作为个体的人才可能具有智慧，群体的人也是可能具有智慧的"；这一预设受承于加德纳的"多元智能理论"（张敏：《多元智能理论和学校德育》，载吴志宏、邬庭瑾等《多元智能：理论、方法与实践》，上海教育出版社 2003 年版，第 99—112 页）。

的价值观念来控制这种"非道德的""能力"的作为与否。显然，上文所提到的"人工智能"并不符合这一条，所以我们不认为它是"智慧"的主体。

把"智慧"所要解决的问题二元地分为"道德问题"与"非道德问题"，由这一点出发，我们可以把"智慧"的表现形态分为两种："道德智慧"与"非道德智慧"。在进一步深入地探讨这一问题之前，我们需要克服一个困难，这一困难来自于加德纳的"多元智能理论"。加德纳在《智力的重构：21世纪的多元智力》一书中指出，"……除非我们可以在知识、行动和价值观之间建立恰当的联系，否则承认道德智力的存在就隐藏着巨大的风险"，"事实上，道德比智力更重要，但是不应该把道德和智力混淆起来"，"只要'道德智力'这个术语与运用特定的道德准则相关，我就不会接受它。这一提议（指承认'道德智力'这一智力形态的存在——引者注）使我们直接置身于价值观念领域内。"① 从以上可以看出，作为在世界范围内得到了一定认同的"多元智能理论"提出者的加德纳否定"道德智慧"存在的态度是坚决的。他持这一坚决态度是因为他"把智力看做是绝对'道德中立的'或者'与价值无关的'"② 。那么，是不是"道德智慧"作为一种智力形态就真的不存在吗？也就是说，是不是我们从科学的角度出发，不可以提出和使用"道德智慧"这一概念和范畴？

加德纳提出的"多元智能理论"是有其特定的思维范式的，这一思维范式集中地体现在他对某一智能是否存在的判断的标准的确立和坚持上，他的判断标准有如下四条：③

> 其一，每种智能都能用符号表示；其二，每种智能都有它自己的发展历史；第三，每种智能都会由于脑部损伤而受到削弱；第四，每种智能都有其文化价值的终极状态。

---

① ［美］霍华德·加德纳：《智力的重构：21世纪的多元智力》，霍力岩、房阳洋等译，中国轻工业出版社2004年版，第83、84、94页。

② 同上书，第83页。

③ 张敏：《多元智能视野下的学校德育及管理》，上海教育出版社2005年版，第29页。

　　加德纳的"多元智能理论"的科学性在此姑且不论。但是，需要指出的是，加德纳一直是在利用其制定的判断标准来维护其"科学性"。从以上四大判断标准可以看出，一方面，加德纳强调了自然科学所珍视的"可验证性"（判断标准的第三条体现了这一点）；另一方面，他并没有"顽固地"坚守自然主义的原则，而是认为"每种智能都有其文化价值的终极状态"，这可以认为是其对人文主义的一种妥协。但是，加德纳本人对这一妥协心里还是没有底，所以他说："当然，我把那些被某种文化所珍视的能力认为是智力，但是我本人无法判断这些评价效度。"① 所以，最终到了"道德智慧"这里，他投了否决票。

　　在加德纳的"多元智能理论"理论范式之中并不存在"道德智慧"，是不是由此就可以推断出所谓"道德智慧"的概念就是不成立的呢？我们研究并不是这样认为的，相反只要走出加德纳的范式，"道德智慧"这一概念是可以成立的，而且在"道德危机"在社会生活各个方面几乎均有呈现的现实背景之下，"道德智慧"这一概念的使用和推广②是很有意义的。怎样来走出加德纳的"多元智能理论"的研究范式呢？加德纳不是不承认在人类智慧之中存在"道德智慧"这一种智慧形式吗？对加德纳在其理论范式内不把"道德智慧"作为一种"智慧（智力）"形态的合理性，笔者并不持否定态度。但是如果我们把人类所面临的问题分为"非道德问题"和"道德问题"两种类型，前者是加德纳所谓的"智慧"所要解决的，而后者则需要用"道德智慧"来解决，如此则不同理论之间范式"不可通约"问题就得到了解决。也就是说，可以把整个人类的"智慧"分为两种类型："道德智慧"和"非道德智慧"，前者不是加纳德的"多元智能理论"指涉的范围，而后者则"可以"用加德纳的"多元智能"来统辖。需要强调的是，这里使用了"可以"一词，意思是，对"非道德智慧"而言，用加德纳的"多元智能"来进一步细分只是一

---

① ［美］霍华德·加德纳：《智力的重构：21 世纪的多元智力》，霍力岩、房阳洋等译，中国轻工业出版社 2004 年版，第 83 页脚注①。

② "道德智慧"这一概念并非笔者首先提出。但是在以往的研究之中，根据笔者目力所及，并未有研究者探讨"道德智慧"与加德纳"多元智能理论"之间的矛盾问题；也就是说研究者在没有解决"道德智慧"与加德纳"多元智能理论"范式"不可通约"问题的情况下使用了该概念。

种细分方式和可能，也可以用其他的"智慧"、"智能"或"智力"理论来细分。但是无论使用何种方式来细分"非道德智慧"，这并不影响上一层级的对整个人类"智慧"的二分。① 这样，"道德智慧"这一概念是可以成立的。

在"道德智慧"可以成立的前提下，前文已经对何谓"智慧"作了界定，如此则不难推导出"道德（伦理）智慧"的含义了。"伦理智慧"指的是个体或者群体的人解决道德问题的能力；"伦理智慧"与"非伦理智慧"一起构成了整个人类智慧的总体。对以上界定同样需要作一些说明。首先，在解决"道德问题"时，"伦理智慧"与"非伦理智慧"之间并不是没有任何关系的，前者需要对后者进行指导；否则"非伦理智慧"就有可能导致"伦理危机"，在这样的情况之下，人类的"非伦理智慧"就成为了一种负向的作用力。其次，"伦理智慧"并不只是一种"理性力量"的表述，它不只是诉求于"理性"，而且还诉求于"非理性"，只有这样才能使"道德问题"得到圆满的解决。再次，"解决问题"并不意味着处理事情的难度一定很大，事情一定很复杂。这里的"问题"展现的只是一个道德情境。所以"解决道德问题"指的就是在一个特定的道德情境之中人的适恰行为。

信息伦理活动是伦理活动中的一个组成部分，在社会信息化的过程之中，信息伦理活动在整个伦理活动之中日显重要。在前面研究的基础之上，我们认为，"信息伦理智慧"是个体或群体在信息活动中解决信息伦理问题的能力；它由"理性因素"和"非理性因素"一起构成。信息伦理智慧与整个人类智慧之间的关系可以用图 3 – 1 表示。

在图 3 – 1 中的"非伦理智慧"则可以有不同种的划分方法，我们比较认同于加德纳的"多元智能理论"。

（二）培养信息伦理智慧的合理性

关于教育的目的是什么，学术领域有许多探讨。美国学者布鲁巴克梳

---

① 需要补充说明的是，把人类需要解决的问题二分为"道德问题"和"非道德问题"，这一点并没有问题。但是我们不能把"道德问题"与"道德智慧"、"非道德问题"与"非道德智慧"简单地线性对应。现实中有诸多的"道德问题"不但需要用"道德智慧"来解决，而且在解决这类问题的过程之中还需要使用作为"技术"的"非道德智慧"。这一情形在人类的信息活动领域非常普遍。总而言之，在解决"非道德问题"时，使用的是"非道德智慧"，而在解决"道德问题"时，需要使用的"智慧"则往往有"道德智慧"和"非道德智慧"两种。

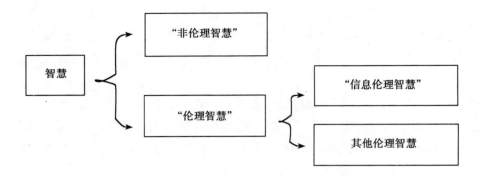

图 3 – 1　"信息伦理智慧"与"智慧"

理出了如下 11 种关于教育目的应该是什么的主张："保存的目的"、"培养公民的教育"、"基督教的拯救"、"绅士"、"知识的目的"、"心智训练的目的"、"贵族的和民主的目的"、"和谐的自我发展"、"完满的生活"、"目的的科学决定"、"进步教育的目的"。[①]　在"教育目的"这一论题上，学术史上有过一些争论，如应该采取"个人本位"还是"社会本位"的立场就是一个重要的问题。在这一问题上，我们认为，不应该把"个人"和"社会"绝对化地看待；一方面，"个人"是"社会"的"个人"，另一方面，"社会"又是由"个人"组成的"社会"。但是，有一点我们必须明确，教育的目的更应是为了人更好地生活，也就是"实现每一个组成社会的个人的福祉"。教育目的的"个人本位"立场只是片面强调了"个人"，而忽略了"社会"，这样就不能够达到"实现每一个组成社会的个人的福祉"的目的；而教育目的的片面的"社会本位"立场只是强调了"社会"，而忽略了教育活动最终要实现的目的："实现每一个组成社会的个人的福祉"。所以，在这一问题上我们的立场是：通过"社会""实现每一个组成社会的个人的福祉"。

　　在"教育目的"论题上还有一个不容回避的问题：是"传授知识"还是"培养智慧"？在这里，我们必须首先厘定"知识"的概念内涵及其与"智慧"之间的关系。这对回答信息伦理教育的目的为什么是培养受教育者的信息伦理智慧至关重要。

---

　　① ［美］布鲁巴克：《西方教育目的的历史发展》，张家祥译，载瞿葆奎主编、丁证霖、瞿葆奎选编《教育学文集·教育目的》，人民教育出版社 1989 年版，第 391—418 页。

　　"知识"所对应的英文是"knowledge"。在《辞海》中，"知识"被界定为"人们在社会实践中积累起来的经验。从本质上说，知识属于认识的范畴。"① 《汉语词典》认为，如果专门作为一个心理学术语，"知识"泛指"意识作用之认识方面，与认识通用"；作为一般术语，"知识"是指"所知事物之理，如以化学为一种知识"，而且这种意义最为普通。② 在《韦氏词典》中，"knowledge"指的是"通过实际经验获得的理解"、"一定范围的信息"、"对真理清晰的把握"及"通过学习获得并保存在记忆中的东西"。③ 从《韦氏词典》对"知识"的界定来看，"知识"有两个来源，一个是"直接经验"，另一个是"间接学习"，这一点并不难理解。金生鈜教授认为，

　　　　知识是作为生活者的人与更为整全的世界建立起的一种生存关系。知识的本质是个体或群体以理解等活动认识世界的形式。在这个意义上，知识源于人把自己的有限存在与更为广大的世界联系起来的冲动，知识是这种冲动形成的世界观、编码体系和反应方式等。④

　　石中英教授认为，"知识"这一概念具有如下的关键特征：首先，"知识是一套系统的经验"；其次，知识作为一种经验是经过社会选择了的或者是组织化了的，它并不是一种纯粹个体性精神产品；再次，知识是一种在主体间以隐性或者显性的方式传播的经验；最后，知识还是可以帮助人类提高其行动效率和更好地达成目的的经验。⑤

　　需要指出的是，知识的概念问题涉及其他许多复杂而重要的认识论问题，而不只是简单地给知识下一个定义。⑥ 所以还有必要对思想史上与

---

① 辞海编辑委员会编：《辞海》（1979年版·缩印本），上海辞书出版社1980年版，第1733页。

② 中国大辞典编纂处编：《汉语词典》（简本），商务印书馆1957年版，第715页。

③ ［美］梅里亚姆—韦伯斯特公司编：《韦氏词典》，梅里亚姆—韦伯斯特公司（兴国图书出版公司北京公司重印）1996年版，第413页。

④ 金生鈜：《规训与教化》，教育科学出版社2004年版，第326页。

⑤ 石中英：《教育哲学导论》，北京师范大学出版社2002年版，第137页。

⑥ 石中英：《知识转型与教育改革》，教育科学出版社2001年版，第19页。

"知识"相关的重要命题进行正确的认识。

"美德即知识"，是苏格拉底的一个著名伦理学命题。《伦理学小辞典》认为，苏格拉底提出此命题，"肯定知识是一切美德的基础，人不会明知故犯，为恶是出于无知……为善作恶的程度取决于掌握知识的程度，无知导致恶行"。[①] 进一步地说，苏格拉底是在坚持认为，"使一切人德行完美所必需的就只是知识"。[②] 对于"美德即知识"这一命题，站在现代社会的背景下，并不是容易理解的。怎么可能有了知识就能有了美德呢？从逻辑上来看，在这一命题之中，"知识"不只是"美德"的必要条件，而且还是充分条件，这让人困惑。让我们具体在信息活动的语境之中来审视这一命题。因为这一命题并没有对"知识"作任何的限定，所以与信息活动相关的信息技术知识也包括在内，如此则掌握了信息技术知识就有了信息伦理德行。那么在现实生活之中，"黑客"作为一个高技术群体他们就只会为善，而不会作恶了。显然这与事实不符。退一步说，如果这里的"知识"是与"信息伦理"相关的知识，是不是拥有了这样的知识人们就会在信息活动中都只会行善而不会作恶了呢？现实生活再次证明并不是这样。

对"美德即知识"简单地否定不是明智的，我们需要有进一步的深入认识。有论者认为，在苏格拉底眼中，对是非的认识（也就是知识——引者注）不只是理论意义上的观点，而且还包括要坚定实践上的信念，知识不但涉及理智问题，也涉及意志问题；另外，"美德对人有利……美德和真正的幸福是一致的"，基于此人们不会"真正知道什么是好的，而不选取"。[③] 对这样的理解我们是认同的。而且，苏格拉底"道德即知识"这一命题强调了道德和知识的一致性，尤其是强调了道德的实践，在其所处的历史时代背景中来看，是有价值的。[④]

有论者认为，"实际上从古希腊直至中世纪，追求知识与追求德性一

---

① 朱贻庭主编：《伦理学小辞典》，上海辞书出版社 2004 年版，第 470 页。

② [英] 罗素著：《西方哲学史》（上卷），何兆武、李约瑟译，商务印书馆 1963 年版，第128 页。

③ [美] 梯利、[美] 伍德增补：《西方哲学史》（增补修订版），葛力译，商务印书馆1995 年版，第 58 页。

④ 周中之、黄伟合：《西方伦理文化大传统》，上海文化出版社 1991 年版，第 24 页。

直相统一，那时的知识就是智慧"。① 但是，这一情形自中世纪以后发生了改变，这一点从培根著名的"知识就是力量"命题中就可以看出来；在这里，培根的"知识"指的则是"指示我们如何操作、能带来实际效益的程序与方法"，所以可以说，自培根时代开始，"知识"已与"智慧""分家"了。② 这一点具体到信息活动的语境之中，则就意味着"信息伦理知识"与"信息伦理智慧""分家"了。那么"信息伦理知识"与"信息伦理智慧"之间有什么关系？信息伦理教育的目的为什么是启迪学生的"信息伦理智慧"，而不是向学生传输"信息伦理知识"？

到了近现代，"知识"与"智慧"之分是不争的事实，这就导致在给学生传输了"信息伦理知识"之后，并不一定能够生成"信息伦理智慧"。关于"知识"与"智慧"的关系，英国教育学家怀特海认为：

> 智慧是掌握知识的方式。它涉及知识的处理，确定有关问题时知识的选择，以及运用知识使我们的直觉经验更有价值。这种对知识的掌握便是智慧，是可以获得的最本质的自由。古人清楚地认识到——比我们更清楚地认识到——智慧高于知识的必要性。③

由此可见，"信息伦理智慧"是以"信息伦理知识"为基础的，而且可以更为明确地认为，"信息伦理智慧"是离不开"信息伦理知识"的。

再来关注一下中国近现代哲学对"知识"与"智慧"的关注。金岳霖的哲学就是沿着"知识"与"智慧"两个不同角度来双向展开的，并且他在贯通中西之基础上，建立了一个二分的关于"道"的形而上元学体系与一个关于"理"的形而下知识论体系；另外他是将"知识"与"智慧"也就是形而下的知识之"理"同形而上的元学之"道"截然分

---

① 卢风：《启蒙之后：近代以来西方人价值追求的得与失》，湖南大学出版社 2003 年版，第 203 页。

② 同上书，第 203—205 页。

③ ［英］怀特海：《教育的目的》，徐汝舟译，生活·读书·新知三联书店 2002 年版，第 54 页。

开的。① 与此相对应的是哲学家冯契，他则是把从“知识”到“智慧”的发展看作为一个辩证的过程，并且着重地试图说明“转识成智”。② 金岳霖和冯契先生都是我国现代有着原创性贡献的哲学家。由上可见，这两位著名哲学家都对“知识”与“智慧”进行了区分，金岳霖还是把两者“截然分开”，并且为两者各自建立了一个理论体系；而冯契则在对之进行区分的基础上，由其“试图说明‘转识成智’”可知，他还肯定了“知识”是可以转化为“智慧”的。所以，我们可以同样地认为，“信息伦理知识”也可以转化为“信息伦理智慧”。

但是需要强调的是，“信息伦理知识”可以转化为“信息伦理智慧”，并不意味着，“信息伦理知识”一定会或者说是会自动地转化为“信息伦理智慧”。罗素认为，“传统道德的一大欠缺是对智慧的估价过低”，教育者只是在一心希望对学生灌输被认为是正确的知识，这也就使他们对智慧的训练毫无兴趣；如果世界没有智慧，这个复杂的现代社会也就不可能继续存在，更不用说取得任何进步了，所以“培养智慧”应是教育的一个主要目的。③ 深入地分析可以看出，在这里，罗素认为“知识”并不能自动地转化或者说上升为“智慧”。这也证实了上面我们关于“信息伦理知识”不能自动地转化为“信息伦理智慧”的判断。

对于信息伦理教育而言，既然从“信息伦理知识”转化到“信息伦理智慧”并不是自动的，也即是需要花费努力的，那么我们的教育到了“信息伦理知识”是否就可以停止了呢？对这一问题的回答需要考量“信息伦理智慧”的价值。如果“信息伦理智慧”本身是没有价值的不重要的，那么对于信息伦理教育而言，让学生拥有了“信息伦理知识”就足够了，并不需要去考虑这些“知识”是否会转化为“信息伦理智慧”，因为后者本身就是没有价值的。如果“信息伦理智慧”对于信息活动主体而言是非常重要的，那么信息伦理教育只是向学生传输一些“信息伦理知识”，而并不去关注这些“信息伦理知识”是否会转化为学生信息活动

---

① 陈晓龙：《知识与智慧：金岳霖哲学研究》，高等教育出版社 1997 年版，第 155 页。

② 冯契：《冯契文集·智慧的探索》（第八卷），华东师范大学出版社 1997 年版，第 634—635 页。

③ ［英］罗素：《美好生活的教育目的》，张虹译，载瞿葆奎主编、丁证霖、瞿葆奎选编《教育学文集·教育目的》，人民教育出版社 1989 年版，第 484—506 页。

中美德行为所必需的"信息伦理智慧"，如此则这种信息伦理教育是不够的，是"没有尽到义务的"。

有关"伦理智慧"的价值，我国学者甘绍平作了如下精彩论证：

> 有人会说，没有这种道德智慧的人不是过得也很好吗？的确有这种情况。有的人事事处处都是为自己着想，通过投机取巧骗得了富裕。但应当讲这只是暂时的、个别的现象，而绝不代表着一般的规则。……伦理道德的生命力就在于它不是人为的东西，而是客观存在着的生活规则本身。1998 年德国出了一本名为《道德之快乐》（*Lust an Moral*）的书，作者（Klaus Dehner）甚至认为道德并非是一种需要人们竭力维护其吸引力的意识形态，而是人类的一种生物上的必然要求，道德具有生物学上的根源，是人们获得快乐与幸福的重要源泉。①

对于一般的"伦理智慧"而言具有如此价值，作为"伦理智慧"一种的信息伦理智慧，也应是值得珍视的。"追求智慧是人类文明进步的前提"②；如前文所述，人类整个"智慧"包括了"伦理智慧"与"非伦理智慧"，所以也可以认为，对"伦理智慧"的追求是人类社会进步和文明的必须。又由于"信息伦理智慧"被包含于"伦理智慧"之中，所以追求信息伦理智慧是人类社会进步与文明的一个前提条件。因此，我们有理由认为，在信息伦理教育之中，我们应当以培养和启迪学生的信息伦理智慧作为教育目的。

美国著名批判教育学家吉鲁认为，教师的工作职责是"转化智慧"，而不只是"传达知识"。③ 作为一种人类特殊的社会活动的教育其过程在于使受教育者"日益成其为人"，它不但要使人收获"知识"，更为重要的是要培养和启迪受教育者成为向往和追求知识和正确思考问题的"智慧"的拥有者；教育的崇高目的是促使人性获得觉醒，使受教育者能够

---

① 甘绍平：《伦理智慧》，中国发展出版社 2000 年版，第 8—9 页。

② 卞敏：《哲学与道德智慧》，江苏古籍出版社 2002 年版，第 2 页。

③ 转引自陆有铨《躁动的百年：20 世纪的教育历程》，山东教育出版社 1997 年版，第 173 页。

彻悟人生之真谛，"使混浊的人生变得清澈，使沉睡的智慧得到觉醒"。①
这一点对于一般的教育如此，对于教育一部分的道德教育和作为道德教育
一部分的信息伦理教育也同样适用。

道德教育理论的核心问题应该是"伦理智慧"的培养与启迪，
"伦理智慧"能够体现人类的本质；外在的伦理规范、范畴和基本的
伦理价值如何在个体身上经历一个心理上的发生、发展过程并且能够
内化成为个人经验领域内的"伦理智慧"，这样的一个过程是道德教
育理论构建的原点，即"阿基米得点"。② 这一过程也是道德教育实
践的中轴线，道德教育的目标追求就应该是培养和启迪受教育者的
"伦理智慧"。而对信息伦理教育而言，其教育目的就应是培养受教育
者的信息伦理智慧。

三、信息伦理教育是一种公民教育

从教育目的的视角对信息伦理教育进行定位是我们研究需要解决的一
个问题。信息伦理教育是道德教育的一个组成部分，而且在社会快速信息
化的今天，信息伦理教育有重要的意义。那么，信息伦理教育培养受教育
者的信息伦理智慧是为了什么呢？本书认为，我们的信息伦理教育应该是
基于公民生活的需要而开展的，也就是说，为了作为公民的受教育者更好
地更幸福地生活而进行的。

对于教育的目的应该是什么这一问题的回答，概括地说，存在着两种
不同类型的观点：一种观点认为，"严格意义上的教育是一种或多或少独
立的事业。它的目的对其自身来说是一种内在的东西"；另一种观点则相
反，它对第一种观点所谓的"教育独立性"提出了质疑，持此看法的论
者认为，不存在合理的理由来把教育与社会分离开来，实质上教育应该是
为受教育者的社会生活而做准备的，教育为社会培养未来的公民与工作
者。③ 对第一种观点，我们不能够认同，教育不可能真正地完全独立，教

---

① 刁培萼、吴也显等：《智慧型教师素质探新》，教育科学出版社 2005 年版，第 22 页。

② 吴安春：《回归道德智慧：转型期的道德教育与教师》，教育科学出版社 2004 年
版，第 3 页。

③ ［英］约翰·怀特：《再论教育目的》，李永宏等译，教育科学出版社 1997 年版，第
2 页。

育是作为一种社会活动而存在的，教育是与受教育者的利益和福祉息息相关的。持第一种观点的人——也就是所谓的"教育目的内在（intrinsic）论者"——都会认为，教育活动所表现出来的成就，如青少年们所掌握的知识及技能，就其自身而言就应该被看做是具有价值的，但是这一价值与它们可能具有的其他的如职业上的等价值是截然不同的。① 在这一阵营之中一个著名的代表人物是英国教育学家纽曼（John Henry Newman），他明确认为"知识本身即为目的"。② 对于这种"只是为了知识自身而实施和接受教育"的观点我们存在以下几点质疑：第一，人类的存在需要有一定的物质和社会条件，如果教育的实施者和接受者的所有目的和全部兴趣只是在"知识本身"上，而不去利用教育这一"利器"来为人类自身的生存、发展和繁衍创造条件，这样怎么能使人类自身持续下去，更不用赘言什么教育目的了。第二，我们能体验到，不为外物所累的对知识的探求本身能够给我们带来快乐，而且这种快乐可能并不是物质上的享受所能够替代的。什么是快乐？符合德性的快乐可以说就是一种福祉。也就是说，"知识本身即为目的"这种教育目的观的持有者，实际上就是在主张要享受知识带来的快乐。所以，从本质上讲这种"教育目的内在论者"实际上就是"教育目的外在论者"。第三，在技术高度发达的信息社会，"知识本身即为目的"的教育目的观如果成立的话，其存在巨大的风险。高科技是一把双刃剑，如果我们只是为了知识而追求知识，而不去对高科技的社会后果有充分的估量，并在此基础之上约束我们的科学研究行为，我们"快乐地"追求知识的行为就极有可能毁灭我们自身。基于以上，信息伦理教育的目的选择并不能走这一路线。

前文有论证，信息伦理教育旨在培养和启迪受教育者的信息伦理智慧。更进一步地说，我们认为信息伦理教育培养受教育者的信息伦理智慧是为了使他们有更好的公民生活。也就是说信息伦理教育被本研究定位为一种公民教育（civic education）。

"公民"指的是，"取得某国国籍，并根据该国宪法的法律规定享有

① ［英］约翰·怀特：《再论教育目的》，李永宏等译，教育科学出版社1997年版，第11页。

② ［英］约翰·亨利·纽曼：《大学的理想》（节本），徐辉、顾建新、何曙荣译，浙江教育出版社2001年版，第23页。

权利和承担义务的人"。① 这一界定表明，"公民"是一个与特定国家紧密联系的概念，因为要成为一个国家公民的必要条件是要获得这一国家的国籍；另外，"公民"还关涉特定的权利与义务。"公民教育"的概念内涵并不是一成不变的，早期的公民教育一般地说是被限定于宪法所规定的权利和义务方面的教育，这种教育的作用是使具有参政权的公民能够对国家主动地担负起应尽的责任与义务；到了现代，学校里实施的公民教育就是利用相关的课程和活动，来发展受教育者的伦理自律方面的人格，培养他们爱国的情感、法治的精神以及民主的观念。② 在《关于建立公民教育体制的建议》一文中，对我国公民教育的概念内涵作了如下六个规定：

> "所有18岁以下未成年人依法必须接受的；""由中学、小学和学前教育机构构成完整体系的；""由中央、省市和地区三级政府设计、督导课程的；""以培养未来合格公民为宗旨的；""以能够适应社会和自立于社会为标准的；""普通教育"。③

本书研究认为，对公民教育的外延应该拓展到高等教育阶段，因为在大学阶段也完全有必要对学生进行民主、法制等内容的公民教育。也只有这样，公民教育的体系也更为完整，其效果也会更好。

一般地公民教育的内容应该包括以下几个方面："公民的道德教育"；"公民的政治与法律教育"；"公民的思想教育（即人生观、世界观、价值观教育）"；"新形势下的公民教育内容，如环境教育、性教育等"。④ 所以，道德教育理所当然就是公民教育的一个不可缺少的重要内容；而信息伦理教育是道德教育在信息社会的一个重要组成部分，所以信息伦理教育也就是公民教育的内容。再从另外一个角度来看。信息伦理教育的目的是为了培养和启迪受教育者的信息伦理智慧，而作为国家公民的受教育者拥

---

① 中国社会科学院语言研究所词典编辑室编：《现代汉语词典》，商务印书馆2006年第5版，第473页。

② 朱晓宏：《公民教育》，教育科学出版社2003年版，第11—12页。

③ 默公、一泓、子云：《关于建立公民教育体制的建议》，中青在线：http://www.cyol.net。

④ 朱晓宏：《公民教育》，教育科学出版社2003年版，第53、56、61、65页。

有了信息伦理智慧又是为了更好地开展生活；对整个信息伦理教育而言，其是利用作为公民的受教育者信息伦理智慧的提升来发展国家和社会的文明，进而增进国家每一个公民的福祉。所以，信息伦理教育应该是基于公民生活的，应该是作为公民教育来开展的。

作为公民教育的信息伦理教育是为受教育者的公民生活作准备的，更为明确地说，是为了受教育的作为公民生活内容一部分的信息生活作准备的。信息生活与其他的公民生活相比有特别的地方，就是信息生活往往具有虚拟性。这与信息生活经常是使公民处于虚拟环境之中有关。所以，作为公民教育的信息伦理教育要为受教育者在虚拟环境之中的信息生活作准备。正是由于公民信息生活空间的虚拟性，于是产生了一种"信息生活空间独立"的思潮；其中最为典型的代表是美国约翰·P.巴洛的《网络独立宣言》，这一著名的"檄文"开篇就是如下一段文字：

> 工业世界的政府们，你们这些令人生厌的铁血巨人们，我来自网络世界——一个崭新的心灵家园。作为未来的代言人，我代表未来，要求过去的你们别管我们。在我们这里，你们并不受欢迎。在我们聚集的地方，你们没有主权。①

我们并不认同这种观点。信息空间是与现实空间存在着差异，但是信息空间的参与主体与现实生活空间的参与主体还是同一的，信息空间的参与主体还是某一国家的公民，所以他或她必然需要受到这一国家的法律和伦理的制约和规范。所以，作为现实生活中一种存在的信息伦理教育还是有义务为受教育者的虚拟生活作准备。只有作为公民教育的信息伦理教育在这方面有成功的作为，公民才会在虚拟信息生活中实现自己的福祉。

---

① ［美］约翰·P.巴洛：《网络独立宣言》，李旭、李小武译，http://www.intellecta.org。

第二节　命题二：信息伦理教育不只要传授信息伦理规范，而且要引入媒介教育提高学生对媒介的认识

　　在信息伦理教育过程之中，主要要教给学生些什么，这是信息伦理教育"理想型"构建中一个重要内容。与普通的道德教育相比而言，信息伦理教育同样也需要对学生传授一定的伦理（道德）规范；不同的地方是在信息伦理教育之中需要使学生掌握一定的信息技术。

一、信息伦理规范及其必要与不充分性

　　"信息伦理规范"概念之中的"规范"一词，指的是"约定俗成或明文规定的标准"。① 所以，"信息伦理规范"可以简单地理解为在信息活动之中所应遵循的伦理道德标准。从"规范"一词的释义，可以看出对信息伦理规范而言，其形成也有两种主要途径，即"约定俗成"和"明文规定"。在开展信息伦理活动时人们所应遵循的道德伦理规范中，从"约定俗成"这一形成途径来看，有些信息伦理规范很有可能是从普通的伦理规范之中"移植"过来的。这里所谓的"移植"是这样一个过程：在新兴的信息技术环境之中，人们在信息活动中所面临的某些情境与其先前在普通生活环境之中遇到的情境相类似或一致，于是人们就会"自然"地拿普通生活环境中所"执行"的伦理规范来作为标准，以正确地采取某种信息行为。但是需要指出的是，在"约定俗成"的过程之中可能会存在技术上的障碍。因为在信息技术环境之中，并不能保证信息活动的主体能够总是正确地了解其行为可能形成的利益关系，因为对一些信息行为可能造成的利益关系的了解需要有技术上的保障，也就是说如果不懂得这些信息技术原理，信息行为主体就不可能意识到自己的信息行为对有关利益主体可能造成的损益情况。这也是信息伦理规范需要"明文规定"的一个可能原因。"明文规定"的信息伦理规范相比较而言，具有更好的明

---

　　① 中国社会科学院语言研究所词典编辑室编：《现代汉语词典》，商务印书馆 2009 年第 5 版，第 513 页。

确性。但是，就如同法律一样，"明文规定"的信息伦理规范毕竟是有限的，信息技术是不停地快速发展着的，信息活动本身又具有复杂性，"明文规定"的信息伦理规范不可能把所有信息活动中的伦理情境都进行规定。所以，信息伦理规范又在不断地以"约定俗成"的方式生成着。总之，信息伦理规范有两种生成形式："约定俗成"和"明文规定"。所以，在信息伦理教育过程之中，不只是要教给学生"明文规定"的信息伦理规范，而且还要就"约定俗成"的信息伦理规范与学生一起进行探讨。一方面，这些"约定俗成"的信息伦理规范本身就是信息伦理规范的重要组成部分；另一方面，只有如此才能更好地培养学生遇到新的信息伦理情境时处理问题的能力。

信息伦理规范中"明文规定"部分，国内最为著名的是《全国青少年网络文明公约》，国外著名的有美国计算机伦理协会发布的《计算机伦理十戒》、美国南加利福尼亚大学制定的《网络伦理声明》等。在前面所做的实证研究之中，本书对高中生和大学生（主要为本科生）对这些"明文规定"的信息伦理规范的掌握情况进行了调查，其结果见表3-1。

表3-1　高中生与大学生对部分"明文规定"的信息伦理规范的了解率①

	《全国青少年网络文明公约》了解率	《计算机伦理十戒》了解率	《网络伦理声明》了解率
高中生	28.1%	未调查	未调查
大学生	11.8%	3.4%	1.3%

从表3-1可以看出，我国广大高中生和大学生（以本科生为主）对一些基本的"明文规定"的信息伦理规范了解甚少。

信息伦理规范是用来调节信息利益关系的；这种利益关系又牵涉到四个利益主体，他们分别是：信息伦理活动主体自身、与信息伦理活动主体相对的他人、信息伦理活动主体及他人存在所依赖的社会、自然。信息伦理规范所调节的利益关系，最为容易想到的是：信息伦理活动主体与他人之间的利益关系，以及信息伦理活动主体与社会之间的利益关系。例如，如果某信息伦理活动主体破坏了他人的计算机系统，他（她）就损害了

———————

① 这里的"了解率"指的是对这些信息伦理规范了解的学生数与被调查并进行了有效回答的学生总数的比率。

他人的利益；此时就需要有调节信息伦理活动主体与他人之间利益关系的信息伦理规范来进行调节。如果某信息伦理活动主体通过网络向社会上其他计算机系统扩散病毒，他（她）就损害了社会的利益；此时就需要有调节信息伦理活动主体与社会之间利益关系的信息伦理规范来进行调节。需要说明的是，由于人是社会的人，社会又是人的社会，所以以上两种信息伦理规范有时是重合的，要绝对地分清它们十分困难，意义也不大。另外，随着人类环保意识的普遍增强，人们对信息活动造成的环境问题所带来的对有关利益主体利益的损害也渐有认识，为调节这方面的利益关系也需要相应的信息伦理规范。信息活动主体可能对两种"自然"造成损害，一是"物理自然"，这种自然就是我们平常一般意义上所讲的自然，它具有现实性，也可以把它叫做"现实自然"；二是"虚拟自然"，它指的是虚拟空间的"自然"生态。这种"自然"是一种人造的自然，但是随着信息技术的发展，虚拟空间作为人类存在的另一空间，其重要性日益凸显。这一点至少体现在以下两个方面：一方面，人类日常生活待在虚拟空间的时间一天天地增加；另一方面，人类生活对虚拟空间的依赖性越来越大。所以，对人类而言，"虚拟自然"的环境保护也日显重要。信息伦理活动主体可能对"物理自然"和"虚拟自然"都会造成伤害，如电脑垃圾的扩散就会破坏"物理自然"，而在虚拟社会中制造信息垃圾则会破坏"虚拟自然"。无论信息伦理活动主体是对哪一种"自然"的破坏行为，归根到底要追溯到人和社会上来，"自然"并不是利益链的终点；更进一步说，无论是对哪一种"自然"的破坏，最终都会损害人和社会的利益。最后一种信息伦理规范要调节的利益关系一般而言是不被人们所意识到和重视的，它是信息伦理活动主体与其自身的利益关系。例如，信息伦理活动主体如果沉迷于网络，患上了"网络成瘾症"，它损害的是主体自身的利益。在人类对信息技术日益倚重的信息社会，人们由于不能理性地使用信息技术而导致自身利益受损的现象日益普遍；而且这一现象的发生群体不只是成长中的理性能力不够强大的青少年，在成年人中这种情况也不少见。在这样的背景之下，对这一方面的信息伦理规范的强调是必需的。

　　我们再从另外一个维度来对信息伦理规范进行细分。无疑信息伦理规范调节的对象是信息（伦理）活动中的利益关系；而信息活动是可以依信息的产生直到其消失这一路径来分出阶段的。如此信息活动可以分为信息的生产、传输和使用等阶段；当然，信息活动本身是十分复杂的，信息运行的过程有许多种，"信息生产—信息传输—信息使用"只是其中一种基本的路径。同样地，我们可以把信息伦理规范根据其所调节的信息活动阶段来进行分类，分为调节信息生产的信息伦理规范、调节信息传输的信息伦理规范和调节信息使用的信息伦理规范等。但是，以上分类和区分并不是绝对的。另外，不能忽视的是，在以上三个过程中都存在着一种叫做"信息管理"的过程，所以在这一基本信息活动路径中还存在着调节信息管理的信息伦理规范。

对信息伦理规范而言，无论怎样，其存在的一个原则性准则是"己所不欲，勿施于人"。也可以认为，"己所不欲，勿施于人"是我们所要教给学生的信息伦理规范的一个总的上位准则；所有的教给学生的信息伦理规范无论是属于哪一类型，它必须符合这一上位准则。

信息伦理规范又可以称之为"信息伦理知识"。向学生传授信息伦理规范对于信息伦理教育来说是必需的。因为只有学生了解了作为"信息伦理知识"的信息伦理规范，才有可能"转识成智"，也就是使外在的信息伦理规范内化成为"信息德性"。

对"德性"（virtue）一词有不同的界定。麦金太尔认为，至少存在着三种不同的德性观：

> 德性是一种能使个人负起他或她的社会角色的品质（荷马）；德性是一种使个人能够接近实现人的特有目的品质，不论这目的是自然的，还是超自然的（亚里士多德，《新约》和阿奎那）；德性是一种在获得尘世的和天堂的成功方面功用性的品质（富兰克林）。①

而麦金太尔本人的美德理论则经历了如下三个阶段：首先，他把诸美德看做获得实践的"内在利益"所必然需要的诸多品质；其次，他把诸美德看做是有利于整个人类一生的善的诸种品质；最后，他显示了诸美德与一种对人类而言的对善的追求之间的某种关系，而这种善只能够在传承

---

① ［美］麦金太尔：《德性之后》，龚群等译，中国社会科学出版社1995年版，第234页。

中的社会传统内部被人们所阐明和拥有。①

　　在本书研究中，我们把"德性"看做是"伦理智慧"。一个人具有了"德性"，那么在具体的伦理情境之中，他（她）就会作出正确的也就是合乎伦理的行为选择，如此他（她）也就解决了伦理问题，所以就可以说他（她）具有了"伦理智慧"。相反的，当一个人具有了"伦理智慧"时，他（她）在具体伦理情境之中解决伦理问题时所作的行为选择也是合乎伦理的，所以说他（她）也就是具有"德性"。总之，我们可以把"德性"与"伦理智慧"等同起来。具体到信息活动中来，则可以认为"信息德性"就是"信息伦理智慧"。

　　信息伦理教育的追求是使学生具有"信息伦理智慧"，或者说具有"信息德性"。在道德教育之中存在一个难题就是怎样来"转识成智"，但是在"转识成智"这一艰难过程发生之前，必须使学生具有"知识"，即"知识"是"智慧"的"原料"；如果连"知识"这一"原料"都没有，那么就不需要谈什么"转识成智"了。信息伦理教育是道德教育的一个组成部分，所以对于培养和启迪学生的信息伦理智慧而言，也需要为学生提供充分的"知识"。而这"知识"的一个重要组成部分就是作为"信息伦理知识"的信息伦理规范。如果学生连作为基本的信息伦理规范知识都不知晓，那么当面临具体的信息伦理情境时，他们就没有办法来作出合乎信息伦理的信息行为，如此他们也就不能具有"信息德性"和"信息伦理智慧"。所以，学生对作为信息伦理知识的信息伦理规范的掌握是信息伦理教育内容的必要组成部分，如果学生没有信息伦理规范知识，他们就不可能会具有信息伦理智慧。

　　而前文我们的调查结果显示，无论是我国的高中生还是以本科生为主的大学生，他们都在一定程度上缺乏信息伦理规范知识。所以在我们的信息伦理教育之中，要重视这一问题，需要对学生进行信息伦理规范知识方面的系统传授。

　　但是对信息伦理教育而言，先不谈知识的内化问题，作为信息伦理教育中"转识成智"的"原料"的知识，只有信息伦理知识是不够的，

---

　　①　［美］麦金太尔：《追寻美德：道德理论研究》，宋继杰译，译林出版社 2003 年版，第 347 页。

还需要有许多其他种类的知识，这之中尤其需要提出来的是信息技术知识（为什么信息技术知识对信息伦理教育而言是必要的，下文再展开论证）。

综合上述，我们可以把信息伦理教育的内容与过程用图 3 - 2 来形象地表示出来。

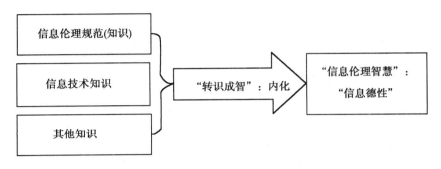

图 3 - 2 信息伦理教育的内容与过程

图 3 - 2 中"其他知识"包括的范围很广，它包括了人类社会存在，除了信息伦理知识和信息技术知识以外形成信息伦理智慧所需要的一切知识。这些"其他知识"也可能会为形成其他智慧所需。

另外，"转识成智"是一个教育领域的难题。更为具体地说，当信息伦理教育的受教育者具有了信息伦理规范知识、信息技术知识，以及其他知识以后，怎样使这些知识转化成为受教育者的信息伦理德性，这需要有信息伦理教育者的教育智慧。信息技术日新月异，如果能够培养受教育者的批判性思维，使他们面对层出不穷的新兴信息技术时，能够始终以"善"为标准，批判性地看待和使用信息技术，如此则对信息伦理教育的"转识成智"有所裨益。

二、引入媒介教育：一种信息技术知识传授的途径

信息伦理智慧的培养与其他道德智慧的培养有一个不同的地方，就是信息伦理智慧的形成更加需要技术知识作为"原料"。信息技术知识是以启迪信息伦理智慧为目的的信息伦理教育的一种必须。

信息伦理活动与其他一般伦理活动不同的是，合乎伦理的信息伦理活动的有效开展是以对信息技术知识的一定程度了解为前提的。下

面以当前较为流行的"变态下载"为例进行说明。"变态下载"也就是 BT 下载。传统的从网络下载信息的方法存在一个很大困难是下载速度太慢，如果一个用户用合法的方式从相关网站下载一部电影需要用去数小时，这一用户很可能就会失去坚持下去的勇气，或者下次再没有兴趣以这一方式来"购买"电影了。也许有人在此情况下会建议增加带宽，但是使用传统技术增加带宽后，随着下载用户的增多，下载速度自然就又会下降下来。这是网络下载技术的一个瓶颈，正是在这种背景之下，BT 下载技术流行起来。之所以又被称作"变态下载"，是因为它与传统的下载技术不同，下载的用户越多，下载的速度越快。所以这一下载技术大受欢迎，许多用户都从这一下载技术上获得了利益。但是，用户在享受 BT 下载的同时，一般并没有意识到他们正在"双重地"损害他人的权益。为什么不能意识到这一点呢？因为许多用户并没有 BT 下载方面的信息技术知识。BT 下载工具把被下载文件进行了分割，用户一边在下载文件，其实又一边在上传文件；作为"种子"，在用户下载文件的同时，其他用户又从该用户的计算机系统中下载文件。这样就把下载用户的计算机作为了服务器，所以下载的用户愈多，下载速度愈快。对一般 BT 用户而言，并不能够意识到自己在非法下载信息的同时又在上传信息，而且作为普通用户他们并没有取得上传此信息的许可。以电影文件为例，在用户从网络高速"变态"下载电影文件的同时——现实中这一过程一般也没有取得合法许可——一般地又是在非法上传自己不拥有版权或者是自己没有得到上传许可的电影文件。所以一般地对 BT 下载用户而言，他们是在一边非法下载信息，一边还在以非法上传的形式损害别人的知识产权；而一般的对 BT 下载这一信息技术知识不了解的用户还不能意识到，自己的信息行为是双重地、严重地违背信息伦理和法律的。由此可见，一个信息活动主体，要确保信息行为合乎伦理，需要具备一定的信息技术知识，信息技术知识是受教育者具有信息伦理智慧的又一个必要条件。所以对信息伦理教育而言，向学生传授一定的信息技术知识是必要的。国外学者理查德·弗思吉尔（Richard Fothergill）认为，"如果我们居住在一个依靠技术来控制生存环境的社会里，则每一个人都应该至少在一般意义上懂得这些技术是怎样运转的，这一点至关重要"。① 人类的信息伦理活动需要掌握一定的信息技术知识也是这种重要性的体现之一。

在开展信息技术教育时要对学生进行必要的信息技术知识的传授，这里存在的一个问题是通过何种渠道对学生进行信息技术知识的传授。而且需要重视的是，这里的信息技术知识传授与道德教育不能完全分开，它需要的是一种从信息伦理教育需要出发所进行的信息技术传授；更进一步地，信息技术知识的传授要与道德教育结合起来，而不是完全独立的。现有的一个最为主要的传授信息技术知识的渠道是信息技术课，而且前面我们的调查研究也表明了，我国信息伦理教育的现状是，信息技术课而不是德育课作为了信息伦理教育的第一渠道，这一点在高中阶段和以本科为主的大学阶段都是如此。毫无疑问，通过信息技术课堂，一边讲授信息技术知识，一边进行信息伦理教育，是培养和启迪学生信息伦理智慧的一条可行的途径。但是这一途径存在着先天的缺陷：信息技术课堂的技术性导致了其传授的信息伦理不专业和不系统。这一缺陷并不导致我们对通过信息技术课开展信息伦理教育以培养学生的信息伦理智慧，这种现有渠道的完全否定，但是它让我们思索还有没有另外的或者说更好的途径使学生在接受信息伦理教育时并不匮乏信息技术知识？在道德教育之中引入媒介教育是一种值得重视的方案。

在社会日益信息化的今天，媒介教育无论在理论上还是在实践中都没有得到应有的重视。尤其是在道德教育领域，应加强对媒介教育的理论探索。在道德教育领域里开展媒介教育及其研究首先需要回答的问题是：媒介教育与道德教育之间到底存在着什么样的关系？道德教育领域里需要研究和实施媒介教育吗？

媒介教育（Media Education）的概念是由英国学者在 20 世纪 30 年代初提出来的，这一概念从提出至今其内涵多有演变，它已经发展成为了一个多角度、多层面和多含义的概念，但是目前学界并没有形成对媒介教育的统一的公认的界定。②

---

① Richard Fothergill, *Implications of New Technology for the School Curriculum*, London: Kogan Page Ltd. , 1988. p. 42.

② 刘清泉:《媒介教育刍论》,《重庆师范大学学报》（哲学社会科学版）2003 年第 4 期, 第 110—114 页。

有论者认为，"媒介教育是指培养学生有效利用媒介的能力的教育"。① 这一概念有相当的概括性，但是并没有道出媒介教育的核心规定性，它过于宽泛。国内媒介教育专家卜卫认为，媒介教育指的是"培养公民媒介素养的教育"，它包含四个方面的内容：了解基础性的媒介知识并且懂得如何使用媒介；培养对媒介信息的价值和意义进行正确判断的能力；学习制作和传播信息的知识与技巧；知道怎样有效利用大众媒介来发展自己。② 这一界定有其合理之处，但是在形成本文对媒介教育的界定之前，有必要考察一下媒介教育产生的背景及 70 多年来媒介教育理论范式的演变过程。

西方媒介教育从产生至今经历了三种理论范式的变迁：③ 第一种范式是批评范式。媒介教育的实践最早出现在英国，其基本的范式是批评式的。可以认为批评范式直接地受到了李维斯主义的影响。李维斯对以现代传媒为代表的大众文化的流行坚持批判的立场，他认为这种文化对人类的文化遗产带来了危害，所以需要实施传媒教育"训练公民去区分和抵制"。1933 年李维斯与其学生汤普森在《文化与环境》一书中首次系统地提出在学校里开展传媒教育的建议。这种媒介教育认为大众传媒是一种伪文化，它实际上损害了真正意义上的文化，所以媒介教育的核心是使青少年免受媒介的污染。当时媒介教育采取了一种批评的范式，其核心内容是对大众媒介及其传播的大众文化进行批判和反对。第二种范式是分析范式。这一范式产生在 20 世纪 50—60 年代的英国，它的产生与英国文化研究学派关系密切。这种媒介教育范式没有再强调高雅文化和通俗文化的区分，而是着眼利用学生对媒介的日常文化体验来开展教育活动。学生不再简单地拒绝媒介，而是对媒介中的内容进行区分，并且这种范式承认通俗文化中同样也有优秀作品。第三种范式是表征范式。这一范式的产生同符号学有密切的关系，它的主旨是培养学生对媒介表征进行分析批判的能力。

其实，以上西方媒介教育所经历的三种范式都可以认为是一种"保

---

① 蒋振远：《应尽快启动媒介教育》，《山东教育科研》1999 年第 9 期，第 63 页。

② 卜卫：《论媒介教育的意义、内容和方法》，《现代传播》1997 年第 1 期，第 29—33 页。

③ 夏红辉：《西方媒介教育范式的比较与选择》，《兰州交通大学学报》（社会科学版）2005 年第 2 期，第 138—140 页。

护主义"的视角。更具体地说，这些媒介教育的理论是在现代媒介出现之后，现代媒介及其所代表的大众文化对传统精英文化的冲击的背景之下，出于对精英文化的保护而产生的。当然，这种"保护主义"的视角在媒介教育的诞生之初保护的对象也不能只是精英文化，受众特别是青少年受众也不应排除在其保护的对象之外。但是到了分析范式和表征范式阶段，媒介教育对青少年的保护意图则更为明确。培养受众特别是青少年对媒介所承载的内容和意义进行区分的能力，以及对媒介表征进行分析和批判的能力，这都体现着明显的"保护主义"色彩。

　　对媒介教育而言，"保护主义"的视角和出发点是不是到了其理论范式的终点？如果不是，它又应该向何处发展？至21世纪初期的今天，大众传媒有了飞速的发展。我们接受信息的渠道更为广泛，除了传统的报纸、电视和一般意义上的以门户网站为代表的互联网之外，还存在许多新兴的传媒形式，如BBS（公告留言板）、聊天室和博客（Blog）等。这些新兴的媒介存在着一个共同的特点，它们对受众来说更加开放和民主，受众有许多主动参与权，受众不仅是信息的消费者，而且还可以是信息的制作者、发布者和传播者。这些特点的体现以新兴的博客为甚。传媒领域著名的"守门人"理论认为，媒介的编辑是信息的"守门人"。在这些新兴的媒介之中，则基本上失去了这种"守门人"，因为对这些媒介而言，编辑基本上是不存在的。受众既是信息的消费者又是信息的制造者，但是作为一般的受众而言他们是没有受过专门的作为一个信息工作者所必须接受的职业道德教育的。如此，受众就又有可能成为媒介信息伤害的制造者。在此情形之下，只是遵循"保护主义"原则显然是不够的，还有必要对受众进行以"不伤害"为原则的教育。具体地说，作为一个普通受众，一方面，需要提高其自我保护能力，使自身不受现代媒介的伤害；另一方面，同时作为一个信息制造者，不能制造有害信息。而后一方面是以往的媒介教育所没有重视的。其实，"保护主义"原则与"不伤害"原则并不是矛盾着的，无论是"保护主义"还是"不伤害"，媒介教育的目的都是培养理性的受众；而"不伤害主义"对"保护主义"又有支持作用。

　　面对当下的媒介，对媒介教育而言，单纯的"保护主义"视角是不可靠的，而且片面的对"保护主义"的强调并不能取得良好的"保护"效果。因为对受众的保护而言，应该从两个方面着手，一是受众本身要提高"抗伤害"的能力，二是要从源头上改造信息环境。对后者而言，就需要从"不伤害"原则对受众进行媒介教育。

在前文，卜卫认为，媒介教育指的是"培养公民媒介素养的教育"。再从其媒介教育的内容来看，无疑它是一种典型的"保护主义"范式。从这种范式出发，这里的"公民媒介素养"，指的只是一种保护自我的素养。从"不伤害"的原则出发，"公民媒介素养"之中应含有不制作不传播能够伤害他人的信息，这样一种素养。综上所述，所谓媒介教育，是一种旨在培养和提升作为受众的公民媒介素养的教育，公民拥有了这种媒介素养就能够理性地面对媒介，有效地进行自我保护，并且不对他人实施媒介信息伤害。

上文对媒介教育的理论范式及概念界定的探讨是研究媒介教育与道德教育之间关系的基础。对道德教育这个概念而言，也存在着许多不同的界定。但是这里我们考察的重点是"道德教育"中的"道德"一词。"道德"是一种调整关系的规范，这是对"道德"最为一般的理解。关键问题是在道德教育中道德规范调整的对象是哪些呢？对这一问题的回答我们最先想到的两种关系是：人与（他）人之间的关系；人与社会之间的关系。在环境保护意识日益深入人心的今天，我们可能还会想到另外一种被道德规范调整的关系，就是人与自然之间的关系。这三种关系是在大众意识之中最易意识到的道德规范所要调节的对象，尤其人与（他）人、人与社会之间的关系。如此则当我们讨论道德教育时，一般地我们是在讨论一种提升人们道德境界的教育，当人们具有这种预期的道德境界时，人们就能合乎道德伦理地处理好人与（他）人之间的关系、人与社会之间的关系以及人与自然之间的关系。

以上是对道德教育中"道德"的一种一般性的认识。在这种认识之下，媒介教育与道德教育之间的关系也要分两种情况来讨论。首先，对媒介教育而言，如果它只是一种"传统"的"保护主义"的范式——这里"保护主义"更为明确地说就是"自我保护主义"——则它与道德教育并不是理所当然地存在着某种关系，更为明确地说，"保护主义"的媒介教育与一般认识的道德教育没有关系，两者之间是无涉的。因为"保护主义"范式的媒介教育强调的是受众与自我之间的关系，它的旨归在于使作为受众的自我不受到伤害。上文呈现了卜卫所认为媒介教育应该教授的内容，这四个方面的内容没有一个方面不是属于受众的自我保护主题的。而且，很明显地，这四个方面的内容与一般理解的道德教育是没有关系的。总之，"保护主义"范式的媒介教育与一般理解的道德教育是无涉的。

其次，我们认为媒介教育的"保护主义"范式在传媒技术日新月异的今天已不适应实践的需要了，它一定会而且正在被超越。也就是说，媒介教育的范式要转向"保护主义"与"不伤害主义"相结合的范式。为什么会有这样的转变，上文已有详细的论证。进一步地，又可以把"保护主义"与"不伤害主义"相结合的这种媒介教育范式称之为"不伤害主义"范式的媒介教育。这里称之为"不伤害主义"范式的媒介教育并不是对"保护主义"范式彻底的否定，而只是从更宽泛的意义上理解了"不伤害"原则。一般地认为这种"不伤害"的对象是：（他）人、社会和自然。但是如此理解忽略了一个"不伤害"的对象，就是受众自己。所以，"不伤害主义"范式的媒介教育应该包括了不对自身进行伤害，也即自我保护。因此，"不伤害主义"并不是彻底否定了"保护主义"，它实际上是包含了"保护主义"。

综上所述，我们需要而且正在对"保护主义"范式的媒介教育进行超越，从而走向"不伤害主义"范式的媒介教育。

"不伤害主义"范式的媒介教育包含了不对"（他）人"、"社会"、"自然"以及"自己"实施媒介信息伤害的内容。前面三者显然属于一般意义上理解的道德教育的内容。所以，我们认为，"不伤害主义"范式的媒介教育与一般理解的道德教育存在着内容交叉，也就是说他们之间存在一定的相关。

在伦理学中有一个概念叫做"自我伦理"。所谓"自我伦理"，简单地说就是自我关怀，不损害自己的利益，不伤害自己。举例说，如果一个人吸毒并且上瘾，毒品对吸食者的生理和心理伤害是显而易见的，所以吸毒上瘾就是自我伤害，就是违背了"自我伦理"。所以，对伦理道德规范所调整的对象更为准确和全面的认识是，道德规范调整的对象有四种关系：人与（他）人之间的关系；人与社会之间的关系；人与自然之间的关系以及人与自我之间的关系。因此，道德教育这一概念之中"道德"所调整的对象也应增加一个"人与自我之间的关系"。这才是更为全面和准确地对道德教育的理解。以这种全面的对道德教育的理解为基础，则"保护主义"范式的媒介教育与道德教育有一定的相关性，因为"保护主义"范式的媒介教育强调的是受众对自己的保护，这属于对道德教育中"道德"范畴调整对象之一的人与自我关系的调整。如果是"不伤害主义"范式的媒介教育，则这种教育与道德教育的关系更为密切。因为"不伤害主义"范式的媒介教育强调的是不对（他）人、社会、自然和自我实施媒介信息伤害，这个范围与道德教育中"道德"概念所调整的对象的范围是完全一样的。所以可以说"不伤害主义"范式的媒介教育就是一种道德教育；"不伤害主义"范式媒介教育就是道德教育的一个组成部分。

对道德教育中"道德"调整对象的全面和准确理解应该是，它包括有四种关系，只有这样理解"道德"，才能全面和准确地理解道德教育；另外，随着传媒技术的迅猛发展，传媒自身所体现的民主性和参与性日益增强，这就势必导致传统的"保护主义"范式的媒介教育向"不伤害主义"范式的媒介教育的转变。基于这两点，我们可以作出这样笼统的判断：媒介教育是信息社会道德教育中的重要的必须的组成部分。

至此还有必要让探讨进一步深入。作为信息社会道德教育重要组成部分的媒介教育与信息伦理教育之间有何关系？对这个问题的回答能够加深我们对作为信息社会道德教育一部分的媒介教育的理解。

信息伦理教育培养的是人们在进行信息活动时的与伦理道德相关的素养。信息活动包括的范围有信息制作、信息开发、信息发布、信息传播、信息接收、信息保存和信息使用等与信息技术相关的活动。对于信息社会而言，人类的信息活动在整个生产生活活动中占有重要的地位，基本上可以说没有人能够完全独立于信息活动。人们与媒介接触——包括作为受众从媒介接收信息，以及作为受众同时又利用最新媒介技术制作和发布信息——实际上就是在从事一种信息活动。所以，"不伤害主义"范式的媒介教育，或者可以直接说媒介教育就是一种信息伦理教育；信息伦理教育就包括了媒介教育。但是需要说明的是，信息伦理教育这一概念的外延是大于媒介教育的，媒介信息活动只是信息活动中的一个组成部分，所以媒介教育只是信息伦理教育的一部分，而不是全部。但是对于信息社会来说，媒介所触及的范围是十分广泛的，从传统的报纸、收音机，到 20 世纪后期兴起的互联网，再到新兴的博客，等等，这些媒介存在于生活的各个角落，而且它们对现代人的生活的影响也是强大的，这种影响还在随着社会的信息化而持续增强。所以，媒介教育在信息伦理教育中不是一个普通的组成部分，而是十分重要的组成部分，这种重要性在持续增强。

一方面，由于市场利益的驱使等原因，媒介的责任意识在受到冲击和淡化，在这种情形之下，没有受到专门媒介教育的受众、特别是青少年受众受到了日益增多的媒介负面影响。这种负面影响的表现有沉溺于互联网、传统价值观念受到冲淡，等等。另一方面，作为普通受众的媒介信息消费者又在不负责任地制作、发布和传播有害的信息，这些有害信息对他人和自己造成了伤害。所以有效的媒介教育的实施有着很强的现实意义。但是这种媒介教育的实施主体不能只是来自于专门的传媒研究和教育单位，道德教育领域对媒介教育的漠视或者重视程度不够的现状必须得到改变。媒介教育的研究要从专门的传媒研究单位拓展开来，道德教育研究领域需要加强对媒介教育的研究；媒介教育需要走向普通的道德教育，否则就是道德教育在媒介高度发达的信息社会的缺位。总之，在道德教育领域要大力研究和实施媒介教育，这也是本节探讨媒介教育与道德教育之间关系的主旨所在。

在道德教育之中引入媒介教育，其实开展的就是信息伦理教育；也可以理解为，信息伦理教育的一种实施形式是在道德教育中引入媒介教育。这种引入的媒介教育能够为信息伦理教育补充必需的信息技术知识。与信息技术课堂上所传授的信息技术知识相比，信息伦理教育中的媒介教育传授的信息技术知识是为信息伦理教育的需要而传授的，它可能没有前者高深，但是却更加具有信息伦理教育的针对性。这也体现了其价值与必要性。

三、个案研究：黑客与黑客伦理

"黑客"对许多一般信息活动主体而言，可能是一个有些模糊的概念，甚至存在着误解。这一点可以从我们日常生活之中感觉出来。但是对黑客的误解早在 20 世纪 90 年代就有人提出来过，这一点从斯班尼罗的名著《信息和计算机伦理案例研究》中的案例 7.5 "黑客访谈录"中，斯班尼罗在 1995 年与一个化名为埃德·琼斯的黑客的对话的部分内容[①]就可以看出来。现在存在一个问题是，"通常黑客行为并没有被人们以一种非常严肃的态度来对待"。[②]

在本研究的调查问卷中有与黑客相关的内容。对"您崇拜网络空间中无私助人、技术高超等英雄形象吗?"这一问题，高中生中有 41.6% 的人回答"有时"，回答"经常"的人占 5.9%；大学生（以本科生为主）对同一问题的回答，有 42.8% 的人回答"有时"，回答"经常"的人占 10.3%。更为明确地，有 38.1% 的大学生（以本科生为主）"有时有"成为一名黑客的愿望，"经常有"的占 9.2%。当需要大学生（以本科生为主）对黑客进行评价时，有 42.4% 的认为黑客是"了不起"的人；有 4.5% 的人认为黑客是"好人"；有 39.8% 的人认为黑客是"道德有过错的人"；有 18.2% 的人认为黑客是"罪犯"；有 19.5% 的人选了"其他"项。（本题为多选题）教师对同一问题的回答的数据按顺序分别是：39.4%；0.0%；46.8%；13.8%；23.4%。

在学生和教师中间，对黑客这一群体有如上不同的看法和态度，这些看法和态度有的甚至是完全相反和对立的。如此总体看来，在教师和学生中，对"黑客"的认识是混乱的；对学生进行信息伦理教育时，就有必要对黑客进行正确的认识。

"黑客"（hacker）源于英语中的动词"hack"，动词"hack"原来意思为"劈"和"砍"，即"开辟"和"劈出"之意，后来被进一步引申为"干了一件非常漂亮的工作"。[③] 所以，"黑客"就是"干了一件非常漂亮的工作"的人。在这一表达之中，充满了对黑客的崇拜之情，认为这一特殊群体是了不起的。另一种说法是，"hack"在 20 世纪早期美国麻省理工学院的校园俚语中意思为"恶作剧"，特别是指技术高超、手法巧妙的恶作剧，而且它还带有反抗现有体制的意蕴。[④] 所谓的《新黑客字

---

①　[美] 理查德·A. 斯班尼罗：《信息和计算机伦理案例研究》，赵阳陵、吴贺新、张德译，科学技术文献出版社 2003 年版，第 212 页。

②　John Weckert, Douglas Adeney, *Computer and Information Ethics*, Westport, Connecticut·London：Greenwood Press, 1997, p. 83.

③　李伦：《鼠标下的德性》，江西人民出版社 2002 年版，第 232 页。

④　同上书，第 233 页。

典》把"黑客"界定为："喜欢探索软件程序奥秘，并从中增长其个人才干的人。他们不像绝大多数电脑使用者，只规规矩矩地了解别人指定了解的狭小部分知识。"[①] 国内有学者认为，"黑客"（hacker）一词现在不再是褒义的，而是"用来指那些利用自己在计算机方面的技术来攻击网络或未经许可非法访问他人文件的人"。[②]

与以上国内学者的观点相呼应的是，至今，在日常生活之中，新闻媒介对某一网站被攻击事件的报道，明确地或者是客观诱导性地让受众意识到，这一行为就是所谓的"黑客"所为。正是这样，在我们的调查中有如此高比例的学生或教师认为黑客就是"罪犯"。

但是，对于人们对黑客的误解，就有人出来反驳。莱维（Steven Levy）总结认为黑客具有最原始的六条伦理论纲，而且这些伦理论纲至今还在指导着现代黑客们的信息活动：[③]

> "进入（访问）计算机应该是不受限制的和绝对的：总是服从于手指的命令。""一切信息都应该是免费的。""怀疑权威，促进分权。""应该以作为黑客的高超技术水平来评判黑客，而不是用什么正式组织的或者它们的不恰当的标准来判断。""任何一个人都能在计算机上创造艺术和美。""计算机能够使生活变得更美好。"

在以上黑客伦理的基础之上，有黑客（Knightmare）提出了一个更为明确的"黑客活动准则"：

> "不以任何方式篡改、损坏任何计算机、软件、系统，伤害任何人；如果确有损害，采取必要的步骤加以补救，并防止类似事故再次发生"；"不要使自己或其他人从黑客活动中不公平地获利。向电脑经理们通报他们在安全上的漏洞"；"讲述别人要求你讲授的东西，与别人共享你拥有的知识，这不是必要的，是

---

① 转引自刘云章等《网络伦理学》，中国物价出版社 2001 年版，第 211 页。

② 黄寰：《网络伦理危机及对策》，科学出版社 2003 年版，第 151—152 页。

③ 转引自陆俊《重建巴比塔：文化视野中的网络》，北京出版社 1999 年版，第 242 页。

一种礼貌行为"；"认清你在所有计算机环境下——包括那些你作为一个黑客进入秘密系统——的潜在脆弱性。谨慎行事"；"坚持到底，但不要做蠢事，也不要进行贪婪的冒险"。①

　　国内学者李伦总结认为，黑客行为规范至少有以下几点："与他人自由共享自己的智力成果；进入系统不能造成损害，不偷盗；进入系统不能是为钱财或政治等技术之外的目的；不攻击个人网站、小网站，不攻击人，目标只是计算机；不自封为黑客，不急于浮出水面。"②

　　如果把以上的"黑客伦理"与我们在日常生活中从媒介中形成的黑客形象作一比较，就会发现，后者并不能被称为真正的黑客，因为他们并没有遵循"黑客伦理"。实际上，"黑客伦理"正是将黑客与信息活动的违法者进行区分的关键因素。③ 而这里的"信息活动的违法者"一般主要是指"骇客"（Cracker），他们违背了早期黑客的"优秀"传统，把个人的利益放在首要位置，利用自己高超的信息技术能力在网络空间中从事诸多非法信息活动；他们的行为往往很容易与"犯罪"混在一起，而且总是给他人和社会造成很大的经济和其他损失。④

　　基于日常生活之中对黑客这一概念的理解和使用，黑客是包括"骇客"的；但是实际上"骇客"又没有遵循真正黑客的伦理准则来从事信息活动。面对这样的困境，本书研究试图对黑客从广义和狭义上进行区分。所谓狭义的黑客，它并不把"骇客"包括在内，它完全遵循上面的黑客伦理；而且判断一个高超的信息活动从事者是不是黑客也是以其是否遵循黑客伦理为标准。而广义的黑客则不是这样，它不只是包括狭义的黑客，而且还包括"骇客"，而这些"骇客"并不遵循黑客伦理。对黑客进行以上的区分，并且把这种区分的知识通过信息伦理教育传授给学生十分重要，一方面，能够消除学生认识上的误区；另一方面，如果学生成功地接受这一区分，在教育之中就有可能有针对性地让学生学习什么精神，不学习什么精神，充分而恰当地挖掘（广义）黑客的正面和反面的教育

---

① 胡泳：《我们是丑人和 Luser：网络胡话之二》，海洋出版社1999年版，第133—134页。
② 李伦：《鼠标下的德性》，江西人民出版社2002年版，第246页。
③ 同上书，第247页。
④ 吕耀怀：《信息伦理学》，中南大学出版社2002年版，第83页。

价值。

以上区分只是为（广义）黑客的正面和反面教育价值的恰当和充分挖掘使用提供了可能和基础，因为对狭义的（或者说真正的）黑客的伦理审查还需要进一步深入。

狭义黑客崇尚的一个伦理准则就是：未经许可可以自由地进入他人的计算机系统。这可以说是网络黑客存在的基础，如果没有这一伦理准则，黑客这一群体基本上就没有"用武之地"。那么，我们应该怎样来从伦理的角度来审视狭义黑客的这一信仰呢？

对这一问题，美国学者理查德·T. 德·乔治的观点十分鲜明，他认为任何未经许可进入其他人的计算机或者系统的行为都是对计算机或者系统拥有者的财产权进行侵犯的行为，而且这种行为还侵犯了他人的隐私。① 本书研究十分认同这一基本观点和立场。

但是上文提到的黑客埃德·琼斯就为自己的这种行为进行了辩护：如果黑客不更改任何形式的数据包括设置，也不破坏程序与指令，而仅仅四处逛逛，这是不违背伦理和法律的。② 这种辩护似乎是有力的，其逻辑是黑客并不对被"进入"计算机或者系统的拥有者造成"任何"损失，所以这种"进入"的信息行为是不违背道德的。但是这一辩护实际上并不是有力的，特别是把黑客的这种行为与对物理空间的侵犯进行对比就会得出完全不同的结论：身体入侵某个家庭的房屋或某家银行与未经许可通过网络"进入"别人的计算机系统之间是存在着差别的，然而两者肯定都是没有得到许可的擅自闯入；就像所有人都能理解锁上门意味着非正当持有钥匙的人是被禁止入内一样，每个正常的人都应该知道受到密码或者其他装置保护的计算机网络系统是禁止没得到许可而进入的；身体进入某个物理空间与通过网络进入他人计算机系统之间的差别虽然是很明显的，然而后者并不能改变这一信息行为的伦理属性。③

---

① ［美］理查德·T. 德·乔治：《信息技术与企业伦理》，李布译，北京大学出版社2005年版，第31页。

② ［美］理查德·A. 斯班尼罗：《信息和计算机伦理案例研究》，赵阳陵、吴贺新、张德译，科学技术文献出版社2003年版，第214页。

③ ［美］理查德·T. 德·乔治：《信息技术与企业伦理》，李布译，北京大学出版社2005年版，第31、32页。

　　现在需要澄清的一个问题是："黑客不更改任何形式的数据包括设置，也不破坏程序与指令，而仅仅四处逛逛"，这样真的不会给他人和社会带来"任何"损失吗？这种"侵入"别人的计算机系统无法回避的并不难理解的一个事实是，"侵入"的信息行为浪费了他人的计算机资源，而且也给他人带来了精神上的担忧。对于前者黑客埃德·琼斯辩护认为，"这实际上是一个虚构的论点。举例来说，多数黑客都是在系统没有人时的半夜或凌晨工作"。① 显然，这一辩护是站不住脚的，未经许可占用了他人的计算机资源，就是未经许可占用了他人的计算机资源，这一点并不会因为黑客侵占他人资源时他人是否正在使用该资源，也不会因为被侵占的资源对资源拥有者而言是不是稀缺的，而得到改变。依照上文乔治的与物理空间进行比较的论证思路，在物理现实空间里，侵占了他人的财产并不因为财产拥有者没有正在使用此财产，也不因为对财产拥有者而言这些财产不是紧缺的而否定侵占这一事实，而认为侵占是合乎道德的。

　　所以，认同黑客的"自由行动"的信仰和准则是不正确的。在开展信息伦理教育时对这一点有一个正确的认识是非常重要的。人类似乎有一种对技术特别是高超而神秘的技术的天生崇拜情结，可能正是由于这一情结，或者至少可以认为这一情结是一个重要因素之一，使人们对黑客在虚拟计算机网络空间里的"入侵"行为在相当程度上进行了宽容。对不在少数的青少年学生而言，这一"入侵"信息行为竟然成为学生的"榜样"，和在同辈面前炫耀的资本，这一点在我们的问卷调查结果中有所体现；青少年学生是信息伦理教育的受教育者，教师是信息伦理教育的施教者，而我们的调查结果显示，有许多教师对黑客的行为并没有正确的认识。这一点对于信息伦理教育而言是危险的，至少信息伦理教育的施教者不能向青少年学生传输错误的认识。

　　至此为止，我们还有兴趣对黑客与黑客伦理这一典型的信息伦理个案进一步挖掘下去，重要的是这种进一步深入的研究对信息伦理教育而言具有很大的价值。

　　"微软垄断案"曾是 IT 行业的一大热点，就在微软正用尽全力对付

---

　　① ［美］理查德·A. 斯班尼罗：《信息和计算机伦理案例研究》，赵阳陵、吴贺新、张德译，科学技术文献出版社 2003 年版，第 214 页。

这一案件的同时，使他们更为头痛的一股势力是早已产生并在迅速崛起的咄咄逼人的 Linux 及与其相关的"自由软件运动"（free software movement）和"开放源代码运动"（open source movement），Linux 及这两种运动对 IT 业和计算机网络带来了深远的影响，而且这种影响不只是局限于技术领域，它们对社会的伦理、法律和文化等方方面面也产生了巨大影响。[①] 使人感到惊讶的是，能够与微软这样的巨头抗衡的 Linux 竟然是"免费"的：用户不用花一分钱就可以从网上将这一软件全部下载，甚至可以取得其源代码，也可以只花上刻录光盘所需的成本费用就可以拥有它；更加让人不可思议的是，功能强大到如此程度的操作系统软件的始作俑者竟然只是个人而非大公司组织，它还吸引了如此之多的程序员为之日夜奉献激情。[②] 为什么会出现 Linux 及其之类的东西，Linux 的创始人李纳斯·托沃兹本人自己进行了解释：[③] 首先，他提出了所谓的李纳斯法则（Linus' Law），该法则认为人类活动的所有动机可以分为三种基本的递进的类型，它们依先后顺序分别是"生存"（Survival）、"社会生活"（Social life）与"娱乐"（Entertainment）。其次，他认为对真正的黑客（也就是狭义的黑客——引者注）而言，虽然"生存"依然是一种类型的动力因素，但它已不是黑客每天关注的重点；相反的，黑客已经超越了利用计算机技术谋求生存而进入了后面两个阶段，他们使用计算机主要是为了建立和维护社会关系和"社会生活"，然而对于黑客来说，计算机这一工具自身就是"娱乐"。托沃兹的这一解释无疑是成功的，但是与其如此解释，还不如把它归因于上文提到的黑客伦理中的"分享精神"。正是由于真正的（狭义）黑客奉行的这种黑客伦理，使得它们的信息活动中经常造成一种"乐于助人"的氛围。现实生活中，我们的教育者经常以树立榜样让青少年学习的方法来培养他们的"助人为乐"的品质，其实，虚拟空间中的真正黑客的这种"分享精神"也完全可以作为一种有效的道德教育资源。

---

　　① 李伦：《鼠标下的德性》，江西人民出版社 2002 年版，第 90—91 页。

　　② 李伦：《译后记》，载［芬］派卡·海曼《黑客伦理与信息时代精神》，李伦、魏静等译，中信出版社 2002 年版，第 185—191 页。

　　③ ［美］李纳斯·托沃兹：《黑客行为的动机是什么？——李纳斯法则》，载［芬］派卡·海曼《黑客伦理与信息时代精神》，李伦、魏静等译，中信出版社 2002 年版，序。

　　需要指出的是，黑客伦理作为道德教育资源其价值的体现并不止这些。芬兰学者派卡·海曼认为黑客伦理具有 7 种价值，它们分别是"激情"、"自由"、"社会价值"、"开放性"、"主动性"、"关怀"和"创造性"。① 但是对于这 7 种价值，我们需要慎重，因为笔者仔细研读了派卡·海曼的《黑客伦理与信息时代精神》中对这 7 种价值的阐释内容后，发现我们需要批判性地看待这些价值。

　　国内学者茅于轼认为，"社会的动荡是可怕的，道德观的混乱更是可怕的"。② 对于黑客现象及其伦理来说正是存在着这种"可怕的"混乱。所以在开展信息伦理教育实践时，以上努力正是一种消除"可怕的"道德观混乱的工作。它是必要和有价值的。早在 1990 年美国学者格瑞葛·凯思利（Greg Kearsley）就从信息安全的角度提出，教育管理者需要警惕黑客行为。③ 其实，我们对这一问题重视的视角更应该拓展到"教育"上面来，而且不只是教育管理者要重视，广义的教育者都应该警惕；当然，教育者对黑客行为的警惕的前提是，教育者自身对黑客伦理有正确和全面的认识。另外，在信息伦理教育中，道德观上的混乱并不只存在于黑客这一问题之上，如网络游戏也可能存在这方面的问题。对网络游戏，本书研究限于篇幅不再作深入分析。

　　对于信息伦理教育者而言，需要从黑客和网络游戏等的具体案例之中总结出一些信息伦理原则，并且要用正确的途径使受教育者能够真正掌握和成功地在信息活动中加以应用这些信息伦理原则。机构或学者在信息伦理原则方面已有研究成果，在前面文献综述中有呈现，但是现有的信息伦理原则远不止这些。如理查德·思韦森还提出了以下四条他认为最为重要的信息活动中必须遵循的原则："尊重知识产权"；"尊重隐私"；"以公正的方式展示信息产品开发成果"；"不实施邪恶行为"（或者'不伤害'）。④ 但是，对于这些国外的信息原则，信息伦理教育者需要对之进行

---

　　① ［芬］派卡·海曼：《黑客伦理与信息时代精神》，李伦、魏静等译，中信出版社 2002 年版，第 103—105 页。

　　② 茅于轼：《中国人的道德前景》，暨南大学出版社 1997 年版，第 286—287 页。

　　③ Greg Kearsley, *Computers for Educational Administrators*：*Leadership in the Information Age*, New Jersey：Ablex Publishing Corporation, 1990, p. 78.

　　④ Richard J. Severson, *The Principles of Information Ethics*, New York：M. E. Sharpe, 1997, p. 17.

基于文化和国情的具体审查，才能接着以合理的方式对受教育者进行传授。

第三节　命题三：信息伦理教育应从"目的论"视角强化"道德灌输"，从"方法论"视角批判"道德灌输"

对构建信息伦理教育的"理想型"而言，怎样进行信息伦理教育是一个不可回避的问题。在普通的道德教育之中，一个研究的重点议题是"道德灌输"；而在信息伦理教育论域内，"道德灌输"问题同样也需要特别关注。

"道德灌输"往往是日常生活和学术理论中鞭挞的对象，特别是在"素质教育"的视阈中，"道德灌输"更是没有任何"地盘"。这是有关"道德灌输"的事实的一个方面；另一方面，列宁在《怎么办？》中提出："工人本来也不可能有社会民主主义的意识。这种意识只能从外面灌输进去。"① 在这里，列宁使用了"灌输"一词，甚至在马克思主义理论中，"灌输论"都成为一个世人公认的"重要原理"。②

以上关于"道德灌输"的两个方面，从表面上看，似乎是矛盾的，"具有概念上的不可通约性（incommensurability）"③。在信息伦理教育之中，有必要对"道德灌输"有一个正确的认识，否则就会导致由于理论的混乱而带来的信息伦理教育实践的不知所措现象的出现。

其实，我们认为"不可通约性"只是事物的表象，如果从不同的视角对"道德灌输"进行审视，会发现以上两个方面并不矛盾。然而，对"道德灌输"的讨论必须从"灌输"这一概念的内涵进行分析开始，这样可以得到"道德灌输"的科学界定。

---

① 列宁：《怎么办？》，人民出版社1971年版，第30页。

② 孙来斌：《"灌输论"思想源流考察》，《武汉大学学报》（哲学社会科学版）2004年第1期，第119—123页。

③ ［美］A. 麦金太尔：《德性之后》，龚群、戴扬毅等译，中国社会科学出版社1995年版，第11页。"不可通约"的意思如下："为一数学概念，泛指在通常范围内的某个量（如价值、尺寸等），缺乏比较的共同基础，也就是说，是不能比较的，无共同尺度的。"（本页译者注）

一、"灌输"与"道德灌输"的概念内涵

在《现代汉语词典》中，"灌输"的本义为"把流水引导到需要水分的地方"，引申义为"输送（思想、知识等）"。① 在这两个解释之中，关键词是"引导"和"输送"，但是这两个词并没有"强制"等的贬义色彩，而且"引导"一词如果作用对象指的是人的话，则还具有一定的"民主气息"。总之，在汉语之中，"灌输"一词至少是具有中性色彩的。在《金山词霸》（2002 共享版）中，"灌输"一词对应的英语有"influx"、"infuse（infusion）"和"instill"。这里的"灌输"是一种宽泛的概念。其实本书所探讨的"灌输"的对象都是"思想"，所以我们可以更为精确和直接地查"灌输思想"一词，在《金山词霸》（2002 共享版）中，"灌输思想"对应的英语是"indoctrinate"。所以当我们考察"灌输"在英文中的含义时，应该重点地考察"indoctrinate"。《新英汉词典》对"indoctrinate"的解释为："灌输；教，教训。"② 在这里，"灌输"有"教"（即教育）之义；另外，"教训"一词有强制的意味，所以"灌输"一词也应含有强制的倾向。但是我们并不能笼统地认为所有的"强制"都是贬义的，也不能认为所有的"强制"在伦理上都是"不应该"的。在英语世界较为权威的《韦氏词典》对"indoctrinate"的释义为："指导，特别是在基础知识方面：教学；教给（某人）特定团体的信仰和教条。"③《韦氏词典》对"灌输"的解释明显的有"指导"和"教学"之意，而且从褒贬色彩来看，也基本上是中性的。

所谓道德，指的是"以善恶评价为形式，依靠社会舆论、传统习俗和内心信念用以调节人际关系的心理意识、原则规范、行为活动的总和"。④ 这里所给出的是一种对道德的较为宽泛的理解，其实道德主要指

① 中国社会科学院语言研究所词典编辑室编：《现代汉语词典》，商务印书馆 2006 年第 5 版，第 507 页。

② 《新英汉词典》编写组编：《新英汉词典》（增补本），上海译文出版社 1985 年第 2 版，第 644 页。

③ ［美］梅里亚姆—韦伯斯特公司编：《韦氏词典》，梅里亚姆—韦伯斯特公司（兴国图书出版公司北京公司重印）1996 年版，第 380 页。

④ 朱贻庭主编：《伦理学小辞典》，上海辞书出版社 2004 年版，第 29 页。

的是一种他律和自律的规范。所以"道德灌输"主要指的是对道德规范的一种"输送"。如果只是从字面意义上理解，"道德灌输"也只是一种中性的范畴，并没有褒贬之分。

但是，在近代的道德教育思想史上，对"道德灌输"的批判却是强势话语，并且很少有不同的声音。杜威（John Dewey）"把思想灌输理解为系统地运用一切可能的方法使学生铭记一套特定的政治和经济观点，排除一切其他观点"，他认为"这个意义是从'反复灌输'这个词来的，本义是'用脚跟压印'。这个意思不能完全按照字面来理解，但是，这个概念包含有压印的意思，偶而的确包括物质的措施"。① 我们可以来分析解读一下杜威的以上观点，首先，"思想灌输"肯定是包括了伦理道德规范的灌输，但是在上面所引用的杜威的话中，他的"思想灌输"只是包括了"政治和经济观点"，这样的表述起码不是严谨的。其次，杜威认为"这个概念包含有压印的意思"，从这一点上看，杜威对"灌输"的理解已经超越中性的界线。为什么杜威会有如此的理解，这恐怕同他对他当时所处的美国学校教育现状的观察和批判有关，并且他"正确"地用了"思想灌输"这一概念来概括和攻击当时的学校教育。最后，杜威认为"思想灌输""偶而的确包括物质的措施"，也就表明在他所理解的"思想灌输"中的确是含有贬义的意味。

英国分析哲学家彼得斯（Richard Stanley Peters）认为，"所谓灌输的方法实质是指一种特殊类型的教学……这种教学迫使儿童接受一种既定的规则体系，而这一规则体系对儿童来说是不能以批判的态度来审视的"。②

近代对"灌输"的界定基本都是呈现负面性或者负面倾向的，也就是说，"灌输"和"道德灌输"成了教育学界鞭挞的对象。显然，从表面上看这与作为马克思主义"重要原理"之一的"灌输论"是矛盾的。为了解决这一矛盾，有论者认为："列宁是从更加广义的角度来使用灌输这个概念的，从某种程度上说，它与教育、宣传教育和思想政治教育是一个同等层面的概念，而不是作为具体教育科学的一个专门术语，列宁的灌输

---

① ［美］杜威：《道德教育原理》，王承绪等译，浙江教育出版社 2003 年版，第 336 页。

② R. S. Peters, *Authority*, *Responsibility and Education*, Rev. ed, London：Allen and Unwin, 1973, p. 155. 转引自邬冬星《彼得斯的道德教育哲学》，硕士学位论文，杭州大学，1997 年，载［英］彼得斯《道德发展与道德教育》，邬冬星译，浙江教育出版社 2000 年版，附录。

理论从原理层面，而不是从方法论层面论述了社会主义意识形态教育的客观性和必然性，并不是教育学所指的灌输。"① 我们认同这一说法，但是不幸的是，它并没有能够成功地解决上述矛盾。

要解决上述矛盾，我们可以从"目的论"和"方法论"两个不同的视角来对"道德灌输"进行审视。在这里，我们所指的"目的论"与伦理学中的"目的论"是不同的，在伦理学中，"目的论"的基本命题是"行为的道德价值根本上依赖于它们自然倾向要产生的效果"；② 然而在这里，我们"目的论"的视角指的是，在看待"灌输"和"道德灌输"之时，我们是且只是从"目的"这一个方面和维度出发，而在"灌输"和"道德灌输"的其他维度不作任何意义表达。这样我们从"目的论"所理解的"灌输"就是"灌输"在汉语中的最为基本的意思，即"输送"（思想、知识等），也就是使被"灌输"的对象的意识发生改变：从没有具有某种特定的"思想、知识等"到具有这种"思想、知识等"；特别需要强调的是，"目的论"的"灌输"关注的是且只是这种状态的改变，而在怎样改变这种状态这一维度不作任何的表达；但是"目的论"的"灌输"却强烈地表达了这种状态改变的合理性和必要性。具体到"道德灌输"这一概念上来，"目的论"视角的"道德灌输"就是要使被"灌输"的对象从没有具备特定的道德品质的状态改变到具有这一道德品质，在这里"道德灌输"同样地不在怎样使被"灌输"的对象具有这一道德品质上做任何的表达，但是却强烈地表达了使其具有这一道德品质的合理性和必要性。

从"目的论"的视角来看，信息伦理教育中的"道德灌输"表达的是如下的内涵：要使信息伦理教育的被"灌输"对象即信息伦理教育的受教育者，从没有具备特定的"信息德性"和"信息伦理智慧"这样一种道德水平状况，改变到具有特定"信息德性"和"信息伦理智慧"这种道德水平状况；在这里信息伦理教育的"道德灌输"不在怎样使信息伦理教育被"灌输"的对象具有这一"信息德性"和"信息伦理智慧"上做任何的表达，但是却强烈地表达了使信息伦理教育的受教育者具有这

---

① 佘双好：《现代德育课程论》，中国社会科学出版社 2003 年版，第 103—104 页。

② ［美］弗兰克·梯利：《伦理学导论》，何意译，广西师范大学出版社 2002 年版，第 83 页。

一特定"信息德性"和"信息伦理智慧"的合理性和必要性。例如，在信息伦理教育之中，需要使受教育者掌握一定的和特定的信息伦理规范（知识），但是从"目的论"的视角来看，信息伦理教育的"道德灌输"并没有意味着要以强制的"填鸭式"的方式来使受教育者掌握这些信息伦理规范（知识），它并没有在信息伦理教育的教学方法上表达任何信息。

再来从"方法论"的视角来审视"灌输"和"道德灌输".这两个概念。在这里"方法论"并不是一个"具体方法"的上位概念，它只是指并且强调，我们的视角只是从"方法"这个维度出发，而不作其他方面的表达。从"方法论"的视角来看"灌输"，它是一个贬义词，它表达的是方法的低效性和不合理性；这一"灌输"最为明显的特征是方法上的强制性（贬义的），这种强制性是一种粗暴的方法，是一种没有效率或者效率低下的方法。使用"方法论"上的"灌输"往往达不到"目的论"视角下"灌输"所要达到的目的。"方法论"上的"道德灌输"指的是使用强制方法（贬义的）在客体不愿意接受的状态下迫使客体接受特定的道德规范等。同样地，"方法论"视角下的"道德灌输"是一种效率低下甚至没有效率的教育方法；使用"方法论"意义上的"道德灌输"这样一种粗暴的教育方法往往也不能够达到"目的论"视角下"道德灌输"所要达到的目的。

从"方法论"的视角来看，信息伦理教育中的"道德灌输"表达的是如下的含义：在信息伦理教育中要使用强制方法（贬义的）在客体，即信息伦理教育过程中的受教育者，不愿意接受的状态下迫使客体接受特定的与"信息德性"和"信息伦理智慧"相关的知识和训练。"方法论"视角下的信息伦理教育"道德灌输"是一种效率低下的甚至没有效率的信息伦理教育方法。使用"方法论"意义上的信息伦理教育"道德灌输"这样一种粗暴的信息伦理教育方法，往往不能达到"目的论"视角下的信息伦理教育"道德灌输"所要达到的目的。

显然，在上文中马克思主义的"灌输论"是基于"目的论"视角的，而杜威和彼得斯的论述则是基于"方法论"视角的。

二、信息伦理教育"道德灌输"的必要性："目的论"的视角

"目的论"视角下的信息伦理教育"道德灌输"的合理性和必要性如

何？回答这一问题是接着我们所要做的努力。当然，这里的"道德灌输"指的是使受教育者，从不具备某种特定信息道德品质的状态改变到使其具有该信息道德品质的状态，这种信息伦理教育的"道德灌输"是与信息伦理教育的"方法"无涉的。

对年青一代进行"道德灌输"的必要性，其实在很古老的年代里就有先哲们认识到了。古希腊智者派哲学家安提西尼（Antisthenes）认为："埋入泥土中的是什么种子，生长出来的也就是什么果实。如果在青年人的灵魂中灌输高尚的教育，那么开出来的花朵也就能耐久，不为雨水和干旱所摧折。"①

那么，为什么需要对青年一代进行"道德灌输"呢？这个问题需要从两个方面来进行解答：一方面，"人非生而知之"，在道德这一方面也是如此；另一方面，一个人具有高尚的道德品质对于个人的幸福和整个社会的福利至关重要。对信息伦理教育而言，一方面，受教育者对与"信息德性"和"信息伦理智慧"相关的知识并不是"生而知之"的；另一方面，在信息社会，信息活动在人的整个活动中的重要性日益增强，一个人具有高尚的"信息德性"和高超的"信息伦理智慧"对于个人的幸福与社会的福祉的实现是十分重要的。

英国著名哲学家洛克认为，"知识是被限定在观念（ideas）上的——不是理性主义者的天赋观念，而是由我们所经验的对象所产生出来的观念"，"我们的一切观念没有例外都是通过某种经验而到达我们的。这就意味着每个人的心灵在一开始都像一张白纸，只有经验能够后天地在它上面写下知识。"② 这就是其著名的认识论的"白板说"。其实他的这一理论观点十分简单，表达的就是人生下来并没有任何的观念意识，人的知识观念的获得纯粹地是来自于后天的经验。那么具体到人的道德品质上来，就是人并非是先天就知晓道德规范和具备一定的道德品质，人道德规范的知晓并且在此基础之上道德品质的获得需要通过后天的经验来获得。信息活动的主体也并不是先天就具有一定的信息伦理知识和其他相关知识，也不

---

① ［苏］米定斯基：《世界教育史》，叶文雄译，生活·读书·新知三联书店1950年版，第27页。

② ［美］撒穆尔·伊诺克·斯通普夫、詹姆斯·菲泽：《西方哲学史》（第七版），丁三东等译，中华书局2005年版，第379页。

是先天就有一定的"信息德性"和"信息伦理智慧"，其对信息伦理知识和其他相关知识的掌握并且在此基础之上"信息德性"和"信息伦理智慧"的取得需要通过后天的经验来获得。通过后天经验获得信息道德品质的有效途径就是信息伦理教育的"道德灌输"，只有通过信息伦理教育"道德灌输"，这种有强烈目的意图的有方向指引的"道德经验"，年青一代才能够获得必需的信息道德品质。当没有信息伦理教育的"道德灌输"时，年青一代的"信息道德经验"是没有目的没有方向的，如此则在其年龄增长的过程中，信息"道德经验"是混乱的，有正向的也有负向的，所以就不能够获得高尚的信息道德品质，不能具有"信息德性"和"信息伦理智慧"。

洛克所指的"理性主义者"的一个典型代表是德国哲学家康德。在康德的伦理学中，主管人的道德行为的是"善良意志"，"善良意志"指引人们根据"道德命令"来发生道德行为，而"善良意志"和"道德命令"又都是人先天获得的。[①] 这显然是一种先验的唯心主义。其实，我们在道德方面并不是生而有修养的，而是一种后天的教育和社会化过程，也就是说正是后天的有效和正确的教育与社会化过程使人具备一定的道德品质。这一点对信息伦理同样适用。

道德品质对个人的幸福和整个社会的福利又是不可缺少的。首先，从道德品质或者说德性与个人幸福的关系来看。在亚里士多德的伦理学里，幸福是与德性相符的精神活动。[②] 由此可见，幸福与个人的道德品质密切相关，如果一个人没有一定的道德品质，他（她）就不会拥有真正的幸福，即德性是幸福的充分条件。以上是一种形而上的思考。其次，我们还可以通俗地将幸福划分为"物质幸福"的"精神幸福"。这一划分方法遵循了哲学上的"物质"和"精神"的两分法。所谓"物质幸福"就是与物质资料的丰裕程度给人的不同感受相关的幸福；而"精神幸福"则是一种纯粹的心灵的幸福，它是与物质不相关的。至于幸福的结构问题，一般说来是要达到"物质幸福"与"精神幸福"的协调与和谐，只有"物质幸福"或者说"物质幸福"过盛而"精神幸福"缺乏，这并不是幸福

---

① 宋希仁主编：《西方伦理思想史》，中国人民大学出版社 2004 年版，第 320—343 页。

② 转引自［日］小仓志祥编《伦理学概论》，吴潜涛译，中国社会科学出版社 1990 年版，第 80 页。

要达到的理想状态，或者并不是一种真正的幸福；只讲究"精神幸福"或者说"精神幸福"过盛而"物质幸福"匮乏，这也不是幸福的理想状态和真正的幸福。以上只是一种一般情形，幸福的理想结构又是因人而异的。当然，这两种幸福并不是截然分开的，它们之间是高度相关的。那么，德性能否为人带来"物质幸福"呢？从总体和长远来看，德性能够带来"物质幸福"，更为准确地说，德性的附带品中长远和总体地看有"物质幸福"。这一点可以从"信用"这一美德为例证，在日常生活中，当人们讲信用时，可能会失去眼前的局部的物质利益，但是长远地总体地看，这种信用能够带来更大更多的物质利益。再来从"精神幸福"的角度来探讨，中国传统文化是强调"和谐"与"中庸"，而在古希腊哲学贵"秩序"与"中道"，就人的"精神幸福"而言，关键在于"内心安宁"、"平衡"与"有序"。而柏拉图认为："德性是心灵的秩序。"① 也就是说，一个人有了道德品质就能求得内心的秩序与安宁。所以，有了德性就能够有"精神幸福"。"心灵中的道德观念是人生的定盘针，决定着人们的价值取向、价值目标、生活方式、行为方式。正是这种观念，滋润着心灵，决定着心灵的秩序。从而使心灵顺适调畅，毫无窒碍。"② 所以，在苏格拉底的观念中，人生的"幸福"来源于对善的拥有，做善事是获取幸福之根本。③ 在信息社会，"信息德性"是人的德性的重要组成部分，这与信息技术的日益普及并且在此过程中信息活动对人的生活越来越重要有关。所以，一个人拥有"信息德性"和"信息伦理智慧"对其在信息社会获得幸福至关重要。

从以上分析我们知道，对于处于信息社会的个人的幸福而言，"信息德性"是必不可少的，所以这就需要对作为信息伦理教育的受教育者的每一个个人进行"道德灌输"，因为只有"目的论"上的信息伦理教育"道德灌输"，也只有对这种"道德灌输"的强调才能够使人具有"信息德性"。从社会层面来看，也会得出相同结论。信息社会的和谐有序运转

---

① 转引自陈法根主编《心灵的秩序：道德哲学理论与实践》，复旦大学出版社 1998 年版，第 14 页。

② 陈法根主编：《心灵的秩序：道德哲学理论与实践》，复旦大学出版社 1998 年版，第 14 页。

③ 宋希仁主编：《西方伦理思想史》，中国人民大学出版社 2004 年版，第 18 页。

首先需要信息法律的控制与管理，信息法律的典型特征和长处是其强制性。但是，信息法律的作用的发挥并不是无限的，社会生活中有许多地方是信息法律没有规范的，甚至信息法律不能够规范，在这些领域就需要有信息道德伦理。"健全的社会离不开健全的人心，健全的人心离不开德性的支持。"① 然而，"信息德性"的具有需要有效的信息伦理"道德灌输"。

以上只是笼统的形而上的探讨，让我们直接面对我们所处的现实处境。美国著名的伦理学家麦金太尔认为，当代社会人们的道德实践处于深刻的危机之中，这种危机表现在这样三个方面：首先，在社会生活中的人们对道德判断的运用，只是纯粹主观和情感性的；其次，在社会生活中人们个人的道德价值、立场和原则的选择，只是没有客观根据的主观选择；最后，从传统意义上来看，德性本身已发生了质变，并且它已经从先前的在社会生活中的中心位置退居到了社会生活的边缘。② 所以，我们强调"目的论"的信息伦理教育"道德灌输"有着深刻的现实意义。

我们论证了"目的论"的信息伦理教育"道德灌输"的合理性和必要性，其实这也是在论证"信息伦理教育"的必要性。但是"目的论"的信息伦理教育"道德灌输"表达的使受教育者"信息德性"状态的提升的决心和意图更为强烈和坚定。

三、信息伦理教育"道德灌输"的批判："方法论"的视角

从"方法论"的视角来看待信息伦理教育"道德灌输"，也就是说把"道德灌输"看做且只是看做一种信息伦理教育的方法。这是现实生活之中较为经常和容易犯的一种错误，因为"灌输"是一种代价较少的较为简便的信息伦理教学方法，但是人们往往忽视了其中的关键一点，就是"方法论"视角的信息伦理教育"道德灌输"也是较为没有效率的教育方法，原因是它忽略了信息伦理教育的受教育者的主体性。在信息伦理教育的实践中，正是由于"道德灌输"的"代价小"和"简便性"，另一方

---

① 陈法根主编：《心灵的秩序：道德哲学理论与实践》，复旦大学出版社 1998 年版，第13 页。

② ［美］A. 麦金太尔：《德性之后》，龚群、戴扬毅等译，中国社会科学出版社 1995 年版，译者前言。

面人们又没有充分考虑到"道德灌输"的效率低下性，所以"道德灌输"也就成为最为常见的信息伦理教育方法。然而，促使信息伦理教育"道德灌输""横行"的还有另外一个因素，就是德育的困难性[①]。正是由于德育的困难性，自古至今，虽然人们一直在探索，但是总是没有能够找到一套行之有效的为大家广泛接受和采用实行的道德教育方法。在此情形之下，方法上的"道德灌输"就成为学校道德教育中的最为常见的一种现象。对信息伦理教育而言也是如此。

对于何谓"方法论"的信息伦理教育"道德灌输"，需要有一个定性标准。统观人们对作为方法的"道德灌输"的批判，可以认为对"道德灌输"的主要诟病是其对受教育者的主体性的漠视，至少是关注不够。其实，是不是重视受教育者的主体性，可以作为，作为方法的"道德灌输"的基本判断标准，如果某种道德教育方法对受教育者的主体性有了足够的关注，则其就是一种"方法论"上的"非道德灌输"的德育；如果某种道德教育方法对受教育者的主体性是漠视的或者说是关注不够的，则其就是"方法论"上的"道德灌输"。对于这一判断标准，需要作如下的解释和强调。首先，这只是一个定性的判断标准，评价一种道德教育方式对受教育者的主体性的关注程度是否足够，这是一项很难量化的工作。其次，这是一个基本的判断标准。统观对"道德灌输"的种种批判，其实都可以归结到"对受教育者主体性的重视与否"这一问题上来。正是从这一意义上，我们认为这一判断标准是"基本"的。第三，"对受教育者主体性的重视"这一概念指涉十分广泛，它包括了教育者在施教的过程之中是否考虑到了受教育者的兴趣与爱好、是否考虑到了受教育者的接受能力，等等。如果满足了以上条件，这种教育方法就是信息伦理教育的"方法论"的"道德灌输"。

作为方法的"道德灌输"并不是近现代才出现的，它有着"悠久"的历史。对"道德灌输"的批判也至少可以追溯到我国的先秦时期和西方古希腊时期。孔子认为："不愤不启，不悱不发。举一隅不以三隅反，

---

① 关于"德育的困难性"，引自檀传宝《德育之重、德育之难与德育之急："当代中国德育问题研究"丛书总序》，载檀传宝主编《网络环境与青少年德育》，福建教育出版社 2005年版。

则不复也。"① 对孔子的这一句对教育方法的论述，李泽厚的注解是："不刺激便不能启发，不疑虑便没有发现。指出桌子一个角，不知道还有另外三个角，我也就不再说了。"② 孔子作为一位教育家，其关于教育方法的这一论述是精辟的。由于孔子的教育从内容上讲主要是道德教育，所以其教育方法可以认为是一种道德教育方法。孔子的这一论述是对作为方法的"道德灌输"的一种批判，因为他主张对受教育者进行"刺激"以"启发"受教育者主动去思考，他还主张使受教育者主动地对事物进行"疑虑"，在此基础之上使受教育者有所"发现"；尤其难能可贵的是，孔子还认为要根据受教育者的接受能力进行道德教育，否则"就不再说了"。这些都说明孔子对受教育者主体性的充分考虑，并且在此基础之上使用正确的方法进行道德教育。因此，我们可以认为孔子是最早对作为方法的"道德灌输"进行批判的教育家之一。

在西方，古希腊的苏格拉底在教育方法上提出了著名的苏格拉底"助产术"，这种方法要求受教育者和教育者之间共同讨论，互相激发，共同寻找问题的正确答案；它有利于激发受教育者积极思考和独立判断。③ 我们同样可以认为，苏格拉底这是从教育方法上对"灌输"的一种反动，因为它充分地强调了受教育者的主体性。"苏格拉底教化哲学的目的就是去启迪人们久已沉睡的美德的种芽，叫他们去认识真理，他的目的不是使他们成为有学问的人，而是使他们成为幸福的、有德性的生活者。"④ 由此可见，苏格拉底所谓的教育主要是道德教育，所以他的教育方法苏格拉底"助产术"也主要是一种道德教育的方法。所以，苏格拉底对这种道德教育方法的主张也就是对"道德灌输"的批判与反动。

近代以来，教育学家对作为方法的"道德灌输"的批判是更为直接和尖锐的，上文所列举的杜威和彼得斯就是其中的代表。需要重点提出的是，在英国形成了一个专门反对"道德灌输"的理论学派，他们分别从

---

① 《论语·述而》。

② 李泽厚：《论语今读》，安徽文艺出版社 1998 年版，第 174 页。

③ 王天一、夏之莲、朱美玉编著：《外国教育史》（上册），北京师范大学出版社 1984 年版，第 41 页。

④ 金生鈜：《德性与教化——从苏格拉底到尼采：西方道德教育哲学思想研究》，湖南大学出版社 2003 年版，第 37 页。

目的、内容和方法三个角度对他们所理解的"道德灌输"进行了全面的批判：其一是以牛津大学道德哲学家哈尔为代表的"意图论"派，他们揭示了"道德灌输"在教育目的这一维度上的特征，认为如果一个教师的道德教育目的是要封闭僵化学生的思想，那么这个教师就是在进行"道德灌输"；在这种情形下，作为教育者的教师目的和意图就是要用各种方法使受教育者学生无条件地接受特定的教育内容，而不允许学生对这些教育内容的合理性进行任何质疑。其二是以教育哲学家和道德教育理论家威尔逊为代表的"内容论"派，他们揭示了"道德灌输"在内容这一维度上的特征，认为"道德灌输"是没有能够得到公众一致和普遍接受的证据所证实的教条式教学；在这种情形下，道德教育的内容是那些已经建立的信条、价值定向或者世界观，然而这些教育内容可能是不合理的，是没有根据的，是不可以证实和经不起检验的。其三是以阿特金逊为代表的"方法论"派，他们揭示了"道德灌输"的方法特征，认为"道德灌输"的实质并不在于内容的不合理，而是在于方法上的不恰当。[1] 对于英国的这一反"道德灌输"理论学派的理论需要进行分析。首先，从上文可知，"意图论"与"内容论"其理论十分相似，都是要求"学生无条件地接受特定的教育内容"。但是，我们并不认为，要求"学生无条件地接受特定的教育内容"就一定会导致人们一般所理解的"道德灌输"，因为如果学生对这些特定的教育内容感兴趣，有能力接受，而且教育者在道德教育过程中使用的是"非道德灌输"的教育方法，则这种道德教育就并不是"道德灌输"了。所以，要判断某种道德教育是否是人们一般所理解的"道德灌输"，关键是看教育的方法。至此，可以认为，其实对"道德灌输"的批判应该归结到"方法论"的维度上来，这才是真正的需要批判的对象。其次，"目的论"的"道德灌输"是我们所赞同支持的，但是"目的论"的"道德灌输"至少有以下两点应有之义：一是道德教育的目的是合理的；二是道德教育的内容是正确的。也就是说，只有符合了这样两点的道德教育才可能是"目的论"的"道德灌输"。所以，以此为标准，"意图论"所揭示的道德教育并算不上是"目的论"的"道德灌

① 刘梅：《西方"道德灌输批判"的意义及启示》，《理论探讨》2000 年第 5 期，第 107—109 页。

输"，而"内容论"所揭示的道德教育则只是有很小可能是"目的论"的"道德灌输"。再次，我们赞同"方法论"派的观点，"道德灌输"的不合理性不在于内容，而在于方法。

综上所述，我们提倡"目的论"视角的信息伦理教育"道德灌输"，意图在于使受教育者成为有"信息德性"和"信息伦理智慧"的人；我们批判"方法论"视角的信息伦理教育"道德灌输"，目的在于倡导对受教育者主体的关怀以及对信息伦理教育效率的重视。而且，这两者之间并不是矛盾的，只有主张"目的论"视角的信息伦理教育"道德灌输"才能使人们拥有"信息德性"，才能为社会带来福利，为个人带来幸福生活；也只有从"方法论"上拒斥信息伦理教育"道德灌输"，才能使信息伦理教育具有效率，才能使"目的论"的信息伦理教育"道德灌输"得到实现。

第四章

信息伦理教育"理想型"构建（下）

本章探讨的内容主要与信息伦理教育过程中"师生关系"、"性别针对性"和"评价"三个主题相关。首先，在信息伦理教育过程中，存在着教育者权威的丧失以及教育者与受教育者之间沟通困难的困境，教育者权威丧失会导致"信息伦理相对主义"的滋生，对这一问题的克服需要消除教育者与受教育者之间的"信息代沟"。其次，信息伦理不只是一种信息活动主体必须履行的道德义务，而且还是其应该享有的道德权利；有效的信息伦理教育是实现信息正义的公器，而信息伦理教育有效性的达成需要在信息伦理教育中强调性别针对性。最后，网络匿名性导致了信息伦理教育评价的特殊困难，这也就凸显了信息伦理自律的重要性；信息伦理自律呼唤儒家伦理文化中的"慎独"精神；"慎独"精神无论作为一种信息伦理修炼方法，还是一种信息伦理境界，都值得重视。

第一节　命题四：信息伦理教育需要克服
"信息代沟"所造成的教育困境

对传统道德教育而言，只要不是在强烈的"学生为中心"的教育文化氛围之中，教师权威总是能够从整个教育过程的许多方面体现出来。这种教师权威的呈现有多方面原因：一方面，从年龄来看，教师一般而言是属于年长的受尊重的一方；另一方面，虽然还有其他原因，但是一个较为重要的原因是，教师在知识和智慧的拥有上超过了年纪轻的受教育者一代。教师很大程度上是因为其知识和智慧的丰富而合法地取得了道德教育者的地位。但是在社会信息化的过程之中，这一点却在改变。

一、权威的丧失与沟通的困难

我们的调查结果显示，现实的信息伦理教育的现状是，这种教师在教育之中"合法地"享有权威的局面在一定程度上受到了挑战：有 45.2% 的大学生（以本科生为主）认为教师对信息技术的掌握程度比自己差或者同自己相当；另外，有 39.4% 的教师认为学生的信息技术水平比自己高，41.5% 的教师认为学生的信息技术水平与自己相当。现实生活中有许多青少年学生对教师在信息伦理教育过程中的权威表示质疑，在这种质疑的背后，是对教师们、这些原本是理所当然的施教者的能力的不信任。而且，这种不信任到了教师那里就成为了一种不自信。而教师不管是教授什么科目的，他们对信息技术的自信对有效的教育而言是必不可少的。①

这里存在一个可能被质疑的地方是：教师"术业有专攻"，所教科目也不都是与信息技术相关的，为什么要所有的教师的信息技术水平都要比学生高？首先需要申明的是，本书研究并没有要求所有的教师的信息技术水平都比学生要高，而且达到这一点也是不大可能的，这正是因为教师"术业有专攻"以及所教科目与信息技术的相关性不尽相同。我们只是把教师作为一个整体来考查，得出了作为教师其在信息技术水平与受教育者学生相比没有传统的优势。那么，可以和有必要把教师的整体与学生的整体在信息技术水平方面作比较吗？为什么在探讨物理或者化学教育时，不把教师的整体和学生整体在物理或者化学水平上进行比较？对这一质疑的解惑需要区分道德教育——信息伦理教育是道德教育的一个组成部分——与物理或者化学教育的不同之处。杜威认为：

　　道德目的应当普遍存在于一切教学之中，并在一切教学中居于主导地位——不论是什么问题的教学。如果不能做到这一点，一切教育的最终目的在于形成品德这句尽人皆知的话就成了伪善

---

① Chris Abbott, *ICT*: *Changing Education*, London and New York: RoutledgeFalmer, 2001, p. 46.

的托词。①

　　虽然本书研究认为，杜威的"道德目的"应该"在一切教学中居于主导地位"的观点值得商榷，因为我们并不能认为物理或者化学教育的"主导目的"是"道德目的"（这一点与物理或者化学教育中需要渗透道德教育的主张并不矛盾），但是，不可否定的是：正如杜威所言，"道德目的应当普遍存在于一切教学之中"。也就是说，所有的学科教育都不能与道德教育隔离开来，不能认为非道德教育学科可以不渗透道德教育。在信息社会，作为道德教育一个重要组成部分的信息伦理教育，同样地也应该在所有非直接信息伦理教育的教学之中有所渗透，甚至这种渗透需要占有一定的重要地位。这是对于信息伦理教育而言，而对于其他的如物理或者化学教育来说，情形却不是这样：总不能要求所有的学科教学都需要进行物理或者化学教育的渗透吧?! 前面我们已有论证，信息技术知识与水平在信息伦理智慧的形成上有着重要的作用。以上两个方面，正是本书研究比较教师与学生之间信息伦理水平高低的一个出发点与理论依据。

　　现在面临的信息伦理教育困境是：教师由于面对日新月异的信息技术，知识上不能跟进，而在教育者的权威和能力上受到了质疑和挑战。

　　在信息伦理教育现状的另一方面是，作为教育者的教师与作为受教育者的学生之间，在信息伦理方面沟通的困难。本书研究的调查显示：只有20.2%的教师明确表示不能够理解学生的信息行为，36.8%的大学生（以本科生为主）认为从总体上看教师不能理解他们的信息行为。这里需要说明的是"教育"与"沟通"这两个概念之间并非总是正比关系，因为"沟通"并不一定是"教育"的必要条件，"合理的"教育需要教育者与受教育者之间的充分"沟通"，而教育者与受教育者之间不能充分"沟通"的教育大抵是"不合理的"。而教师和学生之间能够"沟通"，也并不意味着两者之间一定存在着"教育"关系；教师同学生之间能够"沟通"，但教师在事实上并没有实施"教育"行为的情况也是存在的。从上面的调查数据可以看出，在我国信息伦理教育的实践中，教师与学生

---

　　① J. Dewey, *Moral Principles in Education*, *In The Middle Works of John Dewey* (1899—1924), Vol. 4 (1907—1909), Illinois：Southern Illinois University Press, 1971, p. 267，转引自黄向阳《德育原理》，华东师范大学出版社 2000 年版，第 33 页。

之间在信息行为上存在着沟通困难的现象。虽然"沟通"并不一定是"教育"的必要条件，但是"合理的""教育"需要"沟通"，所以信息伦理教育需要充分地"沟通"。

二、教育者的权威与"信息伦理相对主义"

"权威"指的是"使人信从的力量和威望"；① 其对应的英文是"authority"，《韦氏词典》对"authority"这一英文词汇的释义为："影响思想和行为的力量"；"使人信服的力量"；"所承认的自由：权利"。② 由以上我们可以得出，所谓"权威"，它是一种"威望"和"力量"，这种"威望"和"力量"能够通过让他人信服的途径来影响他人的思想与行为；而且它还是一种由这种"威望"和"力量"的拥有者的被他人所承认的"自由"和"权利"。

对于"权威"，马克斯·韦伯有过深入的研究，他认为：

> "命令权力的'妥当性'（Geltung）可以基于，第一，一个具有（经由协定或指令所制定的）合理规则的制度。""其次，命令权力的妥当性亦可基于人的权威。这样的一种权威，进一步可以奠基在传统的神圣性——一种具有习惯化与恒常化的神圣性，且要求对特定人物的服从。""第三，或者，此种人的权威亦可来自一个正好相反的基础上，亦即对非日常性事物的归依、对卡理斯玛（Charisma）的信仰，换言之，亦即信仰某个带来实际启示，或具有天赋资质的人物，视之为救世主、先知或英雄。"③

对于以上，可以更为清楚地概括为，韦伯认为"权威"根据其不同

---

① 中国社会科学院语言研究所词典编辑室编：《现代汉语词典》，商务印书馆 1983 年第 2 版，第 948 页。

② ［美］梅里亚姆—韦伯斯特公司编：《韦氏词典》，梅里亚姆—韦伯斯特公司（兴国图书出版公司北京公司重印）1996 年版，第 65 页。

③ ［德］马克斯·韦伯：《韦伯作品集Ⅲ：支配社会学》，康乐、简惠美译，广西师范大学出版社 2004 年版，第 19—20 页。

来源可以分为三种类型：第一种为"传统权威"，它是以对社会传统和习惯的尊崇为基础和前提的；第二种为"超凡权威"，它是以对领袖人物的信仰、品格和超人智慧的崇拜为基础的；第三种为"合理—合法权威"，它是以对法律和制度确立的职位权力的服从为前提和基础的。①

另外，心理学家弗洛姆（E. Fromm）把"权威"分为"理性权威"和"非理性权威"两种类型：② 第一种权威"理性权威"，它需要依靠人的"才能"才可以形成和建立，具有"时间性"，也就是说，只要不能显现这种"才能"，"理性权威"就会消失；它是建立在权威的拥有者与权威的受影响者之间相互信任的平等的关系基础之上的，"他们只因个人知识及技能的差别而有所不同而已"；"理性权威"的拥有者不只是允许而且是主动要求其受影响者经常提出质疑和批评以相互探讨；"理性权威"的体现对受影响者来说，并不是一种"剥削"而是一种"给予"，它不需要借助某种神奇和任何非理性的威势来通过恐吓受影响者以获取受影响者的赞美。第二种权威"非理性权威"，从根本上讲就已经超越一般普通人，它所具有的力量是永远在一般人水平之上的，这种力量可能是体力方面的也可能是与智力相关的，这种力量可能是真实的也可能"只是相对利用屈从它的人心理上的不安及无力而加以控制而已"；"非理性权威"是由"权力"和由权力所带来的"恐惧"结合而成的，它不是建基于平等的关系之上的，它相信人的天赋价值就是不同的。

对教育者来说，本书研究认为，其权威依据与"伦理"的相关性不同，可以分为"伦理权威"和"非伦理权威"两种类型。教育者的"非伦理权威"指的是在教育活动之中施教者所享有的与物理、化学、历史等的具体学科活动相关的，且与道德活动不相关的权威，这种权威的一个质的规定性就是"与伦理无涉"；或者更为简单地顾名思义地认为，教育者的"非伦理权威"就是教育者的与伦理无涉的权威。相反的，教育者的"伦理权威"指的是，教育者所享有的基于其思想和行为在伦理方面的合理性而具有的，对受教育者伦理活动的影响力。本书的调查研究结果显示，在信息伦理教育中，教师的权威受到了挑战，其实这就是教育者的

---

① 刘熙瑞、张康之主编：《现代管理学》，高等教育出版社 2000 年版，第 45 页。

② 韦政通：《中国文化与现代生活伦理思想的突破》，广西师范大学出版社 2005 年版，第72—73 页。

"伦理权威"的丧失；更为具体地说，是教师们的"信息伦理权威"的失去。

上文韦伯的"权威三来源理论"针对的是组织里的权威，教育活动在本书研究中是一种有组织的活动，所以教育者的权威其来源也可以依此路径来追溯。但是，我们想以一个更具有操作性的思路来对教育者的权威进行探讨。对权威的可能拥有者教育者而言，他（她）的生存世界可以二分为"他（她）"和"他（她）之外"两个部分。因为文化是一个概括力十分强的概念，它可以包含人类生存生活的全部，所以我们可以把"他（她）之外"命名为"外部文化"。基于此，我们可以认为，教育者的世界就是"他（她）"和"外部文化"的总和。对于教育活动中，权威的可能拥有者教育者而言，如果他（她）拥有权威，则这种权威就有可能来自于这被二分的世界："他（她）"和"外部文化"。在这里的"他（她）"的指涉其实就是教育者的"思想和行为"，因为"思想和行为"能够概括作为"权威源"的"他（她）"。更为明确地，可以认为教育活动中教育者的权威来自于"教育者自身的思想和行为"和"外部文化"。这里的"权威"包括了"伦理权威"和"非伦理权威"，而"伦理权威"又把信息伦理权威包括在内。

"知识"是一个人"思想和行动"具有伦理合理性的前提；对教育者的"信息思想和行为"的合乎信息伦理性而言，具有一定的信息知识也是前提条件，只有具备了相应的信息知识，教育者的"信息思想和行为"才不会因为无知而导致其不合乎信息伦理。我们的调查研究显示，作为信息伦理教育活动施教者的教师，他们在信息知识水平上相对于受教育者的学生而言不具有优势，或者甚至是劣势。在这样的情况之下，要求信息伦理教育的教育者在其"思想和行为"上为受教育者树立榜样就是勉为其难的了，也即在信息活动中，教师由于在信息技术知识能力上的相对劣势，他们的"信息思想和行为"不可能为其赢得信息伦理权威。

再来看信息伦理教育的教育者的"外部文化"。人类思想发展至今，随着"主体"的盲目强调以及后现代思想的日渐被人们所接受，当前的"外部文化"显然不是一种"亲权威"的类型。用韦政通的话来描述就是："一个现化性倾向较强的人，一听到'权威'，往往会生出憎恶的情绪。权威在这类人的心目中，简直是罪恶的化身。"① 处于这样的"外部文化"之中，作为教育者的教师在其自身的"信息思想和行为"并不能为其赢得信息伦理权威的情况之下，他们在信息伦理教育活动之中权威受到了受教育者的质疑，并不是难以理解的事情。

那么，对于信息伦理教育来说，作为教育者的教师需要有权威——更具体地说信息伦理权威吗？本书研究认为，信息活动的活动主体经常是处于虚拟环境之中，虚拟环境对青少年一代来说是一个全新的生存环境，在这样一个全新的生存环境之中，应该如何生活？如何处理伦理问题？这些对青少年来说都是困难的，因为虚拟空间与现实空间之间存在着很大的不同，更何况，这些作为受教育者的青少年在现实空间中就不具备充足的"伦理智慧"。在这样的处境之中，就更需要有教育者——教师对青少年进行引导；而后者心甘情愿地接受引导的前提条件就是前者具有足够的信息伦理权威。这一点并不难以理解，因为这就如同游客旅行时需要有导游引导一样，而这一导游必然是具有相应景点的丰富知识而成为权威。或者更为直接地，在信息伦理教育中，教师就应当是青少年到虚拟空间"旅行"的"导游"，而"导游"理所当然应该是青少年在虚拟空间里进行信息伦理活动的信息伦理权威。

作为信息伦理教育的教育者，教师如果在受教育者青少年眼中失去了权威，导致的一个结果就是在信息伦理方面的"相对主义"。"伦理相对主义"，指的是"一种用相对主义观点认识和解释道德本质与道德判断的伦理学理论"，它"断言道德观念和道德概念具有极端相对性和条件性，否认在道德发展中存在着具有普遍性的和规律性的客观因素，把不同民族的习俗和风俗中的多样性和变动性绝对化"；它可以分为"主观心理主义的相对主义"和"客观伦理相对主义或文化相对主义"两种类型；它对伦理的相对性进行了夸大，对伦理的普遍性、客观性与真理性持否定的态度，所以导致了伦理上的"虚无主义"与"怀疑主义"。② 在这一问题上，我们应该像客观主义者一样相信，"存在道德真理，这些道德真理是

① 韦政通：《中国文化与现代生活伦理思想的突破》，广西师范大学出版社 2005 年版，第72 页。

② 朱贻庭主编：《伦理学小辞典》，上海辞书出版社 2004 年版，第 17—18 页。

真正独立于我们喜好的。"①

　　在信息活动之中的"伦理相对主义"就是"信息伦理相对主义"；基于上文，本书研究认为，"信息伦理相对主义"指的是，认为在信息活动之中没有客观和普遍的伦理标准这样一种价值观。我们的调查显示，持"信息伦理相对主义"价值观的青少年在我们身边并不在少数：在大学生（以本科生为主）之中，有32.8%的人认为在虚拟网络空间应该是完全自治的；有46.0%的人直接认为在虚拟网络空间之中道德是相对的，不应该有统一的道德标准；有37.0%的人认为学校BBS应该完全开放。

　　"伦理相对主义"虽然有"悠久的"历史，但是在现实空间之中，它从来就没有在伦理思想中占过主流地位，而且在日常生活之中，人们也普遍地没有接受和遵循伦理相对主义的范式展开生活，这也是人们特别是中国人强调道德教育的价值的原因之一。同样地，在虚拟空间，信息活动主体的行为也不应该信仰信息伦理相对主义；虚拟空间虽然是虚拟的，但是它也应该像现实空间一样，在其中，人们的行为应受到伦理和法律的调整，因为在虚拟空间信息活动的主体毕竟还是人，而人在虚拟空间之中活动时必然会形成人与人之间的利益关系，如果这种人与人之间的利益关系没有得到伦理和法律的调节，则导致的后果与现实空间中缺少伦理与法律的后果并无二样。而且，信息活动主体在虚拟空间之中的活动具有"外部性"——这里借用了制度经济学中的"外部性"这一术语——在虚拟空间中的活动会影响到现实空间之中人们之间的利益关系。所以在虚拟空间中的信息伦理相对主义并不是一种可以持有和以其为基础进行伦理决策的价值观。

　　在教育之中，作为教育者的教师没有和不能在学生面前树立信息伦理权威。在这样的背景之下，青少年的生活空间突然地得到了扩展，青少年第一次在拥有现实空间的同时，闯入了所谓的虚拟空间。虚拟空间对于青少年来说，一方面来得过于突然，所以并没有思想上的准备——这也正是近年来信息技术的高速发展，并且在商业利益的驱动之下快速应用到我们的生活之中，带给我们20世纪70年代人的感受——另外一方面，更为重要的是青少年在虚拟空间之中的信息伦理活动并没有得到教师权威的引导，所以青少年中有

---

① John Weckert, Douglas Adeney, *Computer and Information Ethics*, Westport, Connecticut · London: Greenwood Press, 1997, p. 3.

相当比例的人在思想上不知不觉地，也可能自己并没有意识到地信仰了信息伦理相对主义，而在信息行为之中则具体明确地表现出了信息伦理相对主义。例如，有许多青少年虽然在现实生活空间之中言语礼貌，而一旦到了虚拟空间的聊天室之中，其言语的粗俗无礼则让人完全不能接受。

如果把青少年的信息伦理相对主义完全归因于信息伦理教育之中，作为教育者的教师信息伦理权威的缺失则不是公允的，但是，不可否认的是，教师缺乏信息伦理权威是青少年中有许多人信仰信息伦理相对主义的一个重要原因。而且，不可忽视并且也是非常重要的一点是，通过树立教师的信息伦理权威可以在一定程度上阻止和纠正青少年对信息伦理相对主义价值观的信仰。

杜威的"进步主义"强调的是"学生中心"的教育。但是这种教育范式在20世纪特定的历史背景之下风行了一段时间之后，其对教师权威质疑的思想广受诟病。现在再也没有一个国家或地区用单纯和绝对的"学生中心"教育思想来指导教育实践了。也就是说教育者的权威受到了更为理性的对待，并且在教育实践之中重新认识到了教育者权威对于教育的应有价值。所以，在信息伦理教育之中重视作为教育者的教师的教育权威，也应是一种理性的选择。正如前文所述，在英语世界中公信力很强的《韦氏词典》之中，对"权威"有一释义为："所承认的自由：权利。"从这里我们可以得出，"权威"它是一种自由和权利，这种自由和权利必须是被他人所承认的。所以信息伦理教育中教育者所享有的信息伦理权威就也是一种被他人所认可的信息伦理方面的自由和权利。但是，一论及"自由和权利"，我们就应该坚持的一个立场就是，自由和权利是有限度的和受节制的。而且，需要强调的是，在本书研究中所主张的教育者的信息伦理权威更多的是一种韦伯意义上的"合理—合法权威"，也是一种弗洛姆意义上的"理性权威"。只要回顾上文我们对这两种权威的介绍就知道，教育者的信息伦理权威并不是一种独裁和专权，它的自由和权利是有限度的和受节制的。"许多信息伦理问题都在某种程度上与自由相关"[1]，也就是说，受教育者的信息伦理

---

① John Weckert, Douglas Adeney, *Computer and Information Ethics*, Westport, Connecticut · London：Greenwood Press, 1997, p. 27.

活动也与自由相关涉，而上面对权威的解读就排除了教育者的信息伦理权威对受教育者自由的威胁。

三、信息伦理教育中的"信息代沟"及其克服

如果对信息伦理教育中教育者信息伦理权威丧失的原因作一追溯，得出的结论是，这种现状的出现与在信息伦理教育之中，作为教育者的教师与作为受教育者的学生之间存在的，与信息相关的代沟有很大的相关，这一点在前面已有论证。

"代沟"（Generation Gap），顾名思义就是"代与代之间的差异"。美国著名人类学家玛格丽特·米德对"代沟"进行了如下形象的描述：

> ……整个世界处于一个前所未有的局面之中，年轻人和老年人——青少年和所有比他们年长的人——隔着一条深沟在互相望着。[①]

前文已述，本书研究调查结果显示，在信息伦理活动上教育者与作为受教育者的青少年之间，不能进行有效的沟通，其实这种现象就是信息活动方面代沟的体现。我们可以明确地把这种现象称之为"信息代沟"。

"信息代沟"并不是一个简单的社会现象，在这里我们有必要对其进行深入地分析。

"信息代沟"无疑涉及了"代"，具体到本文信息伦理教育的语境中，"信息代沟"涉及了作为教育者的教师一代，以及作为受教育的青少年学生一代。从总体上来看，在信息伦理教育之中，教育者一代年龄较受教育者年长，前者的社会阅历丰富，理性更为成熟，后者则人生经验少，理性不够成熟，可塑性强，易被诱导。

美国著名学者唐·泰普斯科特提出了"网络世代"（Net Generation）的概念，这一概念指的是在 1999 年这一年正处在两岁到 22 岁年龄之间的青少年；虽然这一世代大部分的孩子到这一年还没有同网络有过接触，但是却程度不同地受到了互联网的影响，所以"网络世代"并不只是包括

---

① ［美］玛格丽特·米德：《代沟》，曾胡译，光明日报出版社 1988 年版，第 6 页。

了 1999 年正活跃在网络空间上的上网者，而是在 1999 年处于这一年龄段的所有青少年。① 本书所研究的信息伦理教育的受教育者是以高中生和大学生（以本科生为主）为主体，这些受教育者的年龄大致处于 15—22 岁之间；而"网络世代"在 2005 年所处年龄在 8—28 岁之间，所以本书中的信息伦理教育的受教育者属于泰普斯科特的"网络世代"。基于此，我们也可以称这些受教育者为"网络世代"。

关于"网络世代"所持有的价值观，泰普斯科特所持有的观点明显过于乐观，他认为：

> 他们（指"网络世代"——引者注）是年轻的领航员，由于他们质疑传统机构可以提供好的生活，因此他们为自己的生活负起责任；他们的确会衡量物质商品的价值，但不代表以自我为中心；他们比任何长辈拥有更多的知识，且更为关心社会议题；他们强烈地认为，个人隐私权及获取资讯权应该受到保障；他们不会有个人主义，相反地，他们在紧密的人际互动网络中成长茁壮，并展现出积极的社会责任感。②

从总体上讲，以上这种论调显然与上文所展示的我们调查结果是不相符的，相反的我们所调查的"网络世代"中有许多人信奉"信息伦理相对主义"，他们不想要伦理和法律作为他们信息活动的"羁绊"，总是希望在学校 BBS 上不负责任地想言说什么就言说什么；他们在 QQ 或 MSN 聊天室里使用一些只有同辈们才能看得懂的语言，而没有想到自己是在破坏祖国语言的纯洁性；他们在"清风围棋"上下围棋，输了棋而死活不认输，或者干脆强行退出而不顾忌自己对他者的伤害；他们使用 BT 疯狂地下载电影而可能根本没有意识到自己在侵权；他们甚至在网上扩散电脑病毒而不顾及伦理和法律的约束……这些我们都不能忽视，或者是被以上所引用的乐观言论所蒙蔽。对于处于信息伦理教育这一语境中的研究者来说，如果不能正视这一现状，研究的价值将大打折扣或者干脆就没有价值

---

① ［美］唐·泰普斯科特：《数字化成长：网络世代的崛起》，陈晓开、袁世佩译，东北财经大学出版社、McGraw-Hill 出版公司 1999 年版，第 4 页。

② 同上书，第 13 页。

可言。

　　但是需要指出的是，上面引文中，"网络世代""比任何长辈拥有更多的知识"的观点我们基本是认同的，但是需要更为准确地理解为，在信息技术知识和能力上，"网络世代"超越了他们的长辈。也正是因为这一点使得作为教育者的教师在受教育者面前丧失了信息伦理权威。

　　本书研究的"信息代沟"的两个"代"分别是作为教育者的教师，以及作为受教育者的青少年："网络世代"。这两"代"在当前，也就是在社会快速信息化的过程之中或者说是在信息社会之中，所处的和正在经历的文化与以前是不同的。他们这两代人所正在经历的文化十分复杂，一方面是传统的农业文化和工业文化；另一方面又是前所未有的新兴的信息文化。也就是说这两代正在体验着农业文化和工业文化与信息文化所综合形成的一种文化氛围。再从另外一个角度来看，这两代生活的空间与以前又有所拓展。以前所有的不管是哪一代人只有一个生活空间，就是现实空间；当信息技术的快速发展及其在社会之中的推广应用和渗透后，这两代人从总体上看又多出了一个生存空间：虚拟空间。当然这只是笼统地讲，更为具体地说，这个虚拟空间对于受教育者"网络世代"来说，更为重要，他们的活动空间相对信息伦理教育的教育者来说更多地处于虚拟空间之中，而教育者更多地依赖于现实空间而生存着。这是因为对他们而言，信息技术知识总是更为陌生，他们接受新兴的而且是在一天天地飞速发展着的信息技术的主观积极性也不强，所以与受教育者的"网络世代"比较而言，作为教育者的教师一代更为缺乏信息技术的知识与技能。这一点可以从克里斯·阿伯特（Chris Abbott）的观点中得到支持，他认为："与他们接受教育的机构（中的教师）相比，对新技术年轻人总是能够更有热情和更有效地加以使用。"[1]

　　在20世纪70年代，美国明尼苏达大学的蒂奇纳（P. J. Tichenor）等三位学者（"明尼苏达研究小组"）提出了著名的"知沟"假设，认为：

---

　　[1]　Chris Abbott, *ICT: Changing Education*, London and New York: RoutledgeFalmer, 2001, p. 66.

当大众传播信息流量不断增加时，不同社会经济地位群体获取媒介知识的速度其实是不一样的，社会经济地位高的群体汲取知识要比社会经济地位低的群体快，因此这两类人的知识差距会出现两极分化的趋势。①

本书研究在这里想把上面"知沟"这一概念进行拓展，把信息技术的快速发展并在社会中广泛地应用所导致的，信息伦理教育中的教师一代，在掌握信息技术知识方面，与学生即"网络世代"之间的差距也称之为"知沟"。在信息伦理教育之中，教师失去信息伦理权威在很大程度上就是由于这种"知沟"的存在。这里的"知沟"其实就是也只是"信息代沟"的一个重要的基本的组成部分，因为，"信息代沟"不仅包括了在代与代之间在信息知识方面的差异，而且还包括在信息情感、信息能力等多方面的差异。

在社会快速信息化进程之中，作为年老一代的教师与"网络世代"一样，都要面对信息技术对生活的"入侵"，但是这两代人对社会生存环境的变化的反应并不是一样的：

美国未来学家托夫勒（A. Toffler）等人指出，计算机及人工智能技术的发展使知识积累和更新的速度提高到令人难以置信的程度。科学技术的高速发展使人与物、人与人的关系出现了短暂性、新奇性、多样性的特征。社会上所有的人都面临着一种大规模的未来的冲击。在这种激烈的社会巨变中，青年人凭借着他们倾向于未来和能够作出自由选择等特点，有可能在某些方面比其他年龄阶段的人更容易适应变化。他们更有优势吸收新的东西。青年人不再把长辈当作模式，而必须为自己寻找道路。不断探索新的选择，寻找新责任。这就逐渐改变了过去社会长期积淀下来的青年人单向服从长辈以及长辈充当知识和生活各方面带路人的

① 丁未：《社会结构与媒介效果："知沟"现象研究》，复旦大学出版社 2003 年版，前言、第 3 页。

模式。①

这种长辈向年青一代学习的情形在人类社会发展历史上是第一次。20世纪，玛格丽特·米德提出了著名的"文化三种类型理论"：她把人类文化分为三种不同类型，当谈到"未来重复过去"这一类型时，称之为"后象征文化"（Postfigurative Culture）；当谈到"现在是未来的指导"这种类型时，称之谓"互象征文化"（Configurative Culture）；当论及年纪长的一代不得不向年青的孩子学习他们没有的经验这一文化类型时，称之为"前象征文化"（Prefigurative Culture）。② 对于这三种不同的文化（传承）类型，需要作进一步的解释：③ 第一种文化"后象征文化"，它的基本特点是具有如下假设："他们的生活（但事实上其本身也许已包含了许多变化）是不可改变的，永远如此的"；在这种文化中年长的成年人的过去也就是新生一代的将来，成年人早已为年青一代定下了生活的基调，年青一代的祖先们过了童年期后的生活就是年青一代长大后即将要经历的生活。第二种文化"互象征文化"，它的主要特征是："社会成员的主要模式是同代人的行为"；处于一个只存在着"互象征文化"的社会之中，年长一代与年青一代都会认为年轻人的行为有别于先辈是非常自然的；在这一文化之中，老年人还是处在一种支配性地位上，他们需要树立典范和设置行为范围；大家的共同愿望是，"一代人中的每个成员都要以他的行为给同代人作出榜样，尤其是给青少年作出榜样"。第三种文化"前象征文化"，处于这种文化之中，"过去"并不是强制性的，但是不可否定的是它对将来是有益的，只此而已；如果要建立这种文化必须要改变将来的位置。

米德的《代沟》一书问世于1970年，虽然在当时信息技术的发达程度远未达到当前水平，但是米德在阐释这三种文化类型时就注意到了新技术的发展给文化传承带来的改变，并且她在书中多处使用了技术带来的社会变化来作为解释文化类型的例证。在这里，本书研究试图对当前信息伦理教育中教育者和受教育者的文化处境，特别是他们处于信息文化和虚拟

---

① 鲁洁主编，吴康宁副主编：《教育社会学》，人民教育出版社1990年版，第182—183页。

② ［美］玛格丽特·米德：《代沟》，曾胡译，光明日报出版社1988年版，第20页。

③ 同上书，第20—21、43、91页。

空间之中的文化情形作一深入分析。

　　信息伦理教育之中的年长一代的教育者与年青一代的受教育者"网络世代"，他们拥有两个活动和生存的空间，一个是现实空间，另一个是虚拟空间。这一情形是人类文化发展中的第一次。在现实空间之中，无论是年长的教育者一代还是年青的"网络世代"，他们当前正在体验的文化是工业文化、农业文化与信息文化的共同体。在工业文化和农业文化之中，年长的教育者与年青的"网络世代"体验的文化主要是"后象征文化"；而在信息文化之中，由于信息技术的使用，这里两代人体验的文化又主要是"前象征文化"和"互象征文化"，而且相比较而言，"前象征文化"的成分更多。因为在新的快速发展的信息技术面前，年长的教育者和年青的"网络世代"都有可能是一个新手，这些信息技术对他们两代人而言都是第一次遭遇，所以在年长的教育者愿意学习的情形之下，他们两代人其实是在相互学习，这就是所谓的"互象征文化"；另外一种情形是，信息伦理教育者作为年长一代，他们与年青的"网络世代"相比，学习新兴的而且是在快速发展着的信息技术的意愿并不强烈，学习和掌握信息技术知识的能力也不及后者，在这种情形之下，年长的教育者是要向年青的"网络世代"学习的，这就是所谓的"前象征文化"。在现实空间之中，年长的教育者一代与年青的受教育者是同时"在场"[1] 的。而在虚拟空间中，情形则较为复杂，一般而言存在着两种可能。一是年青的信息伦理教育受教育者，即"网络世代""在场"，而年长的信息伦理教育者并没有"进场"，也就是"不在场"。在这种情形里，就只存在着受教育者"网络世代"一代在场，如此则年长的教育者并不能理解年青的受教育者的虚拟生活，这就是一种非常严重的"代沟"。出现这种情形的原因是因为对于新兴的人类"第二生存空间"：虚拟空间，由于年长者的守旧不愿意接受新鲜事物的个性特征，以及事实存在着的年长者在接受和掌握新兴事物能力上的相对劣势，他们可能干脆就不能和事实上没有进入虚拟空间开展生活。另一种更为普遍的情形是，对于虚拟空间而言，年长的教育者虽然进入意愿不强能力不够，但是他们还是"进场"了，也就是说

---

　　[1]　"代的在场"，及后文"代的进场"引自廖小平《伦理的代际之维：代际伦理研究》，人民出版社 2004 年版，第 31 页。

在虚拟空间里，年长的教育者和年青的受教育者两代都是"在场"的。但是也正是由于上面的原因，年长的教育者虽然"进场"了，但是他们"进场"的时间较年青的受教育者为晚，而且他们对虚拟空间开展生活所必需的信息技术知识和能力的掌握程度并不高，意愿也不强。在以上两种情形里，年长的教育者都不能为年青的受教育者树立权威和行为典范，所以在很大程度上，年长的信息伦理教育者需要向年青的信息伦理受教育者学习，如此则就是所谓的"前象征文化"。无论是在现实空间还是在虚拟空间，只要年长的教育者和年青的受教育者是处于"前象征文化"之中——在社会快速信息化的今天，"前象征文化"统治力的日益彰显是客观事实——教育者就会对受教育者"网络世代"的行为方式不能理解，两代之间就会在信息活动方面不能进行有效地沟通，这就是所谓的"信息代沟"的具体体现。

在本书研究之中，信息伦理教育的"信息代沟"指的是，作为教育者的教师与作为受教育者的、年青的"网络世代"在信息活动方面的差异。首先在这里的是信息"知沟"及指涉更广的"信息代沟"的存在；在信息伦理教育的教育者和受教育者之间存在着"信息代沟"的情形之下，教育者并不能在受教育者面前树立信息伦理权威。也就是说，"信息代沟"，一方面，导致了教育者和受教育者这两代人之间在信息活动方面沟通的困难，这也是"信息代沟"的本有之意；另一方面，如果追究信息伦理教育的教育者教师信息伦理权威丧失的原因，其实就是因为他们信息知识和能力的缺乏，就是"信息代沟"的存在。对有效的信息伦理教育而言，韦伯意义的"合理的"和弗洛姆意义的"理性的"信息伦理权威是必需的，教育者教师与受教育者"网络世代"之间的有效沟通也是不可少的。而有效的信息伦理教育的这两个条件的具备需要教育者和受教育者之间"信息代沟"的克服。

怎样克服信息伦理教育之中作为年长的教育者的教师与作为受教育者的年青的"网络世代"之间的"信息代沟"，是一个重要的实践课题。总体上讲，就是要提高教师的信息素养，使他们对信息技术知识的掌握能够与受教育者"网络世代"能够同步，甚至超前。具体来说，提高教师的信息素养应该是教师专业发展一个重要内容。"教师在计算机技能上并不比自己的学生熟练，他们不能屈服于这种无助的感觉，也不能认为这没有关系，而是需要重新认识到提高信息技术素养属于他们自己职业责任范围之内的事。"① 但是在现实之中，这一点总是有意或者无意地被人们所忽视，并不是所有的教师甚至只有少数教师能够认识到在社会快速信息化的过程之中，在信息社会教师的信息素养的重要性；甚至有不少教师认为自己并不是教授信息技术的，所以掌握信息技术知识对他们而言不迫切不重要，是可有可无的。另外，学校管理层一般地总是花许多钱来购买大量的信息技术硬件，而对广大教职员工的信息技术培训却是不重视的。②

第二节　命题五：信息伦理既是道德义务又是道德权利，所以信息伦理教育中的性别针对性是实现信息正义的必需

信息伦理是一种道德义务，这是一个并不难以理解的命题。那么，信息伦理只是关涉道德义务吗？因为，"义务"和"权利"是一对对应的范畴，一般而言，一提到"权利"人们就会自然地想到"义务"；同样地，一提到"义务"也会本能地想到"权利"。所以，以上这一追问就成了一种学术自觉。

一、信息伦理既是一种道德义务，又是一种道德权利

"义务"一词在《现代汉语词典》中的释义有三种："公民或法人按法律规定应尽的责任，如服兵役（跟'权利'相对）"；"道德上应尽的责任"；"不要报酬的"。③ 以上第一种定义主要是从法律的角度出发的，而第二种定义则主要是从伦理的视角来界定的，由此可以看出，在伦理

---

① C. A. Bowers, *The Cultural Dimensions of Educational Computing*: *Understanding the Non-Neutrality of Technology*, New York: Teachers College Press, 1988, p. 94.

② J. Victor Baldridge, Janine Woodward Roberts & Terri A. Weiner, *The Campus and the Micro-computer Revolution*: *Practical Advice for Nontechnical Decision Makers*, New York: American Council on Education & Macmillan Publishing Company, 1984, p. 98.

③ 中国社会科学院语言研究所词典编辑室编：《现代汉语词典》，商务印书馆 2006 年第 5 版，第 1612 页。

（道德）领域也像法律领域一样，都是"义务"一词的主要的应用范围。如果把"义务"直接用作为一个伦理学范畴，这一概念事实上就成为"道德义务"，则指的是"个人所意识到的对他人、集体和社会应尽的道德责任"，其旧称为"本务"；而"道德责任"指的是"人们对自己行为的过失及其不良后果在道义上所承担的责任"。①"道德义务"具体到信息伦理活动中，就是"信息伦理义务"，它是"道德义务"在信息社会的一个重要组成部分。

　　一般而言，即使在日常生活之中，人们都会认识到"道德"或者说"伦理"是一种人应该履行的"义务"。这一点与把"道德"作为一种"义务"的中外历史传统是相关的。在我国伦理思想史上与"道德义务"相近的一个概念是"义"，指的是"言行符合于一定的准则"；而我国伦理思想史上的"显学"儒家伦理强调人的行为举止应该符合这种"义"，也就是要符合封建时代的"三纲"与"五常"的义务。②需要指出的是，在我国封建社会，人们违背本来只是道德义务的"三纲""五常"所面临的惩戒，与违法所受到的惩罚相比，在严酷程度上并没有多大差异。鲁迅先生所指的"吃人的礼教"就是这些作为道德义务的"三纲""五常"之类。在我国封建社会，人们在一定程度就是把"道德义务"看做了"法律义务"，所以在中国文化传统上"道德"的"义务"是十分"深入人心"的。再来看西方。在西方伦理学思想史中，柏拉图有一观点认为，等级不同的每一个人，都应该依据上天所赋予的智慧与德性来做自己应该做的事；中世纪神学家根据柏拉图的这种义务观，建立了所谓的"神戒论"，把义务说成是由上帝的意志所规定的，"履行义务就是服从上帝"，如著名的"摩西十诫"，他们认为就是上帝对摩西的启示，然后再通过摩西来向信徒们宣传教规与道德戒律，所以信徒们如果遵循了"摩西十诫"就是履行了道德义务和服从了上帝的旨意。③

　　但是，把"道德"作为"义务"，并依此作出系统的理论探讨，最主要的贡献还是来自于康德。康德的"义务论"伦理思想内容十分丰富，但是大致地可以梳理成以下几点："人是理性的存在"；"道德义务是人的

---

① 朱贻庭主编：《伦理学小辞典》，上海辞书出版社2004年版，第77、78页。

② 同上书，第77页。

③ 周中之主编：《伦理学》，人民出版社2004年版，第36页。

理性自律"；"道德行为法则是可普遍化的绝对命令"；"人是目的"。① 对于"（道德）义务"，康德作了如下的颂扬：

> 义务！你这崇高伟大的威名！你不在自身中容纳任何带有献媚的讨好，而是要求人服从，但也绝不为了推动别人的意志而以激起内心中自然的厌恶并使人害怕的东西来威胁人，而只是树立一条法则，它自发地找到内心的入口，但却甚至违背意志而为自己赢得崇敬（即使并不总是赢得遵行）。面对这法则，一切爱好都哑口无言，即使它们暗中抵制它：你的可敬的起源是什么？我们在哪里寻找你那与爱好傲然断绝一切亲缘关系的高贵谱系的根源呢？而且溯源到哪个根基才是人类唯一能自己给予自己的那个价值的不可缺少的条件？②

由上可见，康德对"（道德）义务"是无比推崇和信仰的，在他的心目中，把道德作为一种义务的范式可能是可以解决一切道德问题的。在法律领域，"法律义务"与"法律权利"是一对对应的范畴，不可以认为，一个普通公民只能履行"法律义务"，而不能享有"法律权利"；也不可认为，一个普通公民只需享受"法律权利"，而不用履行"法律义务"。而且，对特定的规范而言，它既是一种"义务"，同时又是一种"权利"。例如，法律规定"不能对他人进行人身伤害"，这对于公民而言是一种必须履行的义务，如果没有履行这种法律义务，就会受到法律的惩罚；同时在另外一方面，这一法律规定又是对公民的一种保护，使之免受他人的人身伤害，也就是说公民享有了"免受他人人身伤害"的法律权利。至此，我们对"权利"还只是一种基于常识的理解；但是就只需要这种常识性理解，我们也会知道，对于法律而言，没有无"义务"的"权利"，也没有无"权利"的"义务"，而"权利"的享有对于"义务"的履行具有激励作用。就上面的例子而言，如果某一公民自身的人身安全总是得不到法律的保护而使自己人身经常受到伤害，那么，一般来说，这个公民对于

---

① 高兆明：《伦理学理论与方法》，人民出版社 2005 年版，第 310、312、314、317 页。

② 转引自高国希《道德哲学》，复旦大学出版社 2005 年版，第 210 页。

履行"不能对他人进行人身伤害"的法律义务的积极性一定会受到打击。也就是说，"法律权利"的保护对"法律义务"的履行起到了支持作用。回到伦理领域，情形也应该如此。伦理不只是一种"道德义务"，而且应该也是一种"道德权利"；信息伦理是作为伦理的一个重要组成部分而存在的，所以信息伦理也不只是一种人们必须要履行的"道德义务"，而且也应是人们在信息社会所应该享有的"道德权利"。

一般可以认为，"权利是指人们应当享有的利益"，它表达的是人们在社会生活之中对于利益的一种"应有"的关系。[①] 更为详细地，

> 权利便是权力所保障的利益，是权力所保障的索取，也就是被社会管理者所保护的必须且应该的索取、必须且应该得到的利益，是被社会管理者所保护的必当得到的利益，是被社会管理者所保护的权利主体必当从义务主体那里得到的利益。被社会管理者所保护的必当得到的利益，也就是有效要求的利益、有资格得到的利益。[②]

那么何谓"道德权利"呢？国内学者余涌把"道德权利"的含义大致地概括为，"道德权利者基于一定的道德原则、道德理想而享有的能使其利益得到维护的地位、自由和要求"。[③] 对于这一界定，本文研究认为有需要商榷的地方。首先，在这一概括里面出现了"道德权利者"的字眼，笔者认为在对"道德权利"进行界定时不可以出现"道德权利者"的概念。其次，在这个界定里面，界定者把"权利"定义为"地位、自由和要求"而不直接就是"利益"，这样就背离了上面"权利就是利益"的对"权利"界定的范式，而这一范式是本书研究所认同的。最后，我们认为，"道德权利"是通过"道德规范"来给予人们以"利益"的，这里的"道德规范"有两种存在方式，一种是明文规定的，另一种则是没有明文规定的。这两种道德规范无论是明文规定的还是没有明文规定，

---

① 唐能赋：《道德范畴论》，重庆出版社 1994 年版，第 155 页。

② 王海明：《公正　平等　人道：社会治理的道德原则体系》，北京大学出版社 2000 年版，第 22 页。

③ 余涌：《道德权利研究》，中央编译出版社 2001 年版，第 30 页。

它与"道德原则"和"道德理想"都存在着一定的关系，但是在对"道德权利"作界定时需要明确指出的是，"道德权利"给予人们以"利益"直接通过的是"道德规范"；"道德原则"和"道德理想"是能够给予人们以"利益"的，但是它们给予的方式是间接的，是通过明文规定的或者没有明文规定的"道德规范"来给予的。唐能赋认为，"道德权利"简言之即为，"道德主体的人在履行道德义务、责任或使命等活动中所应享有的权利"，并且它是"道德主体的人得以确立的前提和根据，与一定的道德义务紧密相联"；任何形式的道德权利都是道德主体在履行道德义务的同时所享有的权利、尊严和荣誉。① 在这个界定之中，强调了"道德权利"的重要性及其与"道德义务"之间的关系，这是值得肯定的。基于以上，本文研究认为，所谓"道德权利"，指的是由道德规范所规定的、道德活动主体在履行道德义务的同时所享有的利益。在这里，"利益"指的不只是物质利益，而且还包括精神利益，而且在利益的存在形式上是多种多样的，"利益"可能是当前的，也可能是长远的。信息伦理在信息社会是道德的一个重要的组成部分，它不只是一种道德义务，而且也是一种道德权利；这种道德权利就是"信息伦理权利"，它指的是由信息伦理规范所规定的、信息伦理活动主体在履行信息伦理义务的同时所享有的利益。

"道德权利"具有如下三个重要的特征：首先，道德权利是与道德义务存在着紧密联系的；其次，道德权利能够使每一个人都能平等自主且自由地追求自身应得的利益；最后，道德权利还为明确和证明一个人的行为的正当合理性和要求他人的帮助与保护提供了基础。② 所以对信息伦理而言，信息伦理权利也具有如上这些特征。

在信息活动领域，把信息伦理作为一种权利来看待就是"信息伦理权利"；对信息伦理权利需要作进一步的说明与探讨。信息伦理规范调整的对象无非是四个方面的关系：信息活动主体与他人、社会、自然和自身之间的关系。例如，"信息活动主体不能破坏他人的计算机系统"，这对信息活动主体而言是一项必须履行的义务，一个方面这一信息伦理规范对

---

① 唐能赋：《道德范畴论》，重庆出版社1994年版，第156页。
② 朱贻庭主编：《伦理学小辞典》，上海辞书出版社2004年版，第153页。

与该信息活动主体相对的其他信息活动主体而言是一种道德权利，即信息伦理权利；另外一方面，这一信息伦理规范对履行这一信息伦理义务的信息活动主体而言，他（她）同时又在享受他人不对他（她）的计算机系统进行破坏的权利，这就是一种道德权利和信息伦理权利。这是从"信息活动主体与他人之间的关系"这一角度来说明信息伦理的；再从"信息活动主体与自身之间的关系"的角度来进行说明。"上网成瘾症"是这方面的典型，如果一个信息活动主体出现了这方面的问题，他或她就没有履行这一方面的信息伦理义务，他（她）损害了自己所应该享有的这一方面的信息伦理权利。这是一种直接的损害，其实这种"上网成瘾症"所表现的信息活动行为有着很大的"外部性"①，它间接地损害了包括信息活动主体的家人在内的"他人"及信息活动主体所在的社会的利益。这一点同吸毒上瘾并没有两样。一方面，该信息活动主体没有履行"不能上网成瘾"这一信息伦理义务，他（她）就损害了他人的"免受他人上网成瘾对自己造成利益损害"的信息伦理权利；另一方面，他（她）也不能很好地享受"免受他人上网成瘾对自己造成利益损害"的信息伦理权利。

　　在道德领域，人们把伦理作为一种（道德）义务，这是一种历史的传统；而不把它作为一种（道德）权利，这又似乎是一种日常的习惯，从总体上看，学术上对道德权利的研究也并不深入。信息伦理是道德研究的一个新兴主题，然而继承了一般道德领域的传统，人们更多的只是认识到信息伦理是一种道德义务，而没有认识到它也是一种道德权利。信息伦理义务和信息伦理权利对信息伦理而言，犹如两个轮子，是这两个轮子的共同作用才推动了信息伦理在人们的信息活动之中得到尊重和履行。

二、有效的信息伦理教育是一种实现信息正义的公器

　　"正义"一直是伦理学上探讨的一个重要问题，而且它也是人类追求

---

　　① "外部性"（Externalities）在经济学中指的是"在涉及买方和卖方的市场交易中未被定价但作用于第三方的影响力。当收益溢出给第三方时，是正影响；当成本施加于第三方时，是负影响"（杨春学主编：《当代西方经济学新词典》，吉林人民出版社2001年版，第328页）。在这里借用了这一制度经济学术语，指的是在信息活动中信息活动主体的信息行为直接地对自身造成了利益上的损害的同时，又间接地对他人和社会，这一相对的"外部"的利益带来了损失这种现象。

的一种理想。罗尔斯提出了（社会）基本善（Primary Goods）的概念，界定它为"那些被假定为一个理性的人无论他想要别的什么都需要的东西"。① 从这一界定出发，考虑到人们在生活之中对"正义"的需要，就可以知道其实"正义"就是一种社会基本善。

首先需要指出的是，"正义"与"公正"、"公平"是意思相同的三个概念，"是行为对象应受的行为，是给予人应得而不给人不应得的行为。"② 在《现代汉语词典》之中把"正义"界定为"公正的，有利于人民的"；把"公正"界定为"公平正直，没有偏私"；而把"公平"解释为"处理事情合情合理，不偏袒哪一方面"。③ 德国学者罗伯特·斯皮曼（Robert Spaemann）认为，"正义意味着，对每一个人都应该由于他或她自身而值得尊重这样一种价值观念的确认"。④ 国内学者赵汀阳认为，正义一直都存在着两重含义：首先，可以称"表达人际关系的合法性原理"为正义，这就是英文之中的"justice"，与中国传统概念之中的"义"相类似；其次，可以称"表达某种公共单位（制度、文化、世界、国家、民族和各种共同体）的合法性原理"为正义，这里用英文中的"Justice"来表示，与"大义"之意相类似。⑤ 在这里我们所使用"正义"一词指的是前者，也就是说，"正义"其实就是一种对人与人之间关系的合理性的表达。那么，"正义"表达的是人与人之间何种关系的合理性呢？

对上面这一问题的回答，需要对人类思想史上人们对"正义"的思索作一回顾：⑥ 从总体上讲，罗尔斯之前思想家对"正义"问题的探讨经历了如下历程，首先是古希腊时代的"德性论"。柏拉图和亚里士多德认

① ［美］约翰·罗尔斯：《正义论》，何怀宏、何包钢、廖申白译，中国社会科学出版社1988年版，第92—93页。

② 王海明：《公正　平等　人道：社会治理的道德原则体系》，北京大学出版社2000年版，第3页。

③ 中国社会科学院语言研究所词典编辑室编：《现代汉语词典》，商务印书馆1983年第2版，第1476、386、384页。

④ Robert Spaemann, Translated by T. J. Armstrong, *Basic Moral Concepts*, London and New York: Routledge, 1989, p. 46.

⑤ 赵汀阳：《论可能生活：一种关于幸福和公正的理论》（修订版），中国人民大学出版社2004年版，第162页。

⑥ 高国希：《道德哲学》，复旦大学出版社2005年版，第268—269页。

为，正义不只是一种品质和德性，而且也是人的德性之实现，也就是说一个人如果具有的某种德性品质实现了，那么就是他（她）做了他（她）能够做和应该做的事情，获得了他（她）所应该和能够得到的东西，也就是正义。其次是近代思想史上的"权利论"。持这种观点的哲学家认为，对各种社会善的处理不应该根据人们先天带来的或者后天形成的品质德性，而是应首先来考察一个人根据先天的自然权利他（她）可以拥有些什么，一个正义的社会应该是人们的天赋权利能够得到维护与实现的社会。然后出现的正义观是边沁所创立的功利主义伦理思想。它的核心观念也是著名口号是"最大多数人的最大幸福"，但是隐含在这一观念背后存在着一种危险，就是可能会导致以多数人的利益来压制和侵犯少数人的利益。

至此，我们已经可以得出，其实"正义"描述的人与人之间的关系的合理性，这种关系直接明确地说就是利益关系。对这一点能够用其他学者的观点来进一步证明。赵汀阳就认为：

> 关于公正（即正义——引者注）的一般直观是，就像古人所认为的那样，公正的目的就是为了建立某种"合理的"或者"良好的"利益分配和权利划分的社会标准和制度，从而把人之间的冲突控制在可以接受的限度内。[1]

基于前文对"权利"的解读，在这里的"权利划分"其实也是与"利益"密切相关的，甚至可以直接地认为，"权利划分"就是一种"利益分配"。赵汀阳的这段话也说明了"正义"与"权利"之间的关系，这中间的纽带其实就是"利益"。王海明则进一步指出，正义的"根本问题……是权利与义务的交换"。[2] 所以，可以认为，"正义"就是一种对人与人之间的利益关系的合理性的表达与描述，它从根本上讲，关乎的是权利与义务的分配问题。

---

[1]　赵汀阳：《论可能生活：一种关于幸福和公正的理论》（修订版），中国人民大学出版社2004年版，第163页。

[2]　王海明：《公正　平等　人道：社会治理的道德原则体系》，北京大学出版社2000年版，第20页。

　　"信息正义"是整个社会正义的一个组成部分，它指的是在信息活动之中，对信息活动主体与主体之间的利益关系的合理性的描述，从根本上讲，信息正义是一个信息权利与信息义务的分配问题。而这里的"信息权利"和"信息义务"有两种主要的表现形式，一种是"信息法律权利"和"信息法律义务"；另一种是"信息伦理权利"和"信息伦理义务"。无论是"信息法律权利"和"信息法律义务"的分配，还是"信息伦理权利"和"信息伦理义务"的分配都会对信息正义产生重大的影响。在社会快速信息化的过程中，或者说是在信息社会，信息活动在整个人类活动中占有重要的地位；而且随着人类社会信息化程度的加深和信息社会的日益成熟，信息活动在整个人类活动中占有的分量也日益增加。所以，信息正义在整个社会正义之中具有重要地位，而且其重要性还在日益提升。在这种情形下，不只是"信息法律权利"和"信息法律义务"的合理分配，而且同样地"信息伦理权利"和"信息伦理义务"的合理分配也对信息正义的实现至关重要，进而成为，作为"社会基本善"的整个社会正义的实现的关键之一。

　　信息伦理不只是一种道德义务，而且也是一种道德权利；正是因为这一点，当一个公民拥有了信息伦理智慧，也就是具有一定的信息伦理水平时，他（她）就会合理地认识信息伦理问题，就会在信息活动之中正确地处理信息伦理问题。这里的"合理地"与"正确地"指的是，作为信息活动主体的公民，一方面能够充分认识到哪些是自己应该履行的信息伦理义务，并且在信息活动中能够切实履行这些信息伦理义务；另一方面，他（她）也能够充分地认识到哪些是自己应该享有的信息伦理权利，并且在信息活动中能够有度地享有这些信息伦理权利。这就是一个信息活动主体具有信息伦理智慧的主要表现。在这种表现中，可以认为，当信息活动主体认识到自己应尽的信息伦理义务，并且在信息活动实践中切实履行这些信息伦理义务时，可以认为这是一种对自己利益的必要的"让渡"。在这一必要让渡发生时，其实该信息活动主体的信息行为是在保护他人的信息伦理权利的实现。当与这一信息活动主体相对的"他人"的信息伦理权利得到了保护和实现时，这其实又是在激励"他人"来履行"他人"应该履行的信息伦理义务。最后，"他人"履行了信息伦理义务，其实是对前面信息活动主体信息伦理权利的一种保护。相反的，如果前面的信息活动主体不具备信息伦理智慧，他（她）不能够认识到并且在信息活动中切实履行自己的信息伦理义务，出现的情形一般来说就会相反，最终这一信息活动主体就不能很好地实现自己的信息伦理权利。如果说前一种情形的反复发生是一种信息伦理权利的良性循环，在这种信息伦理权利的良性循环中起作用的是信息活动主体的信息伦理智慧，那么后一种情形的反复发生则是一种信息伦理权利的恶性循环，导致这种信息伦理权利恶性循环的原因是因为信息活动主体不具备信息伦理智慧。当然，这只是一种理论的应然的探讨，而现实的信息活动情况远比这复杂。但是可以肯定的是，如果每一个信息活动主体都具备了信息伦理智慧，就会为整个社会的信息正义的实现创造条件。而"公正的最后目的是为了保证每个人有条件创造属于他的幸福生活"①，所以，可以认为，具备了信息伦理智慧，履行了信息正义，也就是信息社会公民为自己生活福祉的实现创造了必要条件。由此可见，拥有信息伦理智慧就是社会公民的一种利益，具有这种利益是使其在信息社会实现生活福祉的必要条件。

至此，需要追问的是，是什么使社会公民具有信息伦理智慧？信息伦理教育的目标是培养和启迪受教育者的信息伦理智慧；人并不是"生而知之"的，对信息伦理而言也是这样；另外信息伦理教育是一种有组织的影响，所以信息伦理教育是培养和启迪青少年受教育者信息伦理智慧的最主要渠道。

需要进一步明确的是，培养和启迪青少年的信息伦理智慧首先需要的是对其进行信息伦理教育，但是这种信息伦理教育一定是要有效的。如果相反的这种信息伦理教育是完全无效的，则这与不对青少年开展信息伦理教育并没有什么两样。所以，在培养青少年信息伦理智慧这一点上，信息伦理教育的有效性是一个关键。

综上所述，有效的信息伦理教育培养和启迪了青少年受教育者的信息伦理智慧，当这些受教育者具备了信息伦理智慧后，他们就能够正确合理地认识到自己的信息伦理权利和信息伦理义务，并且在信息活动中切实履行自己的信息伦理义务，和有度地享有自己的信息伦理权利，如此则有助

---

① 赵汀阳：《论可能生活：一种关于幸福和公正的理论》（修订版），中国人民大学出版社2004年版，第163页。

于信息正义的实现。所以，有效的信息伦理教育是实现社会信息正义的一种公器。

三、信息正义原则的理论基础：罗尔斯、诺齐克与女性主义

上面探讨的主要是，在信息活动中信息活动主体对信息伦理义务和信息伦理权利的切实履行和合理利用，从而在人与人之间的利益关系上达到合理，也就是实现信息正义。这就是赵汀阳所区分出来的第一种正义（justice）；下面我们是要探讨赵汀阳所区分出来的第二种正义①（Justice）："表达某种公共单位（制度、文化、世界、国家、民族和各种共同体）的合法性原理。"更为明确地，我们接着要探讨的是作为一种资源和权利的信息伦理教育在青少年学生中的分配问题。作为资源和权利的信息伦理教育的分配问题是信息正义的另一个重要方面。

前文以罗尔斯为界对思想界对"正义问题"的思索作了简要的回顾，以罗尔斯为界是因为其在"正义问题"上具有标志性建树。罗尔斯的"正义论"可以分为两个部分进行说明：② 首先，在订立契约前时人们所处的"原初状态"（original position）纯粹就是一种假设状态和思辨设计，对其可以有多种意在引导出不同结论的不同解释；人们可以合理地设定这种原初状态的具体条件，这样使人在任何时候都能进入这一假设状态，以模拟各方进行合理的逻辑推理从而作出对正义原则的选择活动。这些选择活动都是在"无知之幕"（the veil of ignorance）后面开展的；所谓"无知之幕"指的是原初状态下的彼此冷淡的各方除了具有有关社会理论的一般知识外，并不知道任何有关其他个人及所处社会的特别信息。其次，各方进行行为选择时应该遵循的正义原则有两个：第一为"平等自由原则"；第二为"机会的公正平等原则"与"差别原则"之间的结合。这其

---

① 需要说明的是，虽然"正义"和"公正"两个概念的含义是一致的，但是，当人们"表达人际关系的合法性原理"时使用的概念一般是"正义"，而当人们"表达某种公共单位（制度、文化、世界、国家、民族和各种共同体）的合法性原理"时，使用的概念是"公正"。但是在本书研究之中，为了统一起见，无论表达以上哪一种"合法性原理"，我们统一使用"正义"一词。所以实际上，在本书中使用"信息正义"一词可以表达以上两种"合法性原理"。

② ［美］约翰·罗尔斯：《正义论》，何怀宏、何包钢、廖申白译，中国社会科学出版社1988年版，译者前言。

中第一原则应该优先于第二原则，而第二原则之中的"机会的公正平等原则"又是优先于"差别原则"的。以上两个正义原则的主要内容是要平等地分配基本权利与义务，与此同时，要尽量平等地分配社会合作所带来的利益与负担，要坚持各种不同地位和职务平等地对所有人进行开放，并且只准许那种能够为最少得益者带来补偿利益的不平等之分配。

　　另一在"正义问题"上不容忽视的学者是诺齐克，他把自己的"正义论"称为"持有正义理论"，并指出所谓的"持有正义"是由三个主要论点所组成的：① 第一点为持有的最初的获取或者是对无主物的获得，判断某人最初的持有是不是合乎伦理的标准就叫做"获取的正义原则"。第二点关涉从一个人到另外一个人的持有转让，而判断持有转让的伦理标准就叫做"转让的正义原则"。但是并不是所有的实际持有状态都是合乎以上两个持有的正义原则的，这就需要有"持有正义"的第三个主要论点，即对实际持有状态中的不正义现象进行矫正，而在矫正的过程中就需要遵循"矫正原则"（principle of rectification）。在这个基础之上，诺齐克概括出了他的"持有正义理论"的一般性纲要为：如果某人按照获取与转让的正义原则对自己的持有是具有权利的，则他（她）的持有就为正义；如果每一个个人的所有持有都具有正义，则由这些个人所组成的社会的持有总体（即分配）就为正义的。②

　　如果把罗尔斯与诺齐克以上理论进行比较，我们就会发现，罗尔斯强调的是，对利益的分配要合乎正义的原则，而其所设计的正义原则也正是为了对利益进行合理的分配——在这里我们只是使用了"利益"一个概念，而正义指涉的是对"义务"和"权利"的合理分配，只使用"利益"一个概念是因为我们把"义务"作为负向的"利益"。所以，罗尔斯的正义就是所谓的"分配正义"③。而诺齐克的"持有正义"则不同，他强调的是持有的合法性，而对持有合法性的判断只有一个标准，就是持有者是否拥有对所持有的东西的"权利"。作为一种资源的信息伦理教育，它是一种利益。依据罗尔斯的观点，只要对这种信息伦理教育进行了合乎

　　① 唐凯麟主编：《西方伦理学名著提要》，江西人民出版社 2000 年版，第 667—668 页。
　　② 同上书，第 668 页。
　　③ ［美］约翰·罗尔斯：《正义论》，何怀宏、何包钢、廖申白译，中国社会科学出版社 1988 年版，第 275 页。

他的正义原则的分配，则信息伦理正义就得到了实现，而不需要去管作为资源的信息伦理教育的消费者（持有者）是否具有相关的权利。但是，依据诺齐克的"持有正义理论"则不是这样的，只要作为资源的信息伦理教育的消费者（持有者）具有消费（持有）信息伦理教育的权利则就是合乎信息伦理正义的。我们不需要去质疑正待在教室接受信息伦理教育的青少年受教育者的接受信息伦理教育的权利，因为他们无论是男生还是女生作为中华人民共和国公民本来就具有接受（持有）作为资源的信息伦理教育的合法资格，也就是说这些男生和女生的持有是具有权利的，所以依据诺齐克的正义理论，在这里就实现了信息伦理正义。但是，依据罗尔斯的正义论，来分析作为资源的信息伦理教育则会有些复杂。从表面上看，青少年信息伦理教育者的受教育者无论是男生还是女生，在同一个教室里接受的都是同样的信息伦理教育，应该是合乎信息伦理正义的。而且这一点还受到了，"男性怎样，女性则同样应该怎样"这种平等正义的观点的支持。再来观察现实生活。一般地人们都会认为信息伦理教育中"一视同仁"地对待男生和女生就是一种正义（公平）的实现，而且强调，如果不能如此，就会有违正义（公平）。这是一种情形；另外，也许有人会认识到，在信息伦理教育之中需要对男生与女生以差别性对待，（在信息伦理教育中需要有性别针对性，这一命题将在下文得到合理的论证）而且他们想当然地认为，这种"差别性对待"就符合了罗尔斯正义论中的"差别原则"。其实，在这里存在着对罗尔斯正义论的误解。

国内学者郭夏娟对这一问题进行了探讨：首先，"差别原则"的主要宗旨是为了确保"最少受惠者"的最大限度的利益，与此同时又要保证社会的必要竞争，这样就必须对"最少受惠者"的范畴作出严格而准确的规定；其次，从罗尔斯所提出三个层面"最少受惠者"标准可以看出，"差别原则"在立足于"最少受惠者"这一群体时，只是考虑到了"社会合作的参与者"，而女性主义者发现了划分"最少受惠者"的标准存在着明显遗漏，至少这些标准没有考虑那些身体和精神有残疾和障碍的人，更没有关注到对这些残障人进行照顾的人，而这些照顾者之中女性为绝大多数。① 再来看作为资源和利益的信息伦理教育在不同性别受教育者之间的

---

① 郭夏娟：《为正义而辩：女性主义与罗尔斯》，人民出版社 2004 年版，第 230、236 页。

分配情况。而要对这种分配的正义性进行判断，需要对照罗尔斯的"最少受惠者"标准来进行分析。在 1999 年修订版的《正义论》中，罗尔斯对"最少受惠者"提出了三个层次的规定，这三个层次是分别使用以下三个不同视角的："宏观视角：参与社会合作者"；"中观视角：某一经济地位的特定阶层"；"微观视角：个人的某些重要特征"。[1] 从"宏观视角"和"中观视角"来看，这两个层次都是一个笼统的规定，在一个男权占统治地位的社会里，并没有特别针对女性的弱势地位在从宏观和中观视角界定"最少受惠者"时作专门的规定。再来从"微观视角"来看，罗尔斯在这一层次下面制定了三个更为具体的"最少受惠者"标准：

> 第一，他们的家庭和阶级出身比其他人更不利；第二，他们的自然资质使他们的生活比别人更差；第三，他们一生的命运和机遇确实使他们只享有很少的幸福。所有这些都是在正常范围（下面还将论及）内的考虑和以社会基本财富为相关的衡量标准。[2]

同样地，在微观层次里，以"社会基本财富"为衡量标准，并且在这一标准之下，一方面似乎是囊括了符合相关条件的男性和女性；而实际上另一方面又是真实地在男权社会背景下忽视了女性。

所以，整个的罗尔斯的"最少受惠者"的范围圈定，一方面，是以某种范畴来似乎要包括符合相关条件的不同性别的人；另一方面，它却是一种事实上的对女性的漠视。基于此，把男女学生接受信息伦理教育作为一种资源和利益的分配，而在分配的过程中，即信息伦理教育过程中要强调教育的性别针对性，这一点并不能从罗尔斯的正义论中得到理论支持。然而，如果信息伦理教育没有性别的针对性，则在男权占统治地位的社会背景之下，女性受教育者并没有接受到有效的作为资源和利益的信息伦理教育的分配，因为男权主导的信息伦理教育对她们而言总是存在着不同程

---

[1]　郭夏娟：《为正义而辩：女性主义与罗尔斯》，人民出版社 2004 年版，第 230、233、235 页。

[2]　John Rawls, A Theory of Justice, Oxford：Oxford University Press, 1999, p. 83, 转引自郭夏娟《为正义而辩：女性主义与罗尔斯》，人民出版社 2004 年版，第 235 页。

度的不适合。所以在审视信息伦理教育中的信息伦理正义时需要在一定程度上引入女性主义的观点，以更好地处理其中的性别针对性问题。

女性主义是一种十分复杂甚至是千头万绪的理论，但是归根到底可以把其总结成一句话，即在整个人类社会实现男女两个性别之间的平等；如果对整个的女性主义理论进行综观，可以发现"有些激烈如火，有些平静如水，有些主张做决死抗争，有些认可退让妥协"，但是需要指出的是所有的女性主义理论都承认一个基本的理论前提：女性在整个人类社会内都是一个受压迫和歧视的性别群体。[①] 当然，这种"受压迫和歧视"是相比较的结论。在信息伦理教育这个主题下，本书研究引入女性主义的视角也是基于在现实的信息伦理教育之中对女性这一特别性别群体的漠视。这一点在下面将深入探讨。

四、信息伦理教育中的性别针对性

对本书研究的调查结果进行分析发现，在高中生这一群体之中，女生有68.4%的人表示从来不去网吧上网，有1.0%的人经常去；而男生的这两项数据分别为60.9%和13.4%。也就是说在高中男生更多地到网吧去上网。对当前环境的社会上营业性网吧而言，其环境十分"复杂"，在营利性网吧上网明显地对青少年的健康成长产生许多负面影响。性别不同的高中生到网吧上网的频率并不一样，所以，作为一种信息环境的营业性网吧对不同性别的高中生的影响程度和范围并不一样。

另外，高中生中，女生有98.0%从来没有浏览过黄色信息，2.0%的人偶尔浏览过，没有人经常性地浏览；男生中只有92.0%的人表示从来没有浏览过黄色信息，6.9%的人偶尔浏览过，1.1%的人经常性地浏览。高中生中，女生只有5.1%的人表示经常崇拜对网络空间中无私助人技术高超等英雄形象，而男生这一数据却为6.9%；女高中生中只有3.1%的人在网络聊天过程中经常有不礼貌信息行为，79.6%的人则从来没有这种不礼貌信息行为；男高中生的这两项数据分别为4.6%和66.7%；在女高中生中只有1.0%的人经常从网上拷贝他人成果来作为作业上交给老师；男生这一数据高达5.7%。男女高中生玩电脑或网络游戏的频率的差异可

---

① 李银河：《女性主义》，山东人民出版社2005年版，第1页。

以从图 4 - 1 中看出来。

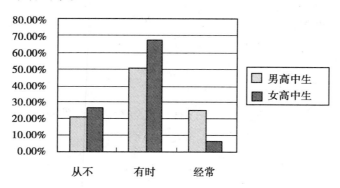

图 4 - 1 男女高中生玩电脑或网络游戏的频率差异

图 4 - 1 显示，女高中生经常玩电脑或网络游戏的人的比率远远低于男高中生，而且前者从不玩电脑或网络游戏的人的比率也高于后者。

再来看大学生（以本科生为主）的调查情况：有 3.4% 的女大学生经常有从网上下载信息成瘾的感受，有 66.8% 的女大学生从来没有这种感受；在男大学生中这两项数据分别为 10.8% 和 54.7%。女大学生中有 1.3% 经常浏览黄色信息，从不浏览黄色信息的占 87.7%；男大学生的这两项数据分别为 9.5% 和 38.8%。在女大学生中有 12.8% 有网恋经历；男大学生有网恋经历的占 21.1%。在被调查的女大学生中有 3.4% 的人经常有成为一名黑客的愿望，64.3% 的人表示从来没有过这种愿望；而在被调查的男大学生中这两项数据分别为 15.1% 和 40.9%。在女大学生中有 1.7% 的人表示经常在网上聊天时伤害他人，表示从来没有的占 82.1%；男大学生的这两项数据分别为 3.4% 和 69.8%。在女大学生中只有 6.8% 的人经常玩电脑或网络游戏，而男大学生中经常玩电脑或网络游戏的人占 16.0%。女大学生中间有 28.5% 的人认为虚拟网络空间应该是完全自治的；男生这一数据则高达 37.2%。有 40.0% 的女大学生认为在虚拟网络空间之中道德是相对的，不应该有统一的道德标准；男生持这一观点的占 52.2%。有 3.0% 的女大学生认为由于过度使用网络导致自己在现实生活中感觉严重不适应；男大学生中表示有同样严重问题的占 5.2%。

以上数据已经能够充分地表明，作为信息伦理教育的受教育者青少年学生（高中生和以本科生为主的大学生），在与信息伦理密切相关的问题上，因为男女性别上的差异，会有许多不同的表现。但是并不只是本书研究的调查能够论证这一点。

在一个名叫"未来文化"的探讨电脑朋克亚文化的网上聊天室里，有一位女性参与者非常率真地写道：

> 目前，这是一个棘手的问题，许多妇女为了避免可能发生的网上搔扰，不愿承认她在倾听。一旦承认了，她们很可能要么属于更勇敢、更无畏，要么属于更愚蠢的一类。
>
> 是的，卡兹，我是女人而且畅游在因特网上，读电脑朋克，用锁和电脑做有趣的事。我不编程序，也不玩多用户网络游戏。我做些技术性的工作或干些修理。我写作、阅读。我是比较聪明的人。①

这位聊天的参与者直白地，用自己作为一名女性网民的亲身体验，道出了女性上网者的信息行为习惯，可以看出，她的信息行为习惯与一般的男性网民是不同的。而来自中国香港非常有名的专业互联网统计机构"Iamasia"于2001年公布的资料也明确地显示，女性使用互联网的原因及习惯同男性相比具有很大的不同：女性上网用户使用互联网络往往是以聊天、电邮和查询有关教育、健康和社区等信息为主，而男性上网用户则往往是以搜寻运动与科技资料为主。② 另外，社会语言学家德博拉·坦能（Deborah Tannen）和鲁宾·雷克夫（Robin Lakoff）认为，"女性在沟通中更加重视人际关系的重要性。另一方面，男性则倾向于把沟通视作为接收和发送解决问题所需信息的渠道"。③

男性受教育者与女性受教育者在信息活动和信息伦理方面的这些差异，就导致了他们在信息伦理教育过程中需要作为资源和权利的信息伦理教育具有一定的针对性，这样男性和女性受教育者才能够接受到对各自都有效的信息伦理教育。如果没有这种信息伦理教育过程中的性别针对性，

---

① 安妮·巴尔萨摩：《信息时代的女权主义》，载王逢振等编译《网络幽灵》，天津社会科学院出版社2000年版，第156—191页。

② 匡文波编著：《网民分析》，北京大学出版社2003年版，第60页。

③ 转引自 C. A. Bowers, *The Cultural Dimensions of Educational Computing：Understanding the Non- Neutrality of Technology*, New York：Teachers College Press, 1988, p. 90, 91.

则虽然根据诺齐克的"持有正义理论"，不同性别的受教育者在信息伦理教育过程中受到了同样的信息伦理教育，就实现了信息伦理正义，但是需要注意的是，这种信息伦理正义只是一种形式上的正义。由于女性受教育者没有接受到对她们来说是适恰的因而也是有效的信息伦理教育，所以女性受教育者实际接受（分配）到的作为资源和利益的信息伦理教育，与男性受教育者实际接受（分配）到的作为资源和利益的信息伦理教育相比是不够的。这样就没有真正实现信息伦理正义。

上面行文的逻辑是：信息伦理教育受教育者之间由于性别的不同，在信息活动和信息伦理相关方面存在着差异，所以在信息伦理教育过程之中需要具有性别针对性，才能使他们接受到对各自有效的信息伦理教育，以实现信息伦理正义；更为简洁地说就是：要实现正义（公正），就需要因为差异的存在而在制度安排上具有性别针对性。对于这一逻辑需要进一步深入探讨。

首先，生理性别（Sex）指的是男人与女人在生物学意义上的差异，而社会性别（Gender）指的是在社会文化适应过程中所形成的男人与女人在角色、行为特征、性格和地位等方面的差异；以上这种区分可以解释许多事实，但是也有可能在某种程度上会忽略生理性别与社会性别之间应该存在着的联系。[1] 其实，男性信息伦理教育的受教育者与女性信息伦理教育的受教育者的以上差异，其根源就在于"生理性别"的不同，如果没有这种"生理性别"的不同，则不会有社会性别的差异。

最后，是不是就如同一些评论家所担心的那样，一旦承认了男女之间的差异，女性就会等同于对平等（正义）进行了放弃？[2] 但是情况并不是这样的。

> 她们（指的是法国当代女性主义伦理学家克里斯多娃、依利格瑞和西苏——引者注）指出，把这种"差异"应用于性别，可以比喻性别之间的那种没有赋予任何性别特权，也没有把一方定义为另一方对立面的关系。性别差异追求的是打破男女之间的

---

① 卜卫：《媒介与性别》，江苏人民出版社 2001 年版，第 3—4 页。
② 肖巍：《女性主义关怀伦理学》，北京出版社 1999 年版，第 128 页。

两分结构，建立一种双方都有自主性，有自己存在权利的性别关系。在伦理学中，这种性别差异要求人们对自我与他人的关系进行重新思考。在以往的伦理学中，这个自我一直被假定是男性的，充其量也是中性的，而且这个"中性"是依据男性所认为的"中性"定义的。这就意味着女性没有自主性，或者总是被等同他人。这实际等于用两分法抹杀了女性的自主性和主体性。而以"性别差异论"为根据的女性主义伦理学则要求恢复妇女的主体性和自主性，建立一种合理的两性伦理关系。①

所以，在信息伦理教育过程中，根据女性学生与男性学生之间的性别差异，实施有针对性的教育，这并没有损害平等的实现，相反的它是一种实现信息伦理正义的有效途径。而且有论者指出，发展中国家在引入信息技术和社会信息化的过程中，应该要及早地考虑性别差异问题，只有如此对性别差异的关注才能够在一开始就被"注入"进来，而不能使之成为事后的补救措施。② 而强调信息伦理教育中的性别针对性正是对性别差异的关注。

怎样在信息伦理教育过程中强调性别针对性是一个系统的工程，也是一个实践性很强的话题。但是，在采取具体的信息伦理教育性别针对性措施的背后，可以尝试引入凯罗·吉列甘（Carol Gilligan）的"关心伦理学"，这种伦理学以需要与反应作为其基础，它对诸多传统伦理学与道德教育学的理论前提形成了挑战：③ 第一，它存在着自己独特的核心：关心；第二，关心伦理学对"普遍性"进行了拒绝；第三，关心伦理学是重视行为的前后顺序与结果的，即它重视给人际关系带来的影响，然而需要强调的是它并不是一种功利主义的伦理学；第四，虽然关心伦理学号召人们都要成为一名关心者，但是它明确地强调了被关心一方实际所起到的

---

① 肖巍：《女性主义关怀伦理学》，北京出版社 1999 年版，第 74—75 页。

② ［美］南希·哈佛金、南希·塔格特：《性别、信息技术与发展中国家：一种分析研究》，吴丹译，载曹荣湘选编《解读数字鸿沟：技术殖民与社会分化》，上海三联书店 2003 年版，第 153—161 页。

③ ［美］内尔·诺丁斯：《学会关心：教育的另一种模式》，于天龙译，教育科学出版社 2003 年版，第 30—31 页。

作用，所以它是"关系伦理"而不是"美德伦理"。

在此基础之上，诺丁斯勾画出了一种新型的道德教育模式，它的主题是强调关怀、关系和爱在伦理学与道德教育中所起到的不可替代的作用。[①]

当然，以上只是在信息伦理教育中注重性别针对性的一种尝试。在信息伦理教育中要真正做到注重"性别针对性"，需要对整个信息伦理教育体系作出一系列的改变和尝试。

第三节　命题六：网络匿名性凸显了信息伦理自律的重要性，信息伦理自律需要儒家伦理的"慎独"精神

道德教育的评价对道德教育而言具有十分重要的意义，它是已实施的道德教育成果之检验，也是新的道德教育改进之基础。但是信息伦理教育在此却遭遇到了很大困境。

一、信息伦理评价与网络匿名性

最近，教育评价及其研究越来越受到重视，这一现象可以归因于三个方面：首先，教育经费的普遍匮乏使人们越发关注教育的效率；其次，教育实践更加需要专业性评价；最后，技术的发展为一般性教育评价提供了可能。[②] 信息伦理教育作为教育的一个有机组成部分，同样需要受到重视。

在信息伦理教育的评价问题上，本书研究分别对信息伦理教育的教育者大中学教师与大学生（以本科生为主）进行了问卷调查，其结果分别如下：有 74.5% 的教师认为学生的信息伦理水平是可以进行评估的；而在最为有效的评估方式选择上，问卷为教师提供了三种选项，分别是"自评"、"他评"和"自评与他评结合"，其结果如图 4-2 所示。

在问及所教学校是不是有信息伦理教育评价体系时，有 70.2% 的教

---

① 肖巍：《女性主义关怀伦理学》，北京出版社 1999 年版，第 158 页。

② Hugh F. Cline & Robert A. Feldmesser, *Program Evaluation in Moral Education*, New Jersey: Educational Testing Service, 1983, p. 5.

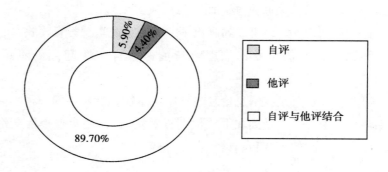

图 4 - 2　教师对最好的信息伦理教育评价方式的选择

师回答"没有"，只有 2.1% 的教师回答"有"，25.5% 的教师表示"不知道"，有 2.1% 的教师没有作答。另外，有 59.6% 的教师认为他（她）的学生的信息伦理表现没有成为学校对他们进行的道德评价的组成部分，7.4% 的教师表示"有"，31.9% 的教师表示"不知道"，1.1% 的教师没有就这一问题作出回答。

在大学生中，有 60.6% 的人认为学生的信息伦理水平可以评估。在选择何为最为有效的信息伦理水平评估时，有 12.2% 的人选择"自评"、5.3% 的人选择"他评"、82.5% 的人选择"自评与他评结合"。

考虑到高中生年龄相对较小，对信息伦理教育评价理性认识能力的不够，所以并没有在高中生问卷中涉及这类问题。

以上调查结果表明，无论教师还是大学生（以本科生为主），大都认为评价信息伦理教育最为有效的方式是"自评与他评结合"。对这一点，作者研究并没有异议。这里需要探讨的是，信息伦理与一般传统伦理存在着相同的地方，但是更有相异之处；而这种相异之处又导致了信息伦理教育评价与一般道德教育评价之间存在着不相同的特点。

信息伦理与现实伦理具有相同之处，它们最终都是一种以"善"为目标、以非强制力为手段的调节人与人之间利益关系的规范和准则。信息伦理的基本规范需要遵从现实伦理中人们对"善"的评价标准；并不能说，在虚拟空间之中，人们就有另外一套与传统的"善""恶"标准不一致甚至是颠倒的标准。无论是传统（现实）的伦理（道德）教育，还是信息伦理教育，其评价都存在着如檀传宝教授所言的困难：

……在纯粹文化知识的教学中，当我们需要了解教学效果的时候，我们只需要发一份试卷考一考我们的学生，然后对考卷做分析，我们就很容易了解学生学到了什么，在哪些地方还存在问题，以后进行有针对性的教育就可以了。但是一般文化课所拥有的这个评价或者诊断的工具在德育活动中基本上不存在。我们能够对学生施测的只能是道德认知或道德行为。由于道德认知未必能够转化为道德行为，道德行为也未必反映道德动机，所以基本上我们无法了解某一道德教育活动学生在"品德"（综合了道德认知、情感、意志、行为等）上"长"了或"缺"了多少。①

作者研究认为，信息伦理与现实伦理具有一定的不同之处。第二章中有介绍，孙伟平等人认为，网络伦理环境是一个"非熟人社会"，在这一社会里，许多时候人际交往是匿名（匿现实社会里人所使用的指称符号）的，而且虚拟社会里道德伦理的监督力度小，人们的伦理行为更多的是需要自律。由于信息伦理一般都是发生在"网络伦理环境"之中的，所以在研究信息伦理时，"网络的匿名性"是我们不得不重视的。

关于网络的匿名性，有一个十分形象的流行语："在英特网上，没有人知道你是一条狗。"② 从总体上讲，网络世界是一个"匿名世界"，因为无论在新闻组、讨论区抑或是在聊天室里，参与者一般都使用代号来隐匿部分或者是全部真实世界中的真实的个人信息——网络上也有人使用"真实姓名"，或者是网络社区"克隆"了现实社会的活动，这些现象需要另当别论——这样人际互动则是更具完全意义上的"代号"互动，如此也就形成了一个"匿名世界"。③

但是，网络上的匿名现象比较复杂，需要进一步地分析。在语言学领域中，索绪尔提出了著名的"能指（signifier）/ 所指（signified）二元组

---

① 檀传宝：《德育之重、德育之难与德育之急："当代中国德育问题研究"丛书总序》，载檀传宝编著《大众传媒的价值影响与青少年德育》，福建教育出版社 2005 年版。

② Http：//www-900.ibm.com/developerWorks/cn/java/j-p2p/part3/index_ eng. shtml. 转引自张义兵《逃出束缚："赛博教育"的社会学解读》，北京师范大学出版社 2003 年版，第 10 页。

③ 张义兵：《逃出束缚："赛博教育"的社会学解读》，北京师范大学出版社 2003 年版，第9 页、第 27 页注释［6］。

合"的概念：他认为每一语言都是由"能指"／"所指"这两个部分所组成的，亦即语言中任何一个符号都是由"能指"和"所指"所组成的；"能指"指的是由"声音—形象"两个部分所组成的符号的物质形式，"这样的声音—形象在社会的约定俗成中被分配与某种概念发生关系，在使用者之间能够引发某种概念的联想"，而这里的"概念—意义"就是所谓的"所指"；"能指"和"所指"所对应的关系的形成和建立是"随意的"、"武断的"和"约定俗成的"，既具可变性又有固定性，一般来说如不同语言间"能指"与"所指"对应关系的确立相对来说就是"随意的"和"武断的"，而在同一语言社会之中"能指"与"所指"之间的对应关系就是"约定俗成的"和相对"固定的"。①

我们的现实生活中，在同一的语言社会里，作为一符号（也是一种代号）的姓名的"能指"与"所指"是相对简单的。例如，"张三"是某人的姓名，这里"张三"这一"声音—形象"就是"能指"，而"张三"这一符号所表达的"概念—意义"，即一个在现实生活中能够对上号的"张三"这个人，就是"所指"。在这种现实空间中，"能指"与"所指"的关系是相对简单的。在一个"熟人社会"里，同名的情形时有发生，但是人们可以用形容词非正式地对同名人进行区分，如我国足球领域里的"大王涛"和"小王涛"之分，人们可以利用这种非正式姓名来对拥有同一姓名符号且在同一"熟人社会"的两个球员成功进行区分；还有一种情形是，两个人甚至更多人是同名的，但是他们不生活在同一"熟人社会"里，且他们之间很少有什么人际关系，如此则"能指"的姓名与其分别"所指"能够一一对应。总之，在现实空间中，"能指"的姓名与其"所指"是能够做到一一对应的，因为即使有同名现象，一方面可能属于上面所列举的两种现象，另一方面，如性别、职业等个人特征信息也能够帮助姓名的"能指"与"所指"能够准确对应。如此则在现实空间中的道德责任能够明确和追究；在道德责任能够明确和追究的情况下，人们对自己行为的道德后果一般都会有所顾忌，这样就能够在一定程度上保证其行为的合伦理性。

虚拟空间的"姓名"的"能指"与"所指"情形则比较复杂。更为

---

① 李岩：《媒介批评：立场、范畴、命题、方式》，浙江大学出版社 2005 年版，第 13 页。

准确地说，在虚拟空间，虚拟空间的"姓名"也就是"网名"或者"ID"之类，它的形式是多种多样的，并没有受到现实空间中"姓名文化"的限制。有数字的、有英文的、有中文的；从字数上来看也是不尽相同，有的是一个字或符号，有的非常长。正是这些符号构成了虚拟空间中的"姓名能指"。无疑问的是，这种虚拟空间的"姓名能指"与特定的虚拟形象是一一对应的。例如，在聊天室里有一网民叫"高山流水"，"高山流水"就是一"姓名能指"，它是一个物质符号；而此网民在虚拟空间中的"表演"所形成的形象特征就是"高山流水"的"姓名所指"。

需要对上文所用到的"表演"一词作阐释。它来自于戈夫曼的"戏剧分析理论"：戈夫曼认为"整个世界是一个舞台，所有的男女不过是这舞台上的演员，他们各有自己的活动场所，一个人在其一生中要扮演很多的角色"（莎士比亚《皆大欢喜》），基于和根据此种认识，他成功地把抽象的理论术语"社会现实—自我"转化为通俗的日常话语"戏剧—演员"；人类世界就是一个大舞台，每一个人都是扮演相同或不同角色的演员，他们所有的活动都是某种表演，如此就组成了具有一定意义的生活剧的情节，而整个人生舞台又可以分为"前台"和"后台"两个组成部分；"演员"同"观众"互动时，一个演员想要演好自己的角色，就得给观众一个好的印象，要达成这样的目的则演员就要对自己在表演中的各种行为进行有效的管理，不然就达不成期望的效果，这就是戈夫曼所谓的"印象管理"，其具体的管理方法有"选择"、"隐藏"和"掩饰"三种。①

在网络虚拟空间中的情形有多种。首先，网民在虚拟空间中所使用的 ID 与自己在现实空间中的姓名毫无相关，这是一种最为常见的情形。在这一情形之下，作为网络 ID 的"姓名能指"与其在现实空间中真实姓名的"姓名能指"没有相关性，也就是说网络 ID 并不能指向现实空间中的这一网民自身及其真实姓名。在一个"非熟人环境"中，其他网民知道这一网民的网络 ID，但是他们并不能通过这一网络 ID 来"指证"出现实空间中的这一网民。在这种情况之下，当这一网民在虚拟网络空间犯有道德过错时，这种道德过错并不能使网民在现实空间中得到道德惩罚。但是在虚拟空间中，这一网民还是有可能要为其道德过错受到惩罚的，当这一

---

① 侯钧生主编：《西方社会学理论教程》，南开大学出版社 2001 年版，第 223—227 页。

网民在虚拟空间受到了严惩时，这一网民则可以"自由地"重新注册另外一个网络 ID，这样他（她）就在虚拟空间中也可以不必为自己道德过错受到道德惩罚。当然，在这里"自由地"是相对的，因为在虚拟空间中的道德形象和人际关系等的建立也是需要付出成本的，当重新注册自己的网络 ID 时，这一网民在虚拟社区中的地位和人际关系需要重新从头建立。

需要指出的是，人们可以通过追踪网民上网 IP 的方法，把有道德过错行为的网民在现实空间中的真实身份查出来，但是这里至少存在着两大障碍，一是技术；二是成本。由于这两大障碍的存在，所以一般网民在虚拟空间中有道德过错时，很少有被通过网络 ID 查到现实空间中真实身份并加以道德处罚的可能。所以在虚拟空间之中，网民对自己的道德约束相对放松了，恶性更换网络 ID 的现象十分普遍。

总而言之，在这一种情形中，作为虚拟空间中"姓名能指"的网络 ID 的"姓名所指"一般并不能指向现实空间中的特定网民，这就是所谓的"网络匿名性"。当网络 ID 在虚拟空间中的"姓名所指"在网络世界中的信息行为违背了信息伦理时，这时由于网络的匿名性导致了一般情况下这些网民可以不受道德处罚。这种情形是在虚拟的网络世界中的"一般常态"。在网络匿名的情形下，网民在虚拟网络空间中也就相对不重视对自己表演的"印象管理"，所以一般也就放松了自己在网络空间中的道德约束。

我们的调查显示，大学生中（以本科生为主）有 3.0% 的人表示网络的匿名性"经常"使自己放松了网上信息行为的道德标准，有 49.7% 的表示"有时会"。这其中的缘由就如上面所解释。

其次，也有网民在网络空间中使用"真实姓名"。这种情况有些复杂，有三种可能：一种可能是这一网民的网络环境完全是一个"非熟人世界"，在这一环境中，这个"真实姓名"的指称效果与网络 ID 基本上可以说没有差异，所以也会出现上文所展示的现象；另一种可能是，该网民在网络上所交往的对象都是"熟人"，也就是说他（她）的网络环境是一个"熟人世界"，这样的交往就类同于现实社会的交往，这种情况下，道德约束并不会因为交往在网上而放松；第三种情形是第一种情形与第二种情形的综合。在虚拟空间中，出现的情形基本上是第三种，但是从总体上讲，网络空间是一个"非熟人社会"。

最后，当网络社区"克隆"了现实社会的活动时，这种情形则是网民网上交往行为类同于在现实空间中的交往，也不会使网民放松对自己的道德约束。这种情形在网络空间并不多见。

在网络空间使用"真实姓名"及网络社区"克隆"了现实社会的活动，这两种情形并不普遍，从整体上来看，网络世界是一个"匿名世界"。而网络的匿名性，一方面，导致了信息活动主体在虚拟空间中放松了对自己的信息伦理约束；另一方面，网络匿名性造成了信息伦理教育评价与普通道德教育评价相比更大的困境，这更大的困境正是由于作为"姓名能指"的网络 ID 并不能明确指向现实生活中间的道德责任主体。但是，并不是说信息伦理教育不可以评价，只是网络的匿名性给评价带来了更大的困境。在这样的困境之下，信息伦理自律的价值和意义就更加凸显出来。

二、道德自律与信息伦理自律

在《伦理学小辞典》中，"自律"被直接认为是"康德用语"，指的是"不受外界约束和情感支配，据自己善良意志按自己颁布的道德律令而行事的道德原则"；这一概念与"他律"是相对应的，康德认为，"他律"指的是"服从自身以外的权威与规则的约束而行事的道德原则"；康德认为，每一个具有理性的人都有自己为自己颁布道德律令的能力，这种自己为自己颁布道德律令的能力就是自律，它表现为一种道德良心，并且相信别的理性者也可以根据自己的道德目的来行事，而不是把他人看作利用之手段；他还认为，无论道德约束是来自于社会（如幸福的渴求和快乐的引诱），还是来自于宗教（如宗教礼仪、宗教狂热、宗教迷信与权威）都是他律，道德他律只是受到了行为的效果之影响，它并不注重行为动机，违背了道德原则，不受道德良心的指引。[①]

对康德的以上观点需要作进一步的分析。康德认为，意志自律性是道德的最高原则，自律原则的内涵是"在同一意愿中，除非所选择的准则同时也被理解为普遍规律，就不要作出选择"，任何东西的意志只要

---

① 朱贻庭主编：《伦理学小辞典》，上海辞书出版社 2004 年版，第 372—373 页。

有理性，都一定会受到自律原则的约束；他认为，"自律性是道德的唯一原则"，如果一个人是自律的，他就应该要摆脱一切对象的束缚，使这些对象不能够左右自己的意志，所以意志就不用忙于对异己的关切进行管束，而只要"证明自己的威信就是最高的立法"；康德还认为"自由概念是阐明意志自律性的关键"，而"自由必须被设定为一切有理性东西的意志所固有的性质"。① 康德如此坚持道德自律是有其背景的。道德自律就意味着道德价值的根据不是来自于身外而是来自于人自身，而伦理哲学发展到这里经历了一个漫长的过程：古希腊伦理学认为道德价值的根据来自于纯主观；基督教伦理学则有所进步，它"把道德价值的根据引向客观方面，使人类开始注重探索道德的客观价值"，但是却错误地引向了神与上帝那里；文艺复兴运动则"把道德拉回到了尘世"，而对宗教进行了无情的批判；之后，欧洲思想界普遍地以人性论为基础，从而把道德哲学建基于人性的基础之上。② 康德的道德自律理论正是在这样的背景中构建的。他把"回到了人自身"的思想进行了理论化，一方面，认为道德的价值在于人自身，"任何从人之外去寻找道德价值都不具有绝对性"；另一方面，他也意识到了人性论的局限性，而认为只有把道德的价值诉诸于超人性的"纯粹理性"才能建立一种普遍的必然，所以康德的伦理学核心之处在于，他认为世界上只有人的"善良意志"才是绝对的善，但是人的意志毕竟与具体的人联系着，而具体意志不可能具有绝对性，在这种情况下就需要有"纯粹理性"来进行指导。③ 康德的"意志自律"伦理理论无疑是唯心主义的，康德的同乡马克思对这一唯心理论进行了成功的超越。

1842 年，年轻的马克思在《评普鲁士最近的书报检查令》中写道："……道德的基础是人类精神的自律，而宗教的基础是人类精神的他律。"④ 对这句话需要进行两个方面的解释：一方面，在当时，马克思尚

---

① ［德］伊曼努尔·康德：《道德形而上学原理》，苗力田译，世纪出版集团、上海人民出版社 2005 年版，第 61—62、69、71 页。

② 刘余莉：《道德的自律和他律：兼谈对马恩原著的正确理解》，《道德与文明》1996 年第 1 期，第 28—30 页。

③ 同上。

④ 《马克思恩格斯全集》（第 1 卷），人民出版社 1979 年版，第 15 页。

没有完成从唯心史观到唯物史观的伟大转变，所以这并不是马克思主义思想，另一方面，马克思在讲上述话时有特殊的历史背景，即"宗教他律"对思想进行了钳制，马克思正是针对这种思想控制而言说的；只有在以上认识的基础之上，才不会错误地认为，马克思主义伦理学的自律观认为道德完全是自律的而不讲他律，从而完全否定了道德的他律性。① 对道德的他律与自律，正确的认识应该是：人们所处的社会关系、道德关系以及客观的社会道德要求决定了道德具有他律性，如果没有道德的他律性就不会有道德的自律性，同样地，如果没有了道德的自律性也就不可能存在道德的他律性；道德的他律如果不能成功地转换为道德主体自己的规律，则对道德主体而言这些作为规范的道德就是无道德意义的。②

　　所以，对于本书研究的信息伦理而言，一方面它具有他律性，另一方面，在匿名的虚拟空间中，自律凸显了其特别的意义。也就是说，信息伦理活动主体的道德自律在虚拟空间中十分重要，那么，信息活动主体如何才能做到信息伦理自律？"信息伦理自律"中的"自"表达的无疑是一种"自觉"之意，"自觉"也就说这种对信息伦理的履行是在一种"觉悟"的基础之上。那么这种"自觉"和"觉悟"又是来自于哪里？是功利主义的功利？是美德？还是义务？我们认为，这种"觉悟"应该是基于新的经济基础的"最大多数人最大福利"的功利，也是基于一种美德，还是来自于剔除了唯心成分的义务。是这些因素的综合才导致了信息伦理履行的"自觉"、"觉悟"的必然。这是一个方面的追问；另一方面，"信息伦理自律"中的"律"又是来自何方？当我们排除了上帝和"纯粹理性"之后，这种"律"是不是就是来自于信息伦理活动主体的"主观偏好"？"偏好"一词借用自经济学，这里用来指信息伦理活动主体对不同的调节人与人之间利益关系信息伦理的不同喜好，这种"不同喜好"就决定了其选择何种信息伦理来"自觉履行"。其实并不是这样的，因为如此则存在着巨大的信息伦理相对主义的风险，亦即首先信息伦理活动主体可能都会根据自己的"偏好"其实更多的是自己的利益最大化原则来制定或选择相应的信息伦理规范，接着不可避免的是，所有的这些信息伦理主体都

---

① 王淑芹：《道德的自律与他律：马恩与康德的两种不同的道德自律观》，《道德与文明》1998 年第 4 期，第 25—28 页。

② 罗国杰主编：《伦理学》，人民出版社 1989 年版，第 194—195、200 页。

可能陷入道德（信息伦理）相对主义的泥沼。马克思在创立历史唯物史观之后就完全摒弃了理性主义的道德自律论，而且成功地在历史唯物主义的基础之上重新确立了道德之自律性，"认为道德是历史的产物，道德价值的根据存在于社会历史之中"，道德不只是具有自律性而且还具有他律性，是自律性和他律性的统一。① 所以，信息伦理活动主体所自觉履行的信息伦理规范也是来自于"社会历史"的。

然而，当具体面对信息伦理时情况却较为复杂。因为信息伦理相对而言总是一个新鲜事物，而且信息技术又在高速发展着，新的信息技术在社会中的应用与更新也是飞快的，如此则总会有新的信息伦理问题的产生，所以并不是社会上已经得到了充分论证的信息伦理规范就能够满足日常生活的需要。在这样的情况下，一方面，有许多信息伦理规范只需要信息伦理活动主体通过自己的正确认识进行选择和认同；另一方面，信息活动主体会不断地遭遇新的信息伦理问题，而解决这些新的信息伦理问题的信息伦理规范还没有在社会上达成共识，所以这时就需要信息伦理活动主体自己制定信息伦理规范。当然，信息伦理活动主体在自行制定信息规范时具有一定的道德风险。在这个过程之中，他（她）需要遵从"善"的准则。

三、作为境界和方法的儒家伦理"慎独"

对信息伦理自律进行了如上探讨后，我们可以发现信息伦理自律似乎暗合了儒家伦理中的"慎独"。那么，"慎独"精神指的是什么呢？

"杨震慎独"是一个有名的成语故事，其具体内容如下：

东汉杨震（？—124）辞金的故事是严于律己的好例子。他担任荆州刺史时，发现秀才王密是个人才，便举荐王密为昌邑县令。后来杨震改任东莱太守，路过昌邑，王密对他照应得无微不至。到晚上，王密悄悄到杨震住处，见室中无人，便捧出黄金10斤送给杨震。杨震连忙摆手拒绝说："以前因为我了解你，所以举荐你；你这样做是你太不了解我了！"王密轻声说："现在

---

① 王淑芹：《道德的自律与他律：马恩与康德的两种不同的道德自律观》，《道德与文明》1998年第4期，第25—28页。

是夜里,没人知道。"杨震正色说道:"天知,地知,你知,我知,怎么说没人知道!"王密听了,羞愧地退了出来。①

以上杨震的故事形象地说明了所谓"慎独"。在我国儒家思想史上,"慎独"的思想很受重视:

> 所谓诚其意者,毋自欺也。如恶恶臭,如好好色,此之谓自谦,故君子必慎其独也。小人闲居为不善,无所不至,见君子而后厌然,揜其不善,而著其善,人之视己,如见其肺肝然,则何益矣?此谓诚于中,形于外,故君子必慎其独也。②③

这段话从正反两个方面论证和强调了"慎独"作为一种道德修养的重要性。李泽厚对《论语》中曾子的"吾日三省吾身"进行阐释认为,人是处在"与他人共在"这样一种"主体间性"中的,要使这一"共在"的"主体间性"真正具有价值、意义及生命,从儒家学说来看,便需要道德从自我反省做起。④ 这里的"自我反省",应该被理解为是一种在没有外界压力情形下的自我伦理审查,而并不是在舆论等外力作用下的结果。所以,它是一种道德自律的具体表现形式,也是一种对"慎独"的强调。

"慎独"精神的含义应该具有两层,狭义"慎独"指的是,自己的思想和行为在一个人独处时要谨慎而不违背道德规范,即"慎其独处之所为",此为"唯独";广义"慎独"指的是,无论是几人相处和有无他人

---

① 李汉秋主编:《新三字经》,科学出版社、龙门书局1995年版,第20页。

② 《大学》。

③ 这段话的意思为:"使意念真诚的意思是说,不要自己欺骗自己。要像厌恶腐臭的气味一样,要像喜爱美丽的女人一样,一切都发自内心。所以,品德高尚的人哪怕是在一个人独处的时候,也一定要谨慎。品德平凡的人在私下里无恶不作,一见到品德高尚的人便躲躲闪闪,掩盖自己所做的坏事而自吹自擂。殊不知,别人看你自己,就像能看见你的心肺肝脏一样清楚,掩盖有什么用呢?这就叫做内心的真实一定会表现到表面上来。所以,品德高尚的人哪怕是在一个人独处的时候,也一定要谨慎。"(夏于金主编:《四书五经》现代版,天津古籍出版社2000年版,第37页)

④ 李泽厚:《论语今读》,安徽文艺出版社1998年版,第32、33页。

知晓，都要遵循道德规范一丝不苟地做人和做事，即"慎其独处之所为"加上"慎其有人监督之所为"，此为"泛独"。① 所以，对"慎独"这一范畴，我们不能理解为一种对行事"谨慎"的强调，其实质指向的是一种对伦理规范的自觉遵循。这种"对伦理规范的自觉遵循"其实就是道德自律。在本书研究中，"慎独"用的是广义，指的是"泛独"；所以，基于以上，这里"慎独"归根到底指的就是，无论是一个人独处，还是与他人共处，无论他人是否知晓自己的道德表现，道德活动主体都要高度自觉地遵循伦理道德规范。把"慎独"放在信息伦理的语境中指的就是，信息伦理活动主体不管是一人独处还是与他人共处，也不管他人是否知道自己的信息伦理表现，都要自觉地按照"善"的标准和具体的信息伦理规范进行信息活动。其实这也就是信息伦理自律。

　　在几千年的儒家学说传统中，"慎独"最开始是被当做一种自我道德修养的方法，后来又被升华为道德活动主体通过道德修炼后所达到的道德境界。② 对"道德自律"这一概念而言，其实也可以作如上两种意义的理解，一方面，"道德自律"是一种自我道德修炼的手段，通过这种意义上的"道德自律"，道德活动主体就能够有效地提高自身的道德修养，因为"道德自律"中有一关键因素是道德活动主体的"自觉"，即通过作为方法的"道德自律"能够有效地提高道德活动主体的道德自觉性；另外一方面，"道德自律"也是道德修炼后所达到的一种境界，达到这一道德境界的道德活动主体就具有很高的道德自觉性。再来从信息伦理教育语境来看儒家"慎独"精神。一方面，作为一种道德自我修炼方法和途径的"慎独"，指的是在信息伦理教育过程中，要通过学生在有他人在场和没有他人在场两种情形之下，特别是在后者情形下自觉地做到遵循"善"的原则和具体的信息伦理规范，这样的体验来达到培养和启迪学生信息伦理智慧的目的。不难理解的是，通过狭义的"慎独"（即"唯独"）的方法更能够有效地提高信息伦理教育受教育者的信息伦理水平，因为有了这种相对难度较大的"唯独"的信息伦理自觉体验后，要做到"泛独"则不会困难。另一方面，作为道德（信息伦理）境界，也是一种信息伦理

---

　　① 张世友：《"慎独"精神与大学生网络道德教育研究》，硕士学位论文，西南师范大学，2002年，第8页。

　　② 同上书，第9、11页。

修炼结果的"慎独"，它是信息伦理智慧的体现，也是信息伦理自律（水平）的体现。如果信息伦理活动主体具有作为境界的"慎独"，则其就具有高超的信息伦理智慧，其信息伦理自律水平就很高，因为根据"慎独"的含义，具有"慎独"精神的信息伦理活动主体，无论其是一个人独处，还是与他人共处，也不管他（她）的信息伦理表现是否为他人所知，他（她）都能够做到根据"善"的原则，或者直接遵循具体的信息伦理规范来开展信息活动。

如前文所述，虚拟网络空间从总体上来看是一个"匿名世界"。以这一点作为基础，我们认为，在虚拟网络空间中，一般是没有交往对象知道其在现实世界中的真实身份的。在这种情形下，虚拟网络交往就相当于是一种没有他人在场的交往。这一交往特征就决定了在虚拟网络交往中，一方面尤其需要信息活动主体的信息伦理自律，即作为境界的"慎独"；另一方面，在网络空间中的自觉合乎信息伦理的信息交往体验，即作为方法的"慎独"，对于培养和启迪受教育者的信息伦理智慧也特别重要。

附录 1 ："信息伦理 (道德) 教育研究"调查问卷 (教师版) (略)

附录 2 ："信息伦理 (道德) 教育研究"调查问卷 (高中生版) (略)

附录 3 ："信息伦理 (道德) 教育研究"调查问卷 (大学生版) (略)

主要参考文献^①

A 类：

1. 卞敏：《哲学与道德智慧》，江苏古籍出版社 2002 年版。

2. 卜卫：《媒介与性别》，江苏人民出版社 2001 年版。

3. 曹荣湘选编：《解读数字鸿沟：技术殖民与社会分化》，上海三联书店 2003 年版。

4. 陈法根主编：《心灵的秩序：道德哲学理论与实践》，复旦大学出版社 1998 年版。

5. 陈凡：《技术社会化引论：一种对技术的社会学研究》，中国人民大学出版社 1995 年版。

6. 陈桂生：《教育原理》，华东师范大学出版社 2000 年第 2 版。

7. 陈向明：《质的研究方法与社会科学研究》，教育科学出版社 2000 年版。

8. 陈晓龙：《知识与智慧：金岳霖哲学研究》，高等教育出版社 1997 年版。

9. 程乐华编著：《网络心理行为公开报告》，广州经济出版社 2002 年版。

10. 崔保国编著：《信息社会的理论与模式》，高等教育出版社 1999 年版。

11. 《大学》。

12. 戴木才：《管理的伦理法则》，江西人民出版社 2001 年版。

13. 邓晓芒：《中西文化视域中真善美的哲思》，黑龙江人民出版社

---

① 按汉语拼音升序排列。

2004 年版。

14. 刁培萼、吴也显等：《智慧型教师素质探新》，教育科学出版社 2005 年版。

15. 丁未：《社会结构与媒介效果："知沟"现象研究》，复旦大学出版社 2003 年版。

16. 董焱：《信息文化论：数字化生存状态冷思考》，北京图书馆出版社 2003 年版。

17. 窦炎国：《社会转型与现代伦理》，中国政法大学出版社 2004 年版。

18. 段伟文：《网络空间的伦理反思》，江苏人民出版社 2002 年版。

19. 费孝通：《社会学初探》，鹭江出版社 2003 年版。

20. 冯钢：《马克斯·韦伯：文明与精神》，杭州大学出版社 1999 年版。

21. 冯契：《冯契文集·人的自由和真善美》（第三卷），华东师范大学出版社 1996 年版。

22. 冯契：《冯契文集·智慧的探索》（第八卷），华东师范大学出版社 1997 年版。

23. 甘利人主编：《企业信息化建设与管理》，北京大学出版社 2001 年版。

24. 甘绍平：《伦理智慧》，中国发展出版社 2000 年版。

25. 高国希：《道德哲学》，复旦大学出版社 2005 年版。

26. 高兆明：《伦理学理论与方法》，人民出版社 2005 年版。

27. 顾忠华：《韦伯学说》，广西师范大学出版社 2004 年版。

28. 郭夏娟：《为正义而辩：女性主义与罗尔斯》，人民出版社 2004 年版。

29. 何怀宏：《伦理学是什么》，北京大学出版社 2002 年版。

30. 贺善侃主编：《网络时代：社会发展的新纪元》，上海辞书出版社 2004 年版。

31. 侯钧生主编：《西方社会学理论教程》，南开大学出版社 2001 年版。

32. 胡厚福：《德育学原理》，北京师范大学出版社 1997 年版。

33. 胡心智、陈雷、王恒桓:《信息哲学: E 时代的感悟》,军事科学出版社 2003 年版。

34. 胡咏梅编著:《教育统计学与 SPSS 软件应用》,北京师范大学出版社 2002 年版。

35. 胡泳:《我们是丑人和 Luser: 网络胡话之二》,海洋出版社 1999 年版。

36. 黄寰:《网络伦理危机及对策》,科学出版社 2003 年版。

37. 黄济、王策三主编:《现代教育论》,人民教育出版社 1996 年版。

38. 黄济:《教育哲学通论》,山西教育出版社 2002 年版。

39. 黄向阳:《德育原理》,华东师范大学出版社 2000 年版。

40. 姬金铎:《韦伯传》,河北人民出版社 1998 年版。

41. 纪玉山等:《网络经济》,长春出版社 2000 年版。

42. 金生鈜:《德性与教化——从苏格拉底到尼采: 西方道德教育哲学思想研究》,湖南大学出版社 2003 年版。

43. 金生鈜:《规训与教化》,教育科学出版社 2004 年版。

44. 瞿葆奎主编,丁证霖、瞿葆奎选编:《教育学文集·教育目的》,人民教育出版社 1989 年版。

45. 岳剑波编著:《信息管理基础》,清华大学出版社 1999 年版。

46. 匡文波编著:《网民分析》,北京大学出版社 2003 年版。

47. 李汉秋主编:《新三字经》,科学出版社龙门书局 1995 年版。

48. 李伦:《鼠标下的德性》,江西人民出版社 2002 年版。

49. 李晓东:《信息化与经济发展》,中国发展出版社 2000 年版。

50. 李岩:《媒介批评: 立场、范畴、命题、方式》,浙江大学出版社 2005 年版。

51. 李银河:《女性主义》,山东人民出版社 2005 年版。

52. 李悦娥、范宏雅编著:《话语分析》,上海外语教育出版社 2002 年版。

53. 李泽厚:《论语今读》,安徽文艺出版社 1998 年版。

54. 廖小平:《伦理的代际之维: 代际伦理研究》,人民出版社 2004 年版。

55. 列宁:《怎么办?》,人民出版社 1971 年版。

56. 林可济：《信息社会理论辨析》，福建教育出版社 1992 年版。

57. 刘守旗：《网络社会的儿童道德教育》，江苏教育出版社 2003 年版。

58. 刘熙瑞、张康之主编：《现代管理学》，高等教育出版社 2000 年版。

59. 刘云章等：《网络伦理学》，中国物价出版社 2001 年版。

60. 卢风：《启蒙之后：近代以来西方人价值追求的得与失》，湖南大学出版社 2003 年版。

61. 鲁洁、王逢贤主编：《德育新论》，江苏教育出版社 2002 年第 2 版。

62. 鲁洁主编，吴康宁副主编：《教育社会学》，人民教育出版社 1990 年版。

63. 鲁品越、葛宁、刘强：《中国未来之路：信息化进程在中国》，南京大学出版社 1998 年版。

64. 陆江兵：《技术·理性·制度与社会发展》，南京大学出版社 2000 年版。

65. 陆俊：《重建巴比塔：文化视野中的网络》，北京出版社 1999 年版。

66. 陆有铨：《躁动的百年：20 世纪的教育历程》，山东教育出版社 1997 年版。

67. 吕耀怀：《信息伦理学》，中南大学出版社 2002 年版。

68. 《论语》。

69. 罗国杰主编：《伦理学》，人民出版社 1989 年版。

70. 毛亚庆：《从两极到中介：科学主义教育和人本主义教育方法论研究》，北京师范大学出版社 1999 年版。

71. 茅于轼：《中国人的道德前景》，暨南大学出版社 1997 年版。

72. 孟子著，梁海明译注：《孟子》，辽宁民族出版社 1997 年版。

73. 闵维方主编：《高等教育运行机制研究》，人民教育出版社 2002 年版。

74. 南京师范大学教育系编：《教育学》，人民教育出版社 1984 年版。

75. 沙勇忠：《信息伦理学》，北京图书馆出版社 2004 年版。

76. 佘双好：《现代德育课程论》，中国社会科学出版社 2003 年版。

77. 石中英：《教育哲学导论》，北京师范大学出版社 2002 年版。

78. 石中英：《知识转型与教育改革》，教育科学出版社 2001 年版。

79. 宋希仁主编：《西方伦理思想史》，中国人民大学出版社 2004 年版。

80. 宋希仁：《伦理的探索》，河南人民出版社 2003 年版。

81. 孙小礼、冯国瑞主编：《信息科学技术与当代社会》，高等教育出版社 2000 年版。

82. 檀传宝编著：《大众传媒的价值影响与青少年德育》，福建教育出版社 2005 年版。

83. 檀传宝主编：《网络环境与青少年德育》，福建教育出版社 2005 年版。

84. 檀传宝：《教师伦理学专题：教育伦理范畴研究》，北京师范大学出版社 2003 年版。

85. 檀传宝：《学校道德教育原理》，教育科学出版社 2000 年版。

86. 唐凯麟主编：《西方伦理学名著提要》，江西人民出版社 2000 年版。

87. 唐能赋：《道德范畴论》，重庆出版社 1994 年版。

88. 汪向东：《信息化：中国 21 世纪的选择》，社会科学文献出版社 1998 年版。

89. 王逢振等编译：《网络幽灵》，天津社会科学院出版社 2000 年版。

90. 王海明：《公正　平等　人道：社会治理的道德原则体系》，北京大学出版社 2000 年版。

91. 王海明：《伦理学原理》，北京大学出版社 2001 年版。

92. 王吉庆编著：《信息素养论》，上海教育出版社 2001 年第 2 版。

93. 王天一、夏之莲、朱美玉编著：《外国教育史》（上册），北京师范大学出版社 1984 年版。

94. 王威海编著：《韦伯：摆脱现代社会两难困境》，辽海出版社 1999 年版。

95. 韦政通：《中国文化与现代生活伦理思想的突破》，广西师范大学出版社 2005 年版。

96. 文军等：《网络阴影：问题与对策》，贵州人民出版社 2002 年版。

97. 吴安春：《回归道德智慧：转型期的道德教育与教师》，教育科学出版社 2004 年版。

98. 吴风：《网络传播学：一种形而上的透视》，中国广播电视出版社 2004 年版。

99. 吴明隆编著：《SPSS 统计应用实务：问卷分析与应用统计》，科学出版社 2003 年版。

100. 吴志宏、郅庭瑾等：《多元智能：理论、方法与实践》，上海教育出版社 2003 年版。

101. 夏于金主编：《四书五经·现代版》，天津古籍出版社 2000 年版。

102. 肖巍：《女性主义关怀伦理学》，北京出版社 1999 年版。

103. 谢立中主编：《西方社会学名著提要》，江西人民出版社 1998 年版。

104. 熊澄宇主笔：《信息社会 4.0：中国社会建构新对策》，湖南人民出版社 2002 年版。

105. 徐国华、张德、赵平编著：《管理学》，清华大学出版社 1998 年版。

106. 许良：《技术哲学》，复旦大学出版社 2004 年版。

107. 严耕、陆俊、孙伟平：《网络伦理》，北京出版社 1998 年版。

108. 杨镜江编著：《文化学引论》，北京师范大学出版社 1992 年版。

109. 姚大志：《现代之后：20 世纪晚期西方哲学》，东方出版社 2000 年版。

110. 叶澜等：《全球化、信息化背景下的中国基础教育改革研究报告集》，华东师范大学出版社 2004 年版。

111. 殷正坤主编：《计算机伦理与法律》，华中科技大学出版社 2003 年版。

112. 尹俊华主编：《教育技术学导论》，高等教育出版社 1996 年版。

113. 于海：《西方社会思想史》，复旦大学出版社 1993 年版。

114. 余建英、何旭宏编：《数据统计分析与 SPSS 应用》，人民邮电出版社 2003 年版。

115. 余涌:《道德权利研究》,中央编译出版社 2001 年版。

116. 袁方主编:《社会研究方法教程》,北京大学出版社 1997 年版。

117. 岳剑波编著:《信息管理基础》,清华大学出版社 1999 年版。

118. 曾国屏、李正风、段伟文、黄锫坚、孙喜杰:《赛博空间的哲学探索》,清华大学出版社 2002 年版。

119. 张景学、伍庭芳:《信息管理:组织者的数字魔方》,军事科学出版社 2003 年版。

120. 张敏:《多元智能视野下的学校德育及管理》,上海教育出版社 2005 年版。

121. 张文贤等:《管理伦理学》,复旦大学出版社 1995 年版。

122. 张怡、郦全民、陈敬全:《虚拟认识论》,学林出版社 2003 年版。

123. 张义兵:《逃出束缚:"赛博教育"的社会学解读》,北京师范大学出版社 2003 年版。

124. 张震:《网络时代伦理》,四川人民出版社 2002 年版。

125. 章海山:《当代道德的转型和建构》,中山大学出版社 1999 年版。

126. 赵汀阳:《论可能生活:一种关于幸福和公正的理论》(修订版),中国人民大学出版社 2004 年版。

127. 郑杭生主编:《社会学概论新修》,中国人民大学出版社 1994 年版。

128. 钟祖荣、伍芳辉主编:《多元智能理论解读》,开明出版社 2003 年版。

129. 周昌忠:《普罗米修斯还是浮士德:科技社会的伦理学》,湖北教育出版社 1999 年版。

130. 周三多主编:《管理学:原理与方法》,复旦大学出版社 1993 年版。

131. 周中之、黄伟合:《西方伦理文化大传统》,上海文化出版社 1991 年版。

132. 周中之主编:《伦理学》,人民出版社 2004 年版。

133. 朱红文:《社会科学方法》,科学出版社 2002 年版。

134. 朱晓宏：《公民教育》，教育科学出版社 2003 年版。

135. 朱银端：《网络伦理文化》，社会科学文献出版社 2004 年版。

B 类：

1. 《马克思恩格斯全集》（第 1 卷），人民出版社 1979 年版。

2. ［爱尔兰］利亚姆等主编：《信息社会》，张新华译，上海译文出版社 1991 年版。

3. ［德］迪尔克·克斯勒著：《马克斯·韦伯的生平、著述及影响》，郭锋译，法律出版社 2000 年版。

4. ［德］康德著：《实践理性批判》，邓晓芒译，人民出版社 2003 年版。

5. ［德］马克斯·韦伯著：《社会学的基本概念》，顾忠华译，广西师范大学出版社 2005 年版。

6. ［德］马克斯·韦伯著：《韦伯作品集Ⅲ：支配社会学》，康乐、简惠美译，广西师范大学出版社 2004 年版。

7. ［德］马克斯·韦伯著：《社会科学方法论》，李秋零、田薇译，中国人民大学出版社 1999 年版。

8. ［德］马克斯·韦伯著：《社会科学方法论》，杨富斌译，华夏出版社 1999 年版。

9. ［德］莫里茨·石里克著：《伦理学问题》，孙美堂译，华夏出版社 2001 年第 2 版。

10. ［德］伊曼努尔·康德著：《道德形而上学原理》，苗力田译，世纪出版集团、上海人民出版社 2005 年版。

11. ［法］R. 舍普等著：《技术帝国》，刘莉译，生活·读书·新知三联书店 1999 年版。

12. ［芬］派卡·海曼著：《黑客伦理与信息时代精神》李伦、魏静、唐一之译，中信出版社 2002 年版。

13. ［加］马歇尔·麦克卢汉著：《人的延伸：媒介通论》，何道宽译，四川人民出版社 1992 年版。

14. ［美］Howard Gardner 著：《智力的重构：21 世纪的多元智力》，霍力岩、房阳洋等译，中国轻工业出版社 2004 年版。

15. ［美］N. 维纳著：《控制论》，郝季仁译，科学出版社 1963 年第 2 版。

16. ［美］艾尔·巴比著：《社会研究方法基础》，邱泽奇译，华夏出版社 2002 年版。

17. ［美］保罗·莱文森著：《数字麦克卢汉：信息化新纪元指南》，何道宽译，社会科学文献出版社 2001 年版。

18. ［美］成中英著：《文化、伦理与管理：中国现代化的哲学省思》，贵州人民出版社 1991 年版。

19. ［美］丹尼尔·A. 雷恩著：《管理思想的演变》，赵睿等译，中国社会科学出版社 2000 年版。

20. ［美］杜威著：《道德教育原理》，王承绪等译，浙江教育出版社 2003 年版。

21. ［美］弗兰克·梯利著：《伦理学导论》，何意译，广西师范大学出版社 2002 年版。

22. ［美］哈罗德·孔茨、海因茨·韦里克著：《管理学》（第九版），郝国华等译，经济科学出版社 1993 年版。

23. ［美］加德纳著：《再建多元智慧》，李心莹译，远流出版事业股份有限公司 2000 年版。

24. ［美］理查德·A. 斯班尼罗著：《信息和计算机伦理案例研究》，赵阳陵、吴贺新、张德译，科学技术文献出版社 2003 年版。

25. ［美］理查德·A. 斯皮内洛著：《世纪道德：信息技术的伦理方面》，刘钢译，中央编译出版社 1999 年版。

26. ［美］理查德·T. 德·乔治著：《信息技术与企业伦理》，李布译，北京大学出版社 2005 年版。

27. ［美］玛格丽特·米德著：《代沟》，曾胡译，光明日报出版社 1988 年版。

28. ［美］麦金太尔著：《德性之后》，龚群等译，中国社会科学出版社 1995 年版。

29. ［美］麦金太尔著：《追寻美德：道德理论研究》，宋继杰译，译林出版社 2003 年版。

30. ［美］曼纽尔·卡斯特著：《信息化城市》，崔保国等译，江苏人民出版社 2001 年版。

　　31. ［美］曼纽尔·卡斯特著：《网络社会的崛起》，夏铸九等译，社会科学文献出版社 2001 年版。

　　32. ［美］内尔·诺丁斯著：《学会关心：教育的另一种模式》，于天龙译，教育科学出版社 2003 年版。

　　33. ［美］撒穆尔·伊诺克·斯通普夫、詹姆斯·菲泽著：《西方哲学史》（第七版），丁三东等译，中华书局 2005 年版。

　　34. ［美］唐·泰普斯科特著：《数字化成长：网络世代的崛起》，陈晓开、袁世佩译，东北财经大学出版社、McGraw-Hill 出版公司 1999 年版。

　　35. ［美］梯利著、［美］伍德增补：《西方哲学史》（增补修订版），葛力译，商务印书馆 1995 年版。

　　36. ［美］沃纳丁·赛弗林、小詹姆斯·W. 坦卡特著：《传播学的起源、研究与应用》，陈韵昭译，福建人民出版社 1985 年版。

　　37. ［美］约翰·杜威著：《道德教育原理》，王承绪等译，浙江教育出版社 2003 年版。

　　38. ［美］约翰·杜威著：《民主主义与教育》，王承绪译，人民教育出版社 2001 年第 2 版。

　　39. ［美］约翰·罗尔斯著：《正义论》，何怀宏、何包钢、廖申白译，中国社会科学出版社 1988 年版。

　　40. ［美］约翰·奈斯比特著：《大趋势：改变我们生活的十个新方向》，梅艳译，中国社会科学出版社 1984 年版。

　　41. ［日］大河内一男等著：《教育学的理论问题》，曲程等译，教育科学出版社 1984 年版。

　　42. ［日］小仓志祥编：《伦理学概论》，吴潜涛译，中国社会科学出版社 1990 年版。

　　43. ［苏］米定斯基著：《世界教育史》，叶文雄译，三联书店 1950 年版。

　　44. ［英］爱德华·泰勒著：《原始文化：神话、哲学、宗教、语言、艺术和习俗发展研究》，连树声译，上海文艺出版社 1992 年版。

　　45. ［英］安东尼·吉登斯著：《社会学》（第四版），赵旭东等译，北京大学出版社 2003 年版。

46.［英］彼得斯著:《道德发展与道德教育》,邬冬星译,浙江教育出版社 2000 年版。

47.［英］怀特海著:《教育的目的》,徐汝舟译,生活·读书·新知三联书店 2002 年版。

48.［英］罗素著:《西方哲学史》（上卷）,何兆伍、李约瑟译,商务印书馆 1963 年版。

49.［英］乔治·摩尔著:《伦理学原理》,长河译,上海人民出版社 2005 年版。

50.［英］约翰·亨利·纽曼著:《大学的理想》（节本）,徐辉、顾建新、何曙荣译,浙江教育出版社 2001 年版。

51.［英］约翰·怀特著:《再论教育目的》,李永宏等译,教育科学出版社 1997 年版。

C 类:

1. 卜卫:《论媒介教育的意义、内容和方法》,《现代传播》1997 年第 1 期。

2. 韩忠强、董玉琦:《美国阿拉斯加州的中小学信息技术教育》,《中小学信息技术教育》2004 年第 5 期。

3. 江泽民:《关于教育问题的谈话》,《人民日报》2000 年 3 月 1 日第 1 版。

4. 蒋振远:《应尽快启动媒介教育》,《山东教育科研》1999 年第 9 期。

5. 李秀平:《中国首例电子函件案追记》,《法律与生活》1997 年第 9 期。

6. 梁俊兰:《国外信息伦理学研究》,《国外社会科学》2000 年第 3 期。

7. 梁俊兰:《信息伦理学:新兴的交叉科学》,《国外社会科学》2002 年第 1 期。

8. 刘梅:《西方"道德灌输批判"的意义及启示》,《理论探讨》2000 年第 5 期。

9. 刘清泉：《媒介教育刍论》，《重庆师范大学学报》（哲学社会科学版）2003 年第 4 期。

10. 刘彦尊：《日本中小学信息伦理道德教育综述》，《外国教育研究》2003 年第 12 期。

11. 刘余莉：《道德的自律和他律：兼谈对马恩原著的正确理解》，《道德与文明》1996 年第 1 期。

12. 陆俊、严耕：《国外网络伦理问题研究综述》，《国外社会科学》1997 年第 2 期。

13. 任友群：美国《学生学习的信息素养标准》述评，《全球教育展望》2001 年第 5 期。

14. 沙勇忠：《国外信息伦理学研究述评》，《大学图书馆学报》2003 年第 5 期。

15. 孙来斌：《"灌输论"思想源流考察》，《武汉大学学报》（哲学社会科学版），2004 年第 1 期。

16. 孙伟平、贾旭东：《关于"网络社会"的道德思考》，《哲学研究》1998 年第 8 期。

17. 王金山：《当前我国网络伦理研究与建设现状评析》，《高校理论战线》2004 年第 2 期。

18. 王淑芹：《道德的自律与他律：马恩与康德的两种不同的道德自律观》，《道德与文明》1998 年第 4 期。

19. 王锡苓：《质性研究如何建构理论？——扎根理论及其对传播研究的启示》，《兰州大学学报》（社会科学版）2004 年第 3 期。

20. 王正平：《西方计算机伦理学研究概述》，《自然辩证法研究》2000 年第 10 期。

21. 吴潜涛、葛晨虹：《伦理学研究热点扫描》，《人民日报》2003 年 8 月 8 日第 9 版。

22. 夏红辉：《西方媒介教育范式的比较与选择》，《兰州交通大学学报》（社会科学版）2005 年第 2 期。

23. 熊沐清：《话语分析的整合性研究构想》，《天津外国语学院学报》2001 年第 1 期。

24. 杨彬、董玉琦：《美国路易斯安那州的信息技术教育》，《中小学信息技术教育》2004 年第 4 期。

25. 杨绍兰：《信息伦理学研究综述》，《情报科学》2004 年第 4 期。

26. 张久珍：《国外信息伦理学研究现状》，《情报科学》2001 年第 9 期。

27. 张璟编写：《密云县中小学教育现状调查访谈提纲》（家长版）。

28. 周剑虹、范玲：《女大学生窃信事件引起反思：学校教育德育不可轻》，《参考消息·北京参考》2005 年 4 月 6 日第 5 版。

29. 祝智庭：《教育信息化：教育技术的新高地》，《中国电化教育》2001 年第 2 期。

D 类：

1. 黄新平著：《马克斯·韦伯社会科学方法论反思："价值关联与价值中立"社会科学方法论的核心原则》，硕士学位论文，陕西师范大学，2004 年。

2. 靖国平著：《教育的智慧性格：兼论当代知识教育的变革》，博士学位论文，华中师范大学，2002 年。

3. 李钢著：《话语文本与国家教育政策分析》，博士学位论文，北京师范大学，2004 年。

4. 刘彦尊著：《美日两国中小学信息伦理道德教育比较研究》，硕士学位论文，东北师范大学，2004 年。

5. 路菲著：《内容分析与文献计量的比较与综合研究》，硕士学位论文，南京理工大学，2004 年。

6. 张世友著：《"慎独"精神与大学生网络道德教育研究》，硕士学位论文，西南师范大学，2002 年。

7. 邹菲著：《内容分析法的理论与实践研究》，硕士学位论文，武汉大学，2004 年。

E 类：

1. ［美］梅里亚姆－韦伯斯特公司编：《韦氏词典》，马萨诸塞：梅里亚姆－韦伯斯特公司（兴国图书出版公司北京公司重印）1996 年版。

2. 《新英汉词典》编写组编：《新英汉词典》（增补本），上海译文出版社 1985 年第 2 版。

3. 辞海编辑委员会编：《辞海》（1979 年版·缩印本），上海辞书出版社 1980 年版。

4. 辞海编辑委员会编：《辞海》（1999 年版普及本·上），上海辞书出版社 1999 年版。

5. 辞海编辑委员会编：《辞海》（1999 年版普及本·中），上海辞书出版社 1999 年版。

6. 辞海编辑委员会编：《辞海》（中），上海辞书出版社 1979 年版。

7. 大辞典编纂委员会编：《大辞典》（中），三民书局 1985 年版。

8. 顾明远主编：《教育大辞典》（增订合编本·下），上海教育出版社 1998 年版。

9. 《简明不列颠百科全书》（中文版·第五卷），中国大百科全书出版社 1986 年版。

10. 《金山词霸》2003 年版。

11. 杨春学主编：《当代西方经济学新词典》，吉林人民出版社 2001 年版。

12. 中国大辞典编纂处编：《汉语词典》（简本），商务印书馆 1957 年版。

13. 中国社会科学院语言研究所词典编辑室编：《现代汉语词典》，商务印书馆 1983 年第 2 版。

14. 朱贻庭主编：《伦理学小辞典》，上海辞书出版社 2004 年版。

15. 朱作仁主编：《教育辞典》，江西教育出版社 1992 年版。

F 类：

1. ［美］约翰·P. 巴洛著：《网络独立宣言》，李旭、李小武译，http：//www. intellecta. org。

2. "中国优秀博硕士学位论文全文数据库"：http：//www. cnki. net。

3. Google 网：http：//www. google. com。

4. http：//computerethics. 51. net.

5. 百度网：http：//www. baidu. com。

6. 范妍：《10 万网友选出不文明行为 散布谣言成为首选》资料来源：

http：//www. sina. com. cn。

7. 傅德荣：《教育信息化的目的、内容与意义》资料来源：http：//www. edu. cn/20011226/3015403＿2. shtml。

8. 国际信息伦理学中心网：http：//icie. zkm. de。

9. 国民经济和社会发展第十个五年计划：《信息化发展重点专项规划》资料来源：http：//www. sdpc. gov. cn/fzgh/ghwb/zdgh/W020050714764248115572. pdf。

10. 联合国教科文组织 INFOethics 网：http：//www. unesco. org/web-world/public＿ domain/legal. html。

11. 默公、一泓、子云：《关于建立公民教育体制的建议》资料来源：中青在线：http：//www. cyol. net。

12. 《普通高中技术课程标准（实验）》资料来源：http：//www. jiaoyan. cn/18/71/2004 – 06 – 10/206. html。

13. 《全国青少年网络文明公约》资料来源：http：//tech. sina. com. cn/focus/rules. shtml。

14. 人民网：http：//www. people. com. cn。

15. 赛博风中华伦理学网：http：//www. chinaethics. com。

16. 新华网：http：//www. xinhuanet. com。

17. 学术期刊网：http：//www. cnki. net。

18. 中华人民共和国教育部网站：http：//www. moe. edu. cn。

G 类：

1. Bruce R. Guile （ed. ）, *Information Technologies and Social Transformation*, National Academy Press：Washington, D. C. , 1985.

2. C. A. Bowers, *The Cultural Dimensions of Educational Computing：Understanding the Non- Neutrality of Technology*, Teachers College Press：New York, 1988.

3. Chien-Pen Chuang, Joseph C. Chen, *Issues in Information Ethics and Educational Policies for the Coming Age*, （*Journal of Industrial Technology*, Volume 15, Number 4, August 1999 to October 1999. ） http：//www. nait. org.

4. Chris Abbott, *ICT: Changing Education*. RoutledgeFalmer: London and New York, 2001.

5. Deborah G. Johnson, *Computer Ethics*, Prentice-Hall. , Inc. : Englewood Cliffs, New Jersey, 1985.

6. Frank Webster, *Theories of the Information Society* (Second edition), Routledge: London and New York, 2002.

7. Greg Kearsley, *Computers for Educational Administrators: Leadership in the Information Age*, Ablex Publishing Corporation: New Jersey, 1990.

8. Hans Lenk & Gunter Ropohl, *Interdisciplinary Philosophy of Technology*, *Research in Philosophy & Technology*, Vol. 2, 1979.

9. Hiroshi Inose & John R. Pierce, *Information Technology and Civilization*, W. H. Freeman and Company: New York, 1984.

10. Hugh F. Cline & Robert A. Feldmesser, *Program Evaluation in Moral Education*, Educational Testing Service: New Jersey, 1983.

11. *Information Literacy Competency Standards for Higher Education*, http: //www. ala. org/acrl/nili.

12. J C Aggarwal, *Theory and Principles of Education: Pilosophical and Sociological Bases of Education*, Vikas Publishing House PVT Ltd. , 1981.

13. J. Dewey, *Moral Principles in Education. In The Middle Works of John Dewey (1899—1924)*, Vol. 4 (1907—1909), Illinois: Southern Illinois University Press, 1971.

14. J. Victor Baldridge, Janine Woodward Roberts & Terri A. Weiner, *The Campus and the Microcomputer Revolution: Practical Advice for Nontechnical Decision Makers*, American Council on Education & Macmillan Publishing Company: New York, 1984.

15. John Diebold, *Man and the Computer: Technology as an Agent of Social Change*, Frederick A. Praeger, Publishers: New York · Washington · London, 1969.

16. John Perry Barlow, *A Declaration of the Independence of Cyberspace*, http: //www. intellecta. org/wp- print. php? p = 38.

17. John Weckert, Douglas Adeney, *Computer and Information Ethics*,

Greenwood Press: Westport, Connecticut · London, 1997.

18. Michael Singlefary, *Mass Communication Research: Contemporary Methods and Application*, New York: Longman, 1994.

19. Michio C, *Information Ethics Education in North America*, http://www. ipsj. or. jp/members/SIGNotes/Eng/15/1998/050/article013. html.

20. Ministry of Education & Human Resources Development, Korea Education & Research Information Service, *2001 Adapting Education to the Information Age: A White Paper*, http://www. keris. or. kr/english/pdf/2001-WhitePap. pdf.

21. Ministry of Education, Korea Education & Research Information Service, *2000 Adapting Education to the Information Age: A White Paper*, http://www. keris. or. kr/english/pdf/2000-WhitePap. pdf.

22. National Educational Technology Standards for Students, The NETS Project: http://cnets. iste. org.

23. Philip Hills, *Educating for a Computer Age*, Croom Helm: New York, 1987.

24. R. S. Peters, *Authority, Responsibility and Education*, Rev. ed. London: Allen and Unwin, 1973.

25. Richard Fothergill, *Implications of New Technology for the School Curriculum*, Kogan Page Ltd. : London, 1988.

26. Richard J. Severson, *The Principles of Information Ethics*, M. E. Sharpe: New York, 1997.

27. Robert Spaemann, Translated by T. J. Armstrong, *Basic Moral Concepts*, Routledge: London and New York, 1989.

28. Ronald K. Goodenow, *Beyond Practice and Theory: the Domains of Information Technology in a Changing World*. in Carl Payne (ed.). *Education in the Age of Information: the Challenge of Technology*, Manchester University Press: Manchester, 1993.

29. Seamus Dunn & Valerie Morgan, *The Impact of the Computer on Education*, Prentice-Hall International (UK) Ltd. : London, 1987.

30. Thomas Froehlich, *A brief history of information ethics*, http://

www. ub. es/bid/13froe12. htm.

　　31. Wang Qiong, Zhao Guodong, *From "Hardware" to "Software", From Digital resources to On-line Instruction: Introduction to Information Technology Use in China Higher Education*, http: //www. accsonline. net/research/pku. pdf.

　　32. Wolfgang Schadewaldt, *The Concepts of Nature and Technique According to the Greeks. Research in Philosophy & Technology*, Vol. 2, 1979.

　　33. Young K. , *What is internet addiction?* http: //www. netaddiction. com/net-compulsion. htm.

后　记

本书来自我的同名博士学位论文，篇幅上作了较大删减。博士毕业至今快五年了，这些年随着自己学术阅历的积累，特别是阅读边界的拓展，越发感觉学术之路慢慢兮其修远！虽然此博士论文中有关内容已有被单列出来，进行修改、充实后，计十余篇小论文在 CSSCI 期刊发表，但现观之，研究的青涩还是令我大有努力的动力。

导师安宝生教授，是他把我带进了信息化研究这道神奇的门。用教育学的视角来研究社会信息化问题，是一个全新的需要我板凳长坐的领域。作为一个年轻人，我时有不知天高地厚之想；反映在博士论文选题上，一开始我企图太大，是安老师在此时给了我当头棒喝。在学术问题上，我同安老师有过分歧甚至争论，是安老师给了我长者的宽容。安老师对我博士论文的指导使我受益匪浅。硕士导师葛金国先生总是在遥远的南方对我充满期许，这成了我不竭的动力。石中英教授百忙之中关心我的论文写作、学术成长和工作就业，并作了相关的指导，使我对学术与生活有了更深的认识。

在论文研究与写作修改过程中，得到如下导师的指点：靳希斌教授、檀传宝教授、曲恒昌教授、高洪源教授、褚宏启教授、阎光才教授、衷克定教授、毛祖桓教授、张兴教授、王文槿副研究员等，特此向以上老师真诚致谢！问卷调查过程中，有许多人向我提供了方便，给了我善良的帮助，他们是：周元宽、姜源傅、王先祥、周珊珊、朱琼芬、陈庆军、何恩基、谢浩、李宝萍、李敏等；访谈时得到了北京师大研工部老师和北京市密云二中校领导的支持，并且感谢接受我访谈的老师、学生和家长。在论文修改过程中，李敏博士一个字一个字、不辞辛苦地阅读了我冗长的稿件，并提出具体修改建议，在此诚挚致谢。

　　特别感谢江西师范大学教育学院院长何齐宗教授，是他的督促和帮助使我振奋精神，加快了本书的修改出版进度。宫京蕾编辑为本书的出版付出了辛勤劳动，由衷感激！

蔡连玉

2011 年 2 月 28 日于艾溪湖畔